A HISTÓRIA DA BIOLOGIA

Da Ciência dos tempos antigos à Genética moderna

A HISTÓRIA DA BIOLOGIA

Anne Rooney

M.BOOKS

M.Books do Brasil Editora Ltda.

Rua Jorge Americano, 61 - Alto da Lapa
05083-130 - São Paulo - SP - Telefones: (11) 3645-0409
www.mbooks.com.br

Dados de Catalogação da Publicação

Rooney, Anne.
A História da Biologia: Da Ciência dos tempos antigos à Genética moderna/
Anne Rooney

2018 – São Paulo – M.Books do Brasil Editora Ltda.

1. Biologia 2. História

ISBN: 978-85-7680-302-7

Do original em inglês: The Story of Biology
Publicado originalmente pela Arcturus Publishing Limited.

Editor: Milton Mira de Assumpção Filho

Tradução: Maria Beatriz de Medina
Produção editorial: Lucimara Leal
Revisão: Heloisa Dionysia
Editoração e capa: Crontec

2018
M.Books do Brasil Editora Ltda.

SUMÁRIO

Introdução: VIVER A VIDA

Quando a observei, a natureza sempre me induziu a não considerar inacreditável nenhuma afirmativa sobre ela.

Plínio,
o Velho (23-79 d.C.)

A biologia é o estudo da vida, e a história da biologia é a suprema narrativa da descoberta. Ela conta de que modo exploramos a miríade de formas que a vida pode assumir e começamos a compreender a complexidade da vida na Terra. Mas até agora a história está só no começo. Quanto mais de perto olhamos, mais ela se revela, como um padrão fractal que se desenrola.

Do sobrenatural ao natural

As pessoas observaram, usaram e representaram os animais durante milhares de anos antes que se pudesse dizer que se dedicavam à biologia. Nossa história começa de verdade na Grécia Antiga, quando se acendeu o espírito da investigação científica. O mundo natural se soltou do sobrenatural, e pensadores independentes buscaram explicações para os fenômenos que observavam. Os primeiros protobiólogos catalogaram plantas e animais e pensaram no funcionamento, na reprodução e na interação das coisas vivas. Desse modo foram lançadas as bases da botânica e da zoologia quase 2.500 anos atrás.

> *"Nada de real importância aconteceu na biologia de Lucrécio e Galeno ao Renascimento."*
>
> Ernst Mayr (1904-2005), biólogo evolutivo, 1982

Vá devagar

Mas aí o desenvolvimento estagnou. As bases da biologia como ciência logo foram encobertas pelo pensamento não científico. Do fim do período Clássico até o século XVI, houve pouquíssimo avanço nas ciências da vida. No Ocidente, os dogmas religiosos cristãos e muçulmanos substituíram a investigação científica. Nem o clima intelectual nem a estrutura da sociedade eram propícios ao tipo de exploração livre que dera um começo tão bom às ciências na Grécia. Nem no mundo árabe, que fez avanços consideráveis em outras ciências a partir do século VIII, a biologia prosperou.

Na Europa, a veneração das autoridades clássicas fez com que os ensinamentos dos pensadores gregos e romanos passassem séculos sem questionamento. A partir da Idade Média, antigos erros foram incorporados aos ensinamentos cristãos e se entranharam a tal ponto que não poderiam ser mudados sem uma alteração importan-

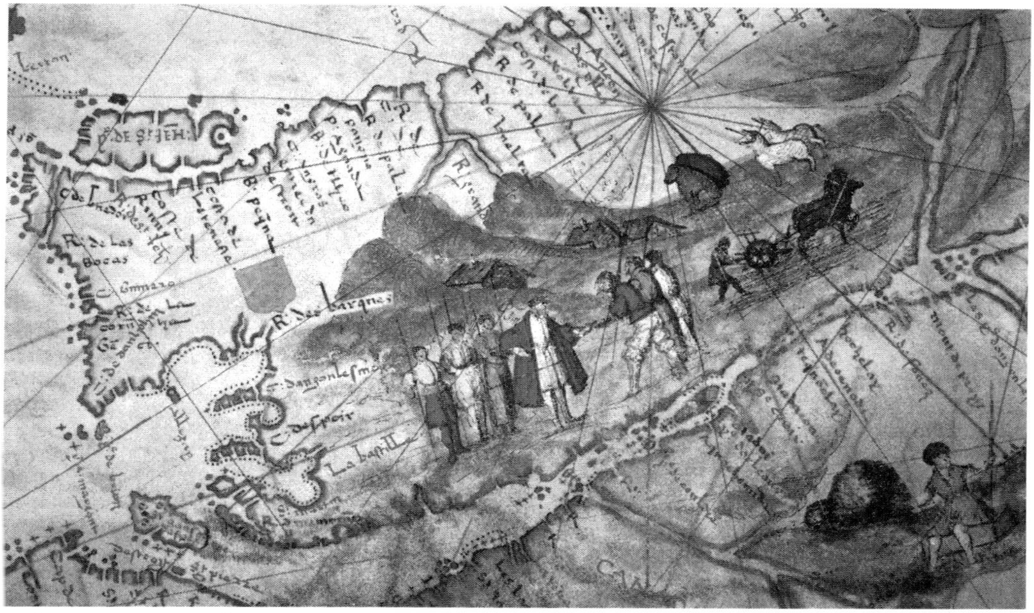

A descoberta das Américas demonstrou, de forma irrefutável, que era possível descobrir novos conhecimentos sobre os quais os antigos nada disseram.

te da visão de mundo. Essa alteração veio com o Renascimento.

Preparação do palco da ciência

A partir do final do século XV, o Renascimento trouxe confiança renovada no intelecto e no potencial humanos. O humanismo, o pensamento crítico e a investigação substituíram a aceitação cega da autoridade, do dogma e da superstição.

A opinião funesta de que o mundo estava numa espiral descendente tinha predominado durante a Idade Média, mas não agradava mais. Os europeus descobriam novas terras cheias de criaturas, plantas e possibilidades novas. O reformador protestante Martinho Lutero (1483-1546) desafiou a autoridade da Igreja Católica e deu início à Reforma. Os cientistas começaram a descobrir as leis que governam os processos físicos naturais. O mundo não era tão misterioso nem fixamente imutável quanto parecia. A invenção dos tipos móveis na Europa levou ao desenvolvimento dos livros impressos, ou seja, o conhecimento pôde se disseminar mais depressa e com mais exatidão. As universidades se expandiram e abriram os primeiros teatros anatômicos. Começava o grande projeto científico da Era Moderna.

Iluminismo, finalmente

Quando o Renascimento se transformou no Iluminismo, predominou um espírito rigoroso de pesquisa científica. O século XVI trouxe descobertas que viraram do avesso o modo como todos viam o mundo. Copérnico demonstrou que a Terra não é o centro do universo e gira em torno do Sol. Os microscópios e telescópios mostraram novos reinos inimagináveis. Ficou claro que, no passado, o povo acre-

O CASO DO CORDEIRO VEGETAL

Acreditava-se que o mítico "cordeiro vegetal" crescia na Ásia central. Numa das versões, a planta dava muitas vagens, e cada uma delas se abria para revelar um cordeiro. Em outra versão, um único cordeiro crescia numa longa haste curvada. Ele podia inclinar a haste para pastar a vegetação circundante, mas morria depois de comer tudo o que estivesse a seu alcance.

Em 1557, o cientista italiano Girolamo Cardano ressaltou que a planta talvez não obtivesse calor suficiente do sol para sustentar o cordeiro, principalmente nos primeiros estágios de seu desenvolvimento. Então, na década de 1600, provou-se que os espécimes de cordeiro vegetal enviados à Royal Society eram falsos ou, pelo menos, não eram cordeiros.

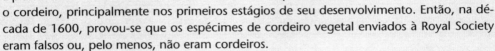

ditava num monte de bobagens. Estava na hora de começar a corrigir erros que eram o legado da repetição cega, durante mais de mil anos, de afirmativas antigas.

Finalmente, as velhas crenças foram derrubadas por não aguentarem um exame mais minucioso. As reais sociedades fundadas na Europa em meados do século XVII visavam especificamente a pesquisar temas científicos e determinar a verdade. O lema da Royal Society britânica, *Nullius in verba*, significa "não aceite a palavra de ninguém" e personifica essa atitude nova e ousada.

MÉTODO CIENTÍFICO

Aristóteles incentivou seus alunos a confiar nos indícios do mundo físico, a indagar, observar, experimentar e pensar criticamente — mas essa lição se perdeu com o tempo. É irônico que a adesão cega aos textos de Aristóteles fizesse com que ninguém observasse, investigasse nem pensasse coisas novas como ele defendia.

No século XII, o filósofo natural inglês Robert Grosseteste foi um dos primeiros europeus a entender a abordagem da investigação científica de Aristóteles: podemos trabalhar a partir de observações específicas para deduzir leis universais e usar essas leis para fazer previsões sobre o mundo natural. Roger Bacon (*c.* 1219-92), outro filósofo inglês, aprimorou essa ideia para desenvolver o método científico que conhecemos hoje: observação, hipótese, experimentação. Bacon enfatizava a importância da verificação e registrou seus próprios experimentos de maneira a possibilitar que outros repetissem seu trabalho e verificassem seus resultados.

Do espírito à máquina

Durante muito tempo, o mistério da vida foi atribuído a alguma "fagulha", energia, alma ou "sopro". Na tradição oriental, é o chamado qi ou prana. Uma das grandes divergências do Iluminismo foi a negação desse princípio vitalista e a visão dos corpos como mecanismos complexos que seguem as leis da física e funcionam por meio de forças, válvulas, tubos e assim por diante. Isso se aplicava igualmente a corpos humanos, animais e vegetais. A partir do final do século XVIII, com o florescimento da nova ciência da Química, houve muito debate sobre alguns processos: seriam físicos ou químicos? Na realidade, muitos são as duas coisas.

O sucesso seguinte

O século XIX teve sua imensa agitação própria, com o acúmulo de provas de mudança do mundo natural. A descrição da evolução feita por Charles Darwin e publicada em 1859 mudou para sempre a direção da biologia e foi a maior evolução desde a invenção do microscópio. Em sua esteira veio a genética, e as duas juntas, genética e evolução, redefiniram a biologia do século XX.

O grande e o pequeno

No século XX também houve um novo interesse pela interação dos organismos entre si e com o meio ambiente. Isso levou à ampliação do campo de interesse: cada organismo se encaixa em seu nicho ecológico e é visto como parte de um todo orgânico e complexo, um ecossistema que pode ser tão minúsculo quanto a boca de um animal ou tão grande quanto o Oceano Atlântico.

Hoje, a palavra "biologia" ainda engloba o estudo de todos os processos vivos, do infinitesimal (mudanças moleculares microscópicas que controlam as ações das células vivas) ao inimaginavelmente grande (o modo como os organismos vivos interagem em escala global). E ela não se limita a este planeta. Agora os cientistas estão voltando a atenção e os telescópios para outros mundos e para a possibilidade de que planetas que orbitam sóis distantes e suas luas também possam abrigar vida. Esses organismos, se existirem, talvez não se pareçam com nada jamais visto na Terra, mas os processos que os mantêm vivos seguirão os mesmos princípios científicos que movem a vida neste planeta e que, como veremos, exigiram centenas de anos de investigação científica diligente para se revelarem.

A Criação de Adão de Michelangelo, na Capela Sistina, em Roma, mostra o corpo físico de Adão tomando vida com o espírito divino por meio do toque de Deus.

زعموا ان الزرافة تتولد بين

بية وبين الناقة وهو ذكر

شتركاو بلند وتايد بيل

القبع لان الضباع تخرج

للذيب القزل وكل

CAPÍTULO 1

Animal, **VEGETAL,** mineral

Classificar, em contraposição a não classificar, tem valor próprio, seja qual for a forma que essa classificação assuma. [...]Qualquer classificação é superior ao caos.

Claude Lévi-Strauss,
fundador da antropologia moderna, em texto de 1962

Talvez a primeira pergunta feita na biologia tenha sido "O que é isso?" A ânsia de saber o que é um organismo e o que ele faz é fundamental para nossa sobrevivência. Mesmo nossos primeiros ancestrais que olhavam o mundo natural à sua volta devem ter sentido a necessidade de distinguir a imensa variedade de plantas e animais que viam. A classificação é uma ânsia encontrada em todas as culturas, sejam industrializadas, sejam rurais.

O Livro dos animais *de al-Jahiz, do século IX, classificava as criaturas numa sequência que ia das mais simples às mais complexas e as dividia em grupos baseados em semelhanças.*

Ordem, ordem

Parece bastante fácil classificar os organismos segundo algum tipo de ordem. Afinal de contas, há diferenças grandes e claras entre, digamos, um gato e um cacto, ou uma laranja e um orangotango. Mas descobrir, catalogar e ordenar os organismos vivos foi um problema espinhoso durante mais de dois mil anos.

A identificação e a classificação das plantas e animais é intelectualmente satisfatória, ajuda a estruturar o pensamento e também se mostra bastante útil na prática. Quais plantas são comestíveis e quais não são? Quais animais são perigosos e quais são úteis? Quais plantas são venenosas, quais são medicinais, quais queimam, quais produzem tinturas úteis? Que animais podem nos comer, que insetos, aranhas e serpentes têm picada ou mordida venenosa ou apenas dolorosa, que animais correm demais para serem pegos? Para dividir e preservar es-

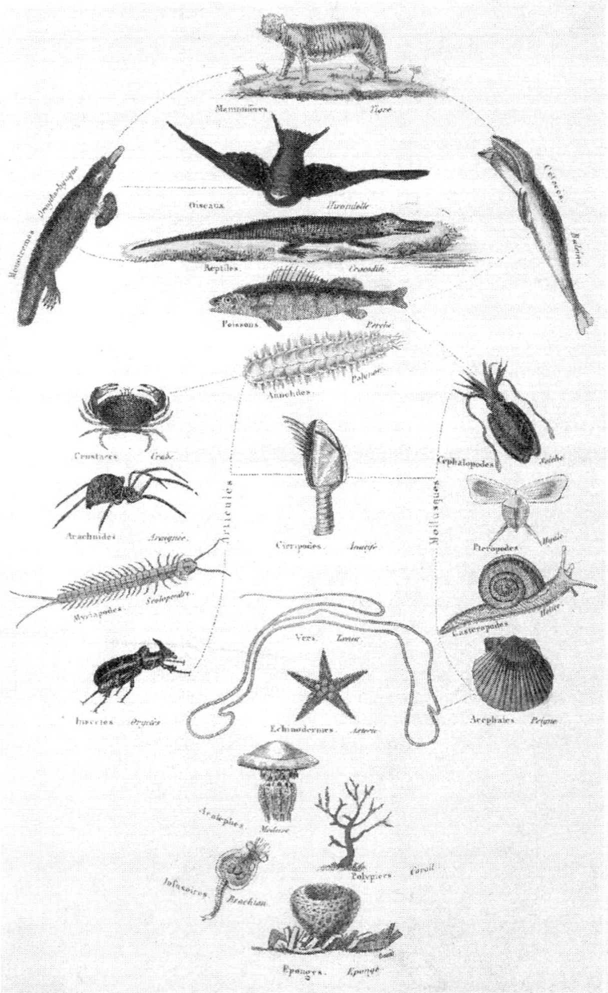

Este gráfico de taxonomia animal de 1834 promove a ideia de que os mamíferos são a maior realização da Natureza.

MUITAS MANEIRAS

Os antropólogos de meados do século XX recolheram muitos casos de grupos tribais com nomes diferentes para uma grande variedade de plantas e animais encontrados em seu ambiente. Na década de 1950, o americano Robert Fox, ao escrever sobre os negritos de Pinatubo, do sudeste da Ásia, registrou que eles tinham nomes para pelo menos 450 tipos de plantas, 75 pássaros e até vinte espécies de formiga. Alguns tinham uso direto para os negritos, mas não todos. Outros tinham impacto sobre plantas e animais que interessavam aos negritos.

ses conhecimentos, é necessário dar nome aos organismos naturais e descrevê-los. Mas a biologia vai além de classificar os organismos segundo sua relação com os seres humanos, como comestíveis, perigosos e assim por diante. Ela exige descobrir (ou impor) uma estrutura que relacione os organismos entre si.

Zoologia paleolítica

Antes do início da escrita, os seres humanos criaram nas cavernas obras artísticas para representar os animais que viam e caçavam. Essas ilustrações costumam ser detalhadas a ponto de zoólogos modernos identificarem e aprenderem alguma coisa sobre os animais da época.

Em 2011, a geneticista evolutiva francesa Melanie Pruvost descobriu que as cores dos cavalos da arte rupestre paleolítica da Sibéria, da Europa oriental e ocidental e da península espanhola combinava com os indícios do DNA fóssil. É possível até, pelas cores e padrões usados pelos primeiros artistas, descobrir novas informações sobre alguns animais representados. Não se acreditava que existissem cavalos malhados na Europa na época em que foram mostrados nas pinturas, mas novos indícios genéticos sustentam o depoimento da arte rupestre.

A variedade de espécies representadas em algumas cavernas faz das pinturas uma verdadeira galeria da fauna pré-histórica, e é possível que um de seus usos fosse ajudar os jovens caçadores a identificar os diversos tipos de animais. A maioria das imagens é de animais adultos vistos de perfil, o que torna sua identificação mais fácil do que se fossem desenhados em ângulo oblíquo (e também é a maneira mais fácil de desenhá-los!).

Mais do que um pano de fundo

Depois que começaram a viver em comunidades sedentárias, os seres humanos registraram interações mais complexas com o mundo natural. No fundo de um painel em relevo da antiga cidade assíria de Nínive, esculpido por volta de 700 a.C., há veados entre os juncos gigantes Phragmites australis, usados como combustível e forragem e para fazer barcos e tapetes. Um dos relevos mostra leões sob um pinheiro coberto por

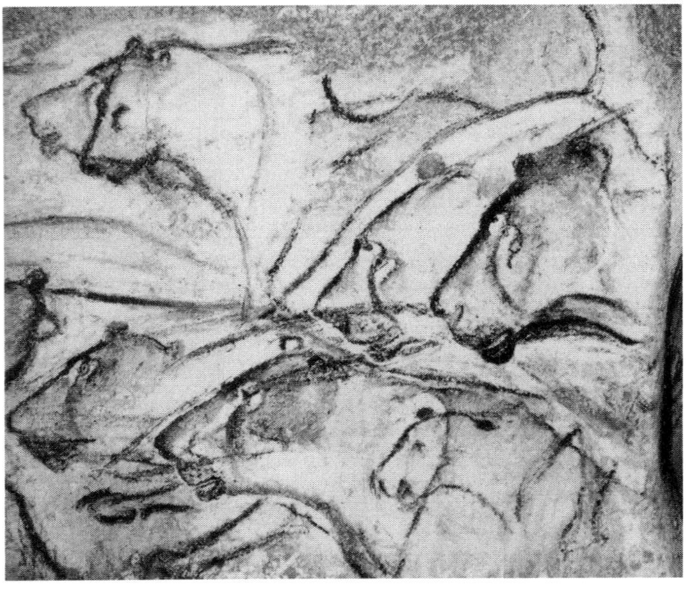

As pinturas de animais em cavernas, como esta em Chauvet, na França, costumam ser extraordinariamente precisas.

uma parreira, outro exibe muitas espécies de árvores reconhecíveis crescendo num parque. Uma pintura numa parede de Santorini, na Grécia, datada de 1500 a.C., mostra mulheres colhendo flores de açafrão (Crocus sativus), e outra mostra lírios vermelhos (Lilium chalcedonicum), tanto em botão quando totalmente abertos. O fato de essas representações serem exatas a ponto de os biólogos modernos identificarem a espécie mostra que os artistas tinham interesse genuíno e olhos aguçados; eram antigos ilustradores biológicos, atentos às diferenças entre organismos.

Representação do útil

Provavelmente as primeiras representações e classificações de plantas e animais foram inspiradas pela utilidade. Os animais e plantas úteis aos seres humanos despertavam o máximo interesse: podiam ser comidos, criados, esfolados, usados em remédios e postos a trabalhar. Às vezes, tinham importância religiosa ou, simplesmente, desempenhavam um papel importante na vida das pessoas. No Antigo Egito, o escaravelho era considerado sagrado e costuma ser representado com detalhes minuciosos. O escaravelho é um besouro que come esterco, e seu papel vital na remoção do volume, sem dúvida grande, de esterco produzido por seres humanos, camelos e outros animais não deixou de ser notado numa região em que a chuva era escassa demais para lavar a sujeira. O íbis também tinha importância religiosa e era representado com frequência. Talvez sua utilidade seja menos óbvia, mas ele ajudava a remover caramujos dos lagos piscosos, e é comum os caramujos transmitirem parasitas perigosos do fígado. Não havia necessidade de entender como, mas se a presença de íbis perto dos lagos reduzia a incidência de parasitas nas pessoas que comiam os peixes, a ave receberia o crédito por seu trabalho.

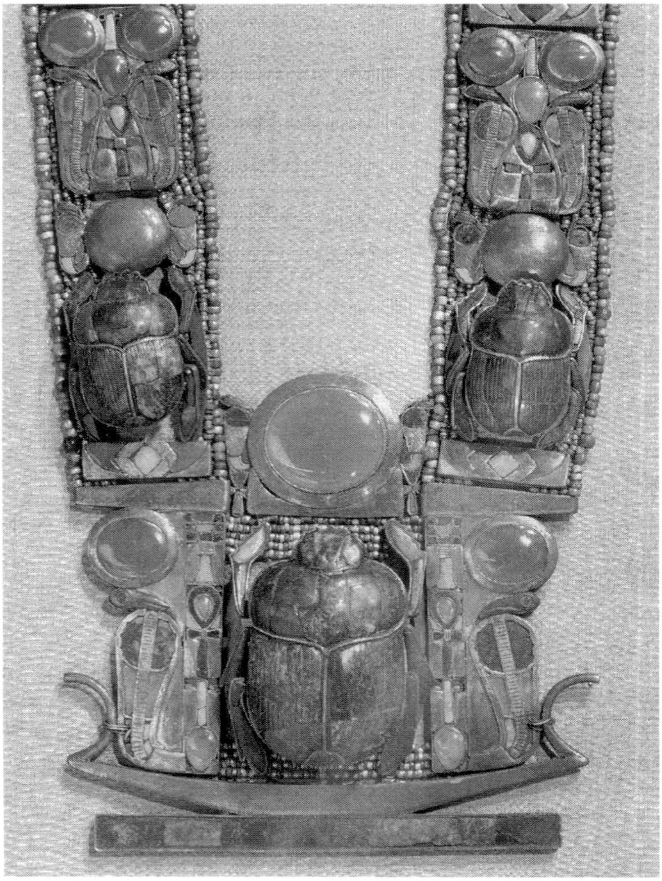

O escaravelho era reverenciado no Antigo Egito e muito representado em joias.

Classificar a vida

Dar nomes e classificar os organismos é o que faz a taxonomia. A taxonomia biológica começou na Grécia Antiga com a obra de Aristóteles (384-322 a.C.). Ele foi o primeiro autor a tentar criar um sistema de classificação com base em características intrínsecas dos organismos e não em sua utilidade para os seres humanos.

Para Aristóteles, a meta da ciência era fazer algo sistemático e coerente a partir da desordem que é nossa observação do mundo. Seus textos sobre biologia faziam parte de sua grande investigação da natureza do conhecimento e de como adquiri-lo. Ele via quatro perguntas a serem respondidas em qualquer investigação, e elas vêm em pares.

"Indagamos quatro coisas: o fato, o porquê, se algo existe, o que algo é [...]

Quando sabemos o fato, indagamos o porquê [...]

E tendo chegado a saber que existe, indagamos o que é."

Aristóteles, *Analíticos posteriores*

O FARMACÊUTICO TRANSPARENTE

A primeira tentativa de fazer uma identificação sistemática e dar nome às plantas foi registrada na China por volta de dois mil anos atrás. Era uma farmacopeia chamada *O clássico de raízes e ervas do divino fazendeiro*, compilada na dinastia Han Ocidental entre 206 a.C. e 220 d.C., mas hoje perdida. A lenda conta que foi escrita por Shennong, o "imperador dos cinco grãos", que era transparente — algo bem conveniente para ver os efeitos das experiências medicinais que fazia em si mesmo. (Se Shennong viveu, foi no século XXIV a.C., cerca de dois mil anos antes de o texto ser escrito.) Ao que parece, o texto citava 365 remédios derivados de plantas, animais e minerais, mas como se concentrava nos produtos medicinais e não nos organismos propriamente ditos, não é, na verdade, uma obra de taxonomia.

Divisão dos animais

O mundo natural não nos é apresentado de forma ordenada, com as relações entre plantas e animais claramente dispostas. Portanto, Aristóteles abordou o reino natural com a intenção de encontrar a ordem. Ele via três tipos de "coisa" no mundo natural: animais, plantas e minerais. As duas primeiras categorias passaram a ser o tema da biologia.

Aristóteles se pôs primeiro a distinguir os animais em sua *História dos animais* e, depois, em *Das partes dos animais*, a explicar as razões das características observadas. Então, a tarefa começou com a classificação. E a tarefa da classificação, por sua vez, começou com as regras para classificar.

Aristóteles alerta contra a categorização arbitrária e diz que devemos manter uma linha constante de relações em todo o sistema. Por exemplo, se dividirmos os animais em selvagens e domésticos e depois dividirmos os domésticos em animais de cores claras e animais de cores escuras, teremos uma hierarquia sem sentido, pois a cor não tem nenhuma relação com a domesticidade ou a selvageria. Ele defende agrupamentos de alto nível que reflitam o fato de as coisas serem "semelhantes em tipo" — todos os peixes são semelhantes de tal maneira que as aves não são como os peixes. Dentro do grupo de aves, haverá aves de bico comprido e aves de bico curto; essa é uma divisão em graus (ou uma divisão da categoria ave). Para estar num grupo os animais precisam ter "naturezas em comum e formas não muito distantes".

A *História dos animais* não se preocupa com causa e efeito e observa que todos os animais que têm sangue têm coração, mas não sugere que *tem de haver* um coração nem *por que* ele existe; só indica que existe. Por outro lado, *Das partes dos animais* tenta explicar por que as coisas são como são. Por exemplo, Aristóteles descobre que os animais com pulmão têm pescoço, porque a laringe é necessária para o ar chegar aos pulmões e se separar nos ramos que vão para cada um deles. Os animais com pescoço têm esôfago, não porque seja preciso para a nutrição, mas porque ele é necessário para levar o alimento da boca até o estômago, passando pelo pescoço; a presença do pescoço exige o esôfago. Assim, animais sem pulmão (como os peixes) não têm pescoço nem esôfago.

Sem pulmão, os peixes não precisam de pescoço nem laringe.

Gênero e espécie

Aristóteles criou um sistema de nomes duplos que é o antecessor do sistema em uso hoje. Ele deu a cada espécime um nome genérico (gênero), que identifica a família ou a raça do organismo, e depois uma parte descritiva (espécie) que define sua diferença dos outros do mesmo gênero. A parte da "diferença" visava a ser descritiva a ponto de distinguir o organismo dos outros consultando apenas o nome. Isso funcionou razoavelmente bem quando aplicado à flora e à fauna locais da área mediterrânea, mas não deu muito certo quando, centenas de anos depois, cada vez mais organismos foram descobertos (ver a página 31).

A *História dos animais* faz uma descrição completa de como os animais são semelhantes e como variam, referindo-se a estrutura, órgãos, tecidos, métodos de reprodução, hábitos, meios de locomoção e assim por diante. Um trecho sobre patas dá uma boa ideia:

"Dos quadrúpedes de sangue e vivíparos, alguns têm o pé fendido em muitas partes, como acontece com as mãos e os pés do homem (pois alguns animais, aliás, têm muitos dedos, como o leão, o cão e o leopardo); outros têm pés fendidos ao meio, e em vez de unhas têm cascos, como a ovelha, a cabra, o veado e o hipopótamo; outros têm pés não fendidos, como os animais de casco maciço, como o cavalo e a mula."

História dos animais, livro 2

(A distinção que Aristóteles faz entre animais "de sangue" e "sem sangue" equivale à nossa distinção entre vertebrados e invertebrados.)

Aristóteles trata as coisas vivas por ordem de importância (como ele a via), com os mais importantes primeiro, e assim começava com a humanidade, depois os animais de sangue, depois os sem sangue. Ele usa os métodos de geração (reprodução)

O QUE VEIO PRIMEIRO, O CROCODILO OU O RABO DO CROCODILO?

Aristóteles via a estrutura e os processos do corpo do animal como necessários para realizar as funções que a forma (alma, essência ou natureza) do animal exige. Isso significa, por exemplo, que o crocodilo tem um rabo potente porque precisa dele para se mover rapidamente na água para ser um crocodilo. É o contrário de dizer que o crocodilo consegue se mover rapidamente na água porque tem um rabo potente. O que veio primeiro, o rabo ou o crocodilo? Para Aristóteles, o crocodilo veio primeiro e precisou do rabo, em vez de o rabo facilitar o crocodilo. A distinção não parece importante, mas sua importância surgirá mais tarde quando a evolução entrar em cena (ver as páginas 36-37).

para dispor os animais numa hierarquia, com os que dão à luz filhotes totalmente formados no alto e os que ele considerava gerados espontaneamente (brotados da matéria inanimada, como a lama) embaixo. (A mesma distinção ocorre na tradição aiurvédica da Índia, datada de cerca de 1500 a.C.) No último livro, Aristóteles trata da inimizade e da cooperação entre os animais e de seu caráter observado:

"O caráter dos animais, como já se observou, difere em relação à timidez, à gentileza, à coragem, à docilidade, à inteligência e à estupidez."

No total, Aristóteles apresenta alguns princípios gerais para classificar animais: que devemos procurar grupos gerais e depois encontrar diferenças distintas e relevantes entre os membros de um grupo. Mas ele termina com um catálogo descritivo e não com um sistema rigoroso de classificação. Ainda assim, foi um precedente importante. A catalogação continuaria a ser a tendência dominante dos textos biológicos durante uns dois mil anos.

Dos animais às plantas

O que Aristóteles fez com os animais, seu sucessor Teofrasto (c.371-287 a.C.) fez com as plantas nas obras *Pesquisas botânicas* e *Das causas das plantas*. Ele dividiu as plantas em árvores cultivadas, árvores selvagens, arbustos e plantas herbáceas. Mas admitia que distinções como "selvagem ou cultivada" e "arbusto ou árvore" não são muito rigorosas e que classificar as plantas é difícil; as categorias se sobrepõem. A divisão entre plantas aquáticas e terrestres é diferente por ser natural e objetiva; as plantas vivem na água ou não.

Teofrasto sabia que é mais difícil falar em termos gerais sobre plantas do que sobre animais porque nas plantas não há partes comuns a todas. Embora todos os animais tenham, digamos, boca, não há nada — nem haste, nem folhas, nem flores, nem raízes — que todas as plantas tenham. Ele também descobriu que algumas plantas selvagens diferem de suas formas cultivadas, embora aparentemente sejam do mesmo tipo. Portanto, concentrou-se em fazer descrições exatas com base na observação em vez de tentar usar a razão para tirar conclusões sobre a vida vegetal.

Teofrasto dá muitíssimos detalhes sobre diversas espécies de plantas e trata de

As ideias de Aristóteles sobre os animais e sobre como deveríamos tratá-los têm influência até hoje.

550 plantas de uma área que se estende do Atlântico à Índia, contornando o Mediterrâneo. Ele viajou pela Grécia pesquisando plantas, tinha sua própria horta, consultou profissionais e especialistas e examinou plantas trazidas por expedições militares.

Teofrasto escreveu o mais antigo texto conhecido sobre a classificação das plantas.

As primeiras enciclopédias

Os animais e plantas se encontram juntos na obra do escritor romano Plínio, o Velho. No século I d.C., ele redigiu sua *História natural*, uma coleção de 37 volumes que pretendiam registrar tudo o que se sabia sobre o mundo natural — em essência, a primeira enciclopédia. O texto de Plínio aborda tópicos de todo tipo, como pintura, etnografia e geologia, mas os livros 8 a 11 cobrem a zoologia e os 12 a 27 são dedicados à botânica (inclusive à horticultura e aos remédios vegetais). Plínio era um entusiasta erudito que dedicou todos os seus momentos livres a pesquisar e escrever. Morreu em 79 d.C., na erupção do Vesúvio em Pompeia, disposto a investigar até aquele fenômeno aterrorizante, de acordo com seu sobrinho Plínio, o Jovem. Seu texto zoológico registra todos os relatos que conseguiu encontrar sobre animais de todos os tipos e de todas as regiões conhecidas. Não surpreende que haja muitas inexatidões, com animais míticos registrados como genuínos e algumas características muito improváveis anotadas sem comentários.

O que há num nome?

A obra de Plínio tornou-se a base de muitas enciclopédias medievais, começando

> *"A mantícora [...] tem uma fila tripla de dentes que se encontram como os dentes de um pente, a face e as orelhas de um ser humano, olhos cinzentos, uma cor vermelho-sangue, o corpo de um leão, inflige ferroadas com a cauda como um escorpião, com uma voz que lembra o som de uma flauta de Pã misturada a um trompete, de grande velocidade, com apetite especial pela carne humana. [...] "A serpente basilisco [...] é nativa da província da Cirenaica, com no máximo 30 cm de comprimento, adornada com uma marca branca brilhante na cabeça como um tipo de diadema. Ela derrota todas as serpentes com seu sibilar, e não move o corpo à frente em várias voltas como as outras serpentes, mas avança com o meio do corpo elevado. Mata os arbustos não só com o toque, mas também com o hálito, chamusca a grama e explode pedras. Seu efeito sobre outros animais é desastroso; acredita-se que, depois que uma foi morta pela lança de um homem a cavalo, a infecção subiu pela lança e matou não só o cavaleiro como também a montaria."*
>
> Plínio, o Velho, *História natural*, livro 8, 77-79 d.C.

com as Etimologias e Da natureza das coisas, do historiador Isidoro de Sevilha. As enciclopédias se concentravam em descrever em suas páginas a utilidade de animais, plantas e minerais para a humanidade, com um ponto de vista extremamente teleológico e antropocêntrico: tudo na natureza existe com um propósito voltado para a exploração humana.

Isidoro de Sevilha (c.560-636) foi o primeiro enciclopedista cristão e talvez o último clássico. Nas *Etimologias*, ele demonstrou sua crença de que o nome de uma coisa — ou a origem do nome de uma coisa — revela a verdadeira natureza da coisa. Assim, por exemplo, ele explicou que a formiga se chama *formica* (em latim) porque é *formis* (forte) e carrega *mica* (partículas).

PLINII SECVNDI NOVECOMENSIS ORATORIS PREFATIO INCIPIT IN LIBROS NATVRALIS HISTORIE AD TITVM VESPASIANI FILIVM IMPERATOREM

LIBROS NATVRALIS HISTORIE NOVITIVM CAMENIS QVIRI

Acima: A História natural de Plínio permaneceu popular durante toda a Idade Média, como essa luxuosa cópia manuscrita do século XV deixa claro.

À esquerda: Formigas carregam uma partícula de alimento.

A tradição enciclopédica continuou durante a Idade Média, sem que ninguém parasse para duvidar das informações passadas desde a Antiguidade. A reverência pelo mundo clássico e a crença generalizada de que o mundo se tornava cada vez mais imperfeito levava a con-

> *"Adão primeiro nomeou todas as criaturas vivas, dando um nome a cada uma de acordo com seu propósito na época, em vista da natureza à qual estaria sujeita. Mas as nações deram nomes a todos os animais em sua própria língua. Mas Adão não deu esses nomes na língua dos gregos ou romanos nem de nenhum povo bárbaro, mas naquela linguagem única dentre todas que existia antes do Dilúvio e que se chama hebraico."*
>
> Isidoro de Sevilha, Etimologias, 600-625 d.C.

siderar os escritores antigos geralmente mais confiáveis do que todas as fontes contemporâneas, e raramente eles eram questionados. Em vez disso, eram venerados e estudados, na busca de níveis de significado cada vez mais profundos.

Uma comédia de erros

Embora Plínio tivesse a intenção de oferecer uma descrição factual da natureza das plantas e dos animais, o texto grego conhecido como Fisiólogo, provavelmente originado no século III ou IV em Alexandria, visava a revelar os significados profundos, alegóricos e espirituais embutidos na natureza. Supostamente, esses significados tinham sido criados por Deus em seu projeto da Criação, fazendo do mundo natural um tipo de livro no qual podemos aprender algo sobre o propósito divino se soubermos lê-lo.

A partir do século XII, as enciclopédias e o *Fisiólogo* se uniram nos bestiários medievais, que combinavam conhecimentos zoológicos supostamente corretos com descrições do "significado" alegórico dos animais. Praticamente não houve progresso em termos de conhecimento biológico nos seiscentos anos que separam os primeiros enciclopedistas dos primeiros bestiários. O ponto de vista predominante continuava a ser que o mundo natural como um todo fora criado com o propósito de manifestar o poder de Deus e servir à humanidade. O incentivo para observar um animal ou seu comportamento era encontrar o significado oculto, não entender seu funcionamento nem o lugar ecológico do animal.

Descrição de uma toupeira e do mítico crócota (cruzamento de hiena com leoa) do Bestiário de Northumberland, do século XIII.

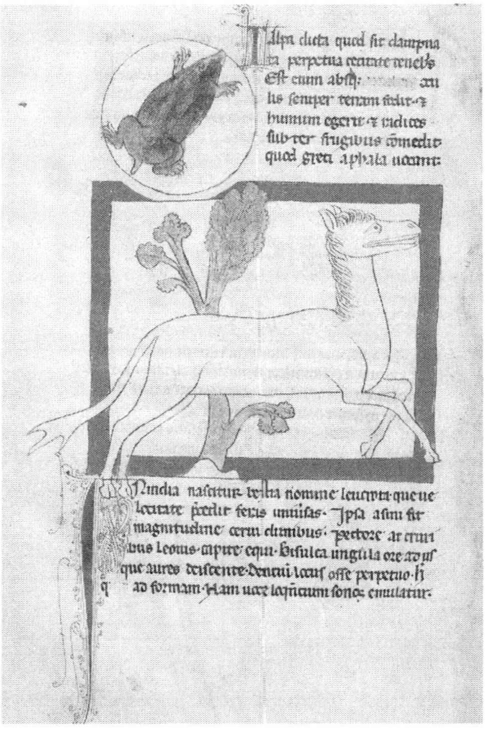

"Façamos o homem à nossa imagem, conforme a nossa semelhança; e que ele domine sobre os peixes do mar e sobre as aves do ar, e sobre o gado, e sobre toda a terra, e sobre todas as coisas rastejantes que rastejarem sobre a terra."

Gênesis, capítulo 1, versículo 26; tradução da Bíblia do Rei Jaime, de 1611

Seria difícil exagerar o grau de pensamento antropocêntrico que caracterizou a Idade Média europeia. Para Roger Bacon (c.1214-c.1292), a humanidade era o eixo da ordem natural; tire os seres humanos e tudo vira um caos sem propósito:

"O homem, se olharmos as causas finais, pode ser considerado o centro do mundo; visto que, se o homem fosse tirado do mundo, o resto pareceria se perder por completo, sem meta nem propósito."

Os bestiários medievais buscavam sempre uma lição para a humanidade no modo como Deus organizara o mundo natural. Assim, por exemplo, a avestruz olha para os céus, depois põe seus ovos na areia e se afasta deles. Isso nos instrui a erguer os olhos para Deus no céu e desdenhar as coisas mundanas. Mas, apesar de toda a boa intenção de descobrir o significado do mundo natural, os bestiários são um tesouro de erros biológicos fofi-

A Física de Hildegarda de Bingen, escrita no século XII, é um catálogo de propriedades medicinais de pedras, plantas, peixes, répteis e outros animais, todos criados por Deus para uso humano.

GANSOS SAÍDOS DE CRACAS

"Eles são produzidos pela madeira de abeto jogada ao longo do mar, e a princípio são como resina. Depois, pendem pelo bico, como se fossem algas presas à madeira, e são cercados de conchas para crescerem mais livremente. Tendo portanto, no decorrer do tempo, sido recobertos por uma forte capa de penas, caem na água ou voam livres pelo ar. Eles tiraram seu alimento e crescimento da seiva da madeira ou do mar, por um processo de alimentação secreto e muito maravilhoso. Vi frequentemente, com meus próprios olhos, mais de mil desses pequenos corpos de aves pendendo à beira-mar de um pedaço de madeira, fechados em suas conchas e já formados. Eles não acasalam nem põem ovos como as outras aves, nem chocam nenhum ovo, nem parecem fazer ninho em nenhum canto da Terra."

Giraldus Cambrensis, Topographica Hiberniae, *1187*

Gansos maduros caem n'água dos galhos da árvore em que cresceram.

nhos. Seria fácil ser condescendente, mas assim se perderia a visão do raciocínio científico por trás deles. Os autores tentavam explanar as observações, além de dar uma explicação espiritual de como é o mundo natural. Um exemplo é a descrição da bernaca ou ganso-de--cara-branca.

Nunca se via essa ave fazer ninho, e com boas razões: em boa parte da Europa, ela é um visitante sazonal, nunca vista no verão, quando cria sua ninhada no Ártico. A descrição da bernaca nos bestiários (repetida até o século XVI) era que esse ganso crescia em árvores ou pedaços de madeira e depois caía n'água, onde continuava a se desenvolver como uma craca e finalmente surgia como ganso, saindo do mar no outono. Algumas pessoas acreditavam que essa teoria permitia o consumo de gansos-de-cara-branca durante a Quaresma e nos dias de jejum, porque não podiam ser de carne verdadeira se nasciam em árvores. (Mas o Quarto Concílio de Latrão proibiu o consumo de bernacas em 1215.)

A Grande Cadeia do Ser

Os bestiários declaravam que os bebês ursos nascem sem forma e a mãe os lambe para configurá-los — crença que pode ter vindo da observação das ursas, que lambem o saco amniótico para tirá-lo dos filhotes.

Como vimos, além de dividir os animais em classes Aristóteles propôs uma hierarquia das coisas vivas, a scala natura (escada da natureza). Os seres humanos estavam no topo dessa hierarquia, seguidos pelos animais "de sangue" (vertebrados), os animais "sem sangue" (invertebrados) e depois as plantas. Ele acreditava que cada organismo tinha um tipo de alma necessário para sua capacidade; de fato, era a alma que transmitia a capacidade. Cada organismo também tinha uma estrutura corporal adequada à sua capacidade, como o crocodilo com seu rabo. Assim, o ser humano teria uma alma superior capaz de raciocinar, locomover-se, crescer e sustentar a vida; os animais podem se mexer, crescer e sustentar a vida; mas as plantas só podem crescer e sustentar a vida. A ideia da hierarquia continuou a ser o modelo dominante de pensamento sobre o mundo natural e durou até o século XIX, dando estrutura a muito mais do que a história natural. Na verdade, ela abrangia os terrenos social, político e até divino.

No século III d.C., os neoplatônicos desenvolveram a *scala natura* e acrescentaram novos degraus para acomodar os deuses acima da humanidade. No final do século V, o filósofo neoplatônico Pseudo-Dionísio, o Areopagita, cristianizou o sistema, substituindo os deuses pagãos dos degraus superiores pelos anjos e pelo Deus cristão.

> *"Todas as coisas, ainda que diferentes, estão ligadas. Há nos gêneros de coisas tal conexão entre o superior e o inferior que eles se encontram num ponto em comum; resulta tal ordem entre as espécies que a mais elevada de um gênero coincide com a mais baixa do gênero superior seguinte, de modo que o universo possa ser uno."*
>
> Nicolau de Cusa (1401-1464)

Os filósofos da Idade Média continuaram a desenvolver e endossar a *scala natura*, enfatizando as consequências sociais e cristãs de ver a ordem do mundo em termos de uma hierarquia. Um de seus adeptos mais influentes foi o filósofo italiano Tomás de Aquino (1225-74), que pôs os seres divinos numa ordem precisa, com o serafins como o grau mais importante dos anjos. Aliás, Tomás de Aquino foi responsável pela integração de Aristóteles ao pensamento cristão.

A partir da Idade Média, a escada da natureza passou a ser chamada com mais frequência de grande "cadeia do ser". Tinha Deus no alto, seguido por anjos, seres humanos, animais, plantas e matéria inanimada, como metais e pedras, embaixo. A hierarquia podia ser decomposta em minúcias; assim, dentro das plantas há uma hierarquia, e há hierarquia até entre as pedras e os metais. As coisas mais para o alto da escada tinham mais "espírito" e menos "matéria"; assim, os anjos, sendo apenas espírito, ficavam mais perto de Deus. O chumbo, por ser muito pesado, tinha muita matéria, portanto estava bem baixo até na ordem dos metais. A alquimia, aliás, buscava transformar os metais vis em ouro acrescentando "espírito"; acreditava-se que o ouro tinha mais espírito do que os outros metais.

A Grande Cadeia do Ser, representada aqui em 1579, põe Deus no alto, os anjos abaixo e depois os seres humanos no topo da cadeia de criaturas terrenas.

TUDO EM ORDEM

A sequência típica da cadeia do ser da Idade Média, sem os anjos porque na verdade eles não são tema da biologia, está a seguir. (Dentro de cada grupo, o primeiro listado era considerado o "auge", o "principal" daquela classe de seres.)

SERES HUMANOS — um tipo especial, com parte do poder racional e espiritual dos anjos mas, ao contrário deles, preso a um corpo físico.

MAMÍFEROS — com o elefante ou o leão como principal:
- Animais selvagens
- Animais domésticos "úteis" (como cavalo, cão)
- Animais domésticos "de companhia" (como o gato)

AVES — com a águia como principal. As aves eram superiores aos animais aquáticos porque o elemento ar era considerado superior à água:
- Aves de rapina
- Aves comedoras de carniça
- Aves comedoras de vermes e minhocas
- Aves comedoras de sementes

CRIATURAS AQUÁTICAS, com a baleia como principal:
- Mamíferos aquáticos
- Tubarões
- Peixes móveis
- Moluscos e crustáceos imóveis

PLANTAS, com o carvalho como principal:
- Árvores
- Arbustos de porte arbóreo
- Arbustos que formam moitas
- Plantas cultivadas
- Ervas
- Fetos e samambaias
- Ervas daninhas
- Musgo
- Fungos

MINERAIS, com o diamante como principal:
- Pedras preciosas
- Metais (o ouro é o principal)
- Rochas geológicas (o mármore é o principal)
- Partículas diminutas (areia, terra etc.)

"Variedade infinita"

A cadeia era considerada uma linha contínua com, muitos passinhos minúsculos e intermediários. Por exemplo, os mariscos eram inferiores no esquema dos animais, forjando um vínculo com as plantas, já que se movem pouco ou não se movem. A cadeia do ser não tem lacunas, nenhum "elo perdido". No século XIII, quando o estudioso alemão Alberto Magno apresentou sua versão da obra de Aristóteles sobre história natural, muitos outros organismos tinham sido descobertos, mas os elos da cadeia podiam se abrir para acomodá-los.

"A Natureza não faz tipos [de animais] separados sem formar algo intermediário entre eles; pois a Natureza não passa de extremo a extremo sem intermediários."
Alberto Magno, De animalibus, 1450-1500

A lei da continuidade satisfazia a ideia de que o mundo é perfeito, preenchido com todos os tipos possíveis de organismo sem que não falte nada. É, ao mesmo tempo, completo e unificado. Esse conceito de completude explicava por que até orga-

> *"Todas as diferentes classes de seres que, tomadas em conjunto, formam o universo são, nas ideias de Deus, que conhece distintamente suas gradações essenciais, somente outras tantas ordenadas de uma única curva, tão intimamente unidas que seria impossível colocar outros entre dois deles, já que isso provocaria desordem e imperfeição. Portanto, os homens estão ligados aos animais, estes às plantas e estas aos fósseis, que, por sua vez, se fundem àqueles corpos que nossos sentidos e nossa imaginação nos representam como o absolutamente inanimado [...] todas as ordens de seres naturais formam uma única cadeia, na qual as várias classes, como outros tantos elos, estão tão interligadas entre si que é impossível aos sentidos ou à imaginação determinar exatamente o ponto onde uma termina e a seguinte começa."*
>
> Gottfried von Leibniz, 1753

Gottfried von Leibniz, defensor de uma Criação completa e perfeita.

nismos aparentemente inferiores ou "inúteis", como mosquitos ou vermes, fazem parte da Criação. O filósofo e matemático alemão Gottfried von Leibniz (1646-1716) ficou famoso principalmente pela filosofia de que o mundo é o melhor possível, dada a exigência de Deus ter criado tudo o que poderia ter criado. Para ser completo, o mundo tem que incluir o mal e os parasitas. (Foi a posição de Leibniz sobre "o melhor de todos os mundos possíveis" que Voltaire satirizou de forma tão cáustica em *Cândido*, de 1759.)

Tudo em seu lugar

Seria insincero dizer que a cadeia do ser era apenas ou primariamente um modelo de taxonomia biológica. Ela também era teológica e política; formava o arcabouço de toda uma visão de mundo, da qual o mundo natural era uma parte importante. Era correto que o monarca reinasse sobre o povo, que o servo fosse subserviente ao dono das terras, que as crianças obedecessem aos pais e que as mulheres se subordinassem aos homens. Esse modelo servia muito bem aos governantes, e dá para imaginar que eles ficariam muito ansiosos para mantê-lo.

A origem da zoologia

O século XVI assistiu a uma revolução das ciências. De repente, a sabedoria dos antigos foi questionada em muitas esferas. Copérnico (1473-1543) derrubou a visão ptolomaica do sistema solar, com a Terra no centro, e pôs o Sol em seu devido lugar. O explorador italiano Américo Vespúcio (1454-1512) demonstrou que as Américas eram uma nova massa terrestre continental, antes desconhecida, e não uma parte da Ásia; e André Vesálio provou que Galeno (ver a página 49) estava errado em muitos aspectos do corpo humano. Contra esse pano de fundo, o médico, botânico e historiador natural suíço Conrad Gessner (1516-65) trouxe a biologia à era moderna.

Desenho de uma marmota (um tipo de esquilo grande) feito por Gessner.

A abundância da Natureza

Gessner faz a ponte entre as abordagens antiga e moderna da investigação da Natureza. Ele escreveu a obra considerada o primeiro texto zoológico, uma descrição abrangente de todos os animais conhecidos que tentou seriamente manter o rigor científico. Os quatro primeiros volumes de sua Historiae animalium, que enche 4.500 páginas, saíram em 1551-1558, abordando mamíferos (quadrúpedes com filhotes vivos), anfíbios (quadrúpedes que põem ovos), aves e peixes; o quinto volume sobre cobras saiu depois de sua morte, em 1587. Ele faz descrições extensas dos animais, com relatos de seus hábitos e comportamentos ao lado de seus usos (como alimento, remédio e assim por diante). Seu livro foi o primeiro a tentar ilustrar os animais em seu ambiente natural, e ele também foi o primeiro a representar fósseis.

Gessner ainda aproveitou material de autoridades tradicionais como o Antigo Testamento, Aristóteles, Plínio e os bestiários e buscou elucidar as mensagens divinas ocultas no mundo natural. Mas complementou esse conteúdo tradicional com observações próprias, buscando descrever os animais com exatidão. Guiado por quatro princípios — observação, dissecação, viagens e descrições precisas —, ele tentou fazer uma análise completa do reino animal. Gessner aproveitou conselhos e amostras recebidas de muitos naturalistas de seu tempo e tinha uma rede extensa de contatos solidários. Animais míticos como o unicórnio e a sereia ainda estão lá, mas ele exprimiu suas dúvidas quando não tinha certeza de que algum animal existia como descrito.

O porco-espinho-de--crista (Hystrix cristata) de Gessner parece bem selvagem.

Tesouros biológicos

No século XVI, foi moda entre os ricos e nobres manter um "gabinete de curiosidades" ou Wunderkammer. Era uma coleção guardada em cômodo próprio com maravilhas naturais e manufaturadas de todos os tipos, com um claro viés favorável à história natural. O conteúdo típico incluía animais

O gabinete de curiosidades de Ole Worm, 1654

e peixes empalhados, chifres (principalmente de narval, frequentemente registrados como chifres de unicórnio), corais, esqueletos, fósseis, plantas estranhas (como o cordeiro vegetal), desenhos de pessoas e animais deformados e até fetos preservados.

Tudo isso ficava ao lado de esculturas, achados arqueológicos, autômatos, minerais estranhos e qualquer coisa que parecesse interessante. Entre os *Wunderkammer* mais famosos estavam os de Rodolfo II (sacro imperador romano, 1576-1612), Ole Worm (1588-1654) e Athanasius Kircher (1602-80).

A meta era montar uma coleção heterogênea de maravilhas que enaltecesse a diversidade do mundo e servisse, com efeito, de microcosmo fantástico. Havia pouca tentativa de classificar os itens, mas sim de exaltar sua riqueza e variedade. Mesmo assim, alguns avanços científicos vieram da distribuição de imagens de itens, que então podiam ser comparados a outros exemplos e identificados.

Algumas pessoas foram além e formaram zoológicos de animais incomuns. Infelizmente, em geral os animais não eram bem tratados e acabavam morrendo. O mesmo entusiasmo se estendia às plantas, e alguns botânicos percorriam grandes distâncias para recolher plantas para seu jardim ou para o jardim de seus patronos. Os dois John Tradescant, o Velho (1570-1638) e o Jovem (1608-1662), viajaram pela Europa e pela América para "reunir toda a raridade de flores, plantas, conchas etc." para os jardins do rei inglês Carlos

> *"No museu do Sr. John Tradescant há as seguintes coisas: primeiro, no pátio, há duas costelas de baleia [...] plantas estrangeiras de todo tipo. [...]No museu propriamente dito vimos uma salamandra, um camaleão, um pelicano, uma rêmora, um lanhado da África, uma perdiz branca, um ganso que cresceu numa árvore na Escócia, um esquilo-voador, outro esquilo que parece um peixe, todo tipo de ave de cores vivas da Índia, várias coisas transformadas em pedra."*
>
> Georg Christoph Stirn, 1638 — trecho de seu diário de viagem

Um dos desenhos zoológicos mais famosos, o rinoceronte de Dührer ilustrava Historiae animalium, de Gessner. Enviado por Manuel I de Portugal ao papa Leão X, o animal morreu em 1516, num naufrágio ao largo do litoral italiano.

II. Os Tradescant foram os primeiros a reconhecer o valor das coleções científicas para o público e abriram a sua, abrigada na "Arca" de Lambeth, em Londres, a visitantes que pagassem o ingresso. Com a morte de Tradescant, o Jovem, a coleção passou para Elias Ashmole e se tornou o núcleo de seu gabinete de curiosidades. Em 1677, ele a doou à Universidade de Oxford, e o Museu Ashmolean foi fundado para abrigá-la. Ela pode ser visitada ainda hoje.

Retorno à vida

Em vez de recorrer a descrições antigas, os naturalistas do século XVII que queriam catalogar ou escrever sobre plantas e animais começaram a coletar seus próprios espécimes, não com a simples ganância aleatória do Wunderkammer, mas com um novo espírito de estudo rigoroso de acordo com o método científico.

Um dos primeiros e mais influentes naturalistas dessa tradição foi o clérigo inglês John Ray (1627-1705). Em 1663, ele partiu com o ornitólogo e ictiólogo inglês Francis Willughby e mais dois numa viagem pela Europa. Voltaram em 1666 com grande número de espécimes biológicos que pretendiam descrever e ca-

John Ray foi um dos primeiros clérigos naturalistas ingleses.

> *"Não me ocorreu nenhum critério mais seguro para determinar a espécie do que as características distintivas que se perpetuam na propagação por sementes. Portanto, não importam as variações que ocorrem nos indivíduos ou na espécie; se brotam da semente da mesma planta, são variações acidentais e não capazes de distinguir uma espécie [...]Do mesmo modo, os animais que diferem especificamente preservam sempre suas espécies distintas; uma espécie nunca brota da semente de outra e vice-versa."*
>
> John Ray, História das plantas (1686)

talogar, criando um meio sistemático de classificação do mundo natural. Mas Willughby morreu em 1672, deixando o trabalho sobre aves e peixes para Ray revisar. Ray escreveu extensamente sobre plantas, mas seu grande esquema ficou inacabado.

Mesmo assim, Ray foi o primeiro a dar a definição formal de "espécie" (ver o quadro abaixo), e seu catálogo de plantas britânicas publicado em 1670 foi a base de volumes posteriores sobre a flora inglesa.

O nome dos nomes

O que Ray poderia ter feito foi completado um século depois pelo botânico sueco Carl Linnaeus ou Lineu (1707-1778). Em vez de apenas reunir um número imenso de plantas, como fizeram os Tradescant e os colecionadores subsequentes, Lineu se dispôs a catalogar todas as plantas que tivesse notícia, encontrando as semelhanças e diferenças entre elas e identificando sua espécie. Em 1749, ele imaginou a nomenclatura em duas partes ainda usada hoje para designar o gênero e a espécie de um organismo.

Lineu trabalhou primariamente com plantas e começou explorando a nova afirmativa de que as plantas tinham sexualidade. Ele dividiu as plantas com flores segundo a forma dos estames e as subdividiu de acordo com o número de pistilos de cada uma. Isso tinha uso limitado, mas estimulou Lineu a prosseguir até obter um sistema que pudesse ser ampliado.

Em seguida, ele reuniu todas as espécies e as agrupou em gêneros relacionados. Depois, criou um sistema que dava nome ao gênero seguido por um adjetivo para a espécie. Assim, por exemplo, quando chegamos aos animais, temos *Panthera pardus* (leopardo): *Panthera* é o gênero (gatos grandes) e *pardus*, a espé-

Lineu descreveu nove estames e um pistilo como "nove homens na mesma câmara nupcial com uma só mulher".

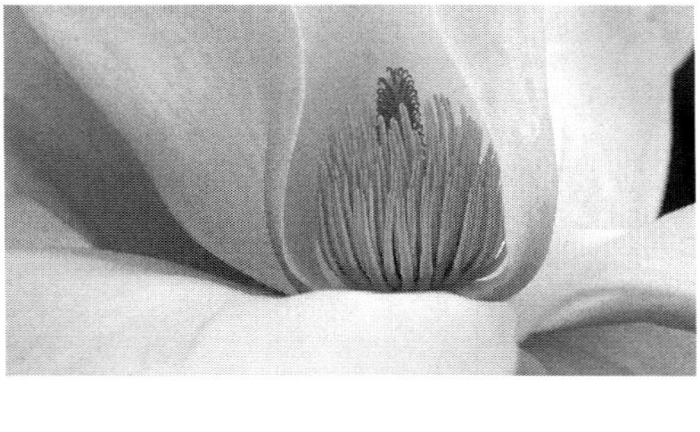

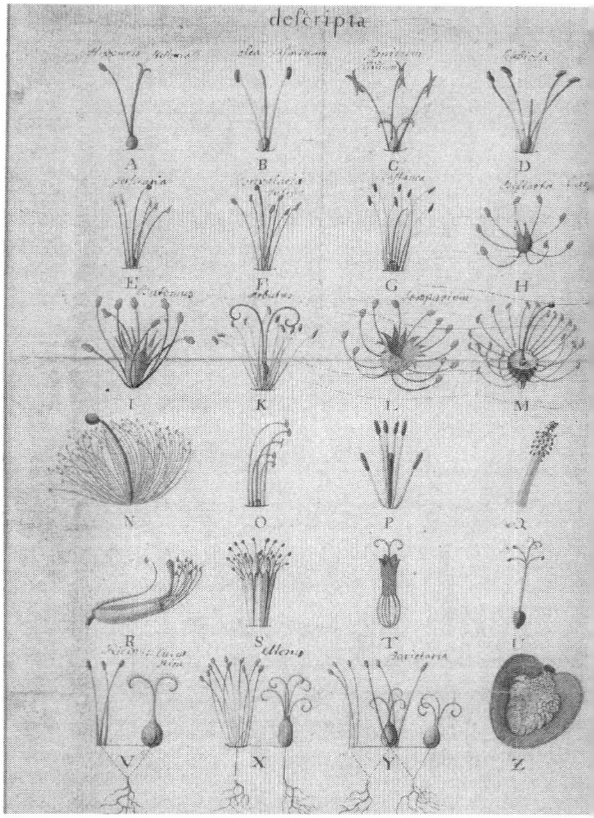

Lineu dividiu as plantas em 23 classes de acordo com o número e o arranjo dos órgãos sexuais das flores.

cie (os pintados que são leopardos). Esse sistema substituiu o aristotélico, que foi ficando desajeitado demais conforme se descobriam mais e mais espécies. Como Aristóteles exigia que a segunda parte do nome, a parte da "diferença", fosse suficientemente descritiva para distinguir um organismo de todos os outros, ela costumava ser comprida — e aumentou ainda mais quando mais e mais coisas tiveram de se distinguir umas das outras. O nome do tomate, encontrado pelos europeus no século XVI, era *Solanum caule inerme herbaceo, foliis pinnatis incises, raconis simplicibus*, que significa "Solanum com caule herbáceo liso, folhas pinadas cindidas e inflorescência simples". O nome de Lineu é *Solanum lycopersicum* — muito mais conciso!

> *"O primeiro passo da sabedoria é conhecer as próprias coisas [...] os objetos se distinguem e são conhecidos quando classificados metodicamente, dando-lhes nomes apropriados [...] a classificação e a nomenclatura serão a base de nossa ciência."*
>
> Carlos Lineu, Systema Natura (1735)

Lineu acreditava piamente que, depois de classificar todos os organismos, o serviço da taxonomia estaria completo para sempre; ele achava que os organismos não mudavam, que tudo fora fixado na Criação e de lá para cá era tudo igual. Embora novos organismos fossem descobertos quando as pessoas viajavam ou olhavam pelo microscópio, nenhum organismo novo jamais surgiria na Natureza. Ele considerava que sua tarefa de biólogo completava a obra de Adão de dar nome às plantas e animais e de se maravilhar com a criação de Deus.

No entanto, apesar da postura religiosa convencional, Lineu foi o primeiro a sugerir que seres humanos e primatas são comparáveis e a tratar os seres humanos como mais um tipo de animal. Para ele, havia uma diferença de grau, mas em essência os seres humanos não se distinguiam dos outros animais a ponto de serem excluídos de sua atenção.

CARLOS LINEU (1707-1778)

Nascido Carl Nilsson Linnæus na Suécia, de pai pastor religioso e bom jardineiro, Lineu começou a estudar medicina mas teve de desistir quando o dinheiro acabou. Ele se mudou para Uppsala, onde trabalhou no departamento de botânica da universidade e deu aulas sobre plantas. Seus ensinamentos inspiradores aumentaram o público das aulas de 80 para 400 alunos. Na década de 1730, ele viajou muito pela Europa para recolher amostras vegetais. Em 1735, foi à Holanda e finalmente se formou em Medicina; no mesmo ano, publicou sua taxonomia das plantas com flores. Voltou à Suécia médico e continuou a trabalhar com botânica. Seu fascínio pela classificação e sua habilidade com pessoas atraiu outros para seu trabalho. Uma grande parte de seus numerosos alunos dedicados viajou em busca de novos espécimes — e é possível que quase um terço deles tenha morrido na tentativa.

Sistema de classes

O sistema de Lineu tem estrutura hierárquica, mas não sugere que um organismo seja, de algum modo, "melhor" ou "superior" a outro. Cada organismo pertence a um dos dois reinos da natureza (animal ou vegetal), que se dividem por classe, ordem, gênero e espécie. Lineu listou os minerais como um terceiro reino, seguindo a antiga divisão de Aristóteles, mas não os considerou coisas vivas. Lineu reconhecia seis classes:

- Mammalia (mamíferos)
- Aves; Lineu foi o primeiro a classificar os morcegos como mamíferos e não aves
- Amphibia (anfíbios, répteis e alguns peixes não ósseos)
- Pisces (peixes ósseos), com os peixes de nadadeira espinhosa (Perciformes) como ordem separada; baleias e peixes-boi foram a princípio classificados como peixes
- Insecta (todos os artrópodes). crustáceos, aracnídeos e miriápodes formavam a ordem Aptera
- Vermes (os invertebrados restantes, divididos grosseiramente em vermes, moluscos, equinodermos e outros invertebrados com carapaça rígida).

Havia inúmeras ordens em cada classe, que dividem os animais em grupos como *Crocodilia*, que inclui todos os animais semelhantes ao crocodilo (crocodilos, caimãs, jacarés etc.) Dentro da ordem, o gênero especifica um tipo exato de animal — como o crocodilo (*Crocodylus*) e não o jacaré (*Alligator*) — e a espécie indica o grupo exato que pode acasalar e se reproduzir (*Crocodylus niloticus*, crocodilo do Nilo). Os biólogos modernos reconhecem oito classes.

Rompendo a cadeia

A Grande Cadeia do Ser se mostrou muitíssimo resistente. A era das explorações trouxe novas descobertas — as Américas do Norte e do Sul, hostes de ilhas (as Antilhas, as várias ilhas do Pacífico, as do sudeste da Ásia) e finalmente a Australásia —, mostrando

Lineu dividia os animais em seis classes e um grupo de "paradoxais" que incluía o rinoceronte, o pelicano e a fênix.

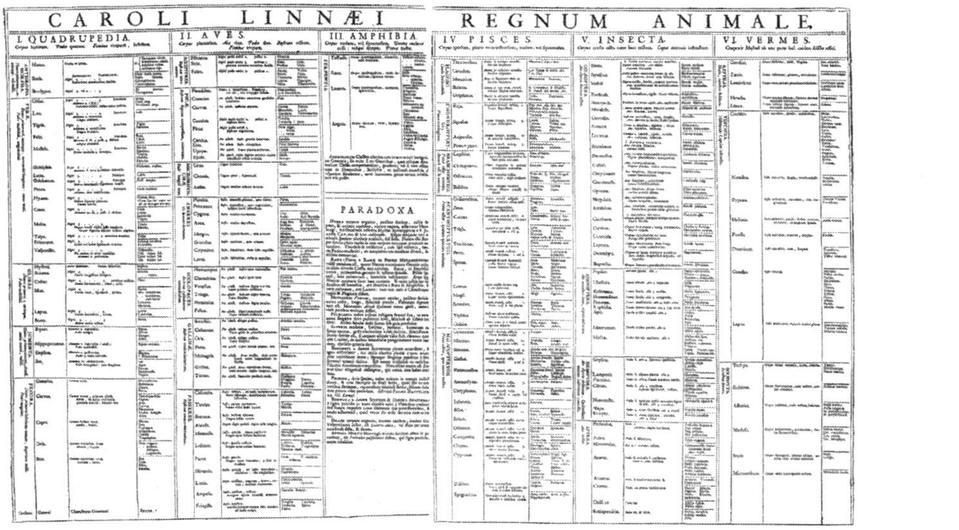

LINEU E A HIDRA

Em Hamburgo, mostraram a Lineu uma curiosidade pertencente ao prefeito. Conhecida como a "hidra de Hamburgo", era supostamente uma criatura de sete cabeças empalhada. Lineu rapidamente determinou que era falsa, feita de peles de cobra costuradas com patas e maxilares de doninhas. Além de revelar que era falsa, ele publicou a revelação, irritando o prefeito, que esperava vendê-la por bom preço.

Albertus Seba ilustrou a hidra de Hamburgo em 1734.

que a criação "completa" era muito maior do que antes se pensava. A partir do século XVII, a invenção do microscópio mostrou todo um novo mundo de seres minúsculos (ver as páginas 86 a 105). Mas todos podiam encontrar seu lugar na cadeia. Afinal de contas, havia espaços onde ninguém achava que houvesse. Não seriam as criaturas vivas que desfariam a cadeia.

Sem espaços, sem mudança

Além de completa, a criação de Deus era considerada imutável. Se tudo tem seu lugar indicado na hierarquia, se tudo o que pode existir já existe, não há espaço para mudanças. Os organismos recém-descobertos se encaixavam na cadeia com pouca dificuldade, mas finalmente as provas da mudança começaram pôr em questão esse modelo da hierarquia natural que já tinha dois mil anos.

> *"[Os microrganismos] preenchem o espaço que a natureza deixou entre a molécula orgânica simples e viva, de um lado, e os animais e vegetais do outro. Essa sequência, essa cadeia do ser que descende do animal mais superiormente organizado à simples molécula orgânica, admite todos os graus possíveis, todas as nuanças imagináveis."*
>
> Georges-Louis Leclerc, conde de Buffon (1777)

Gessner publicou as primeiras ilustrações de fósseis em *Historiae animalium*. Em 1565, ele lançou *De rerum fossilium* (Dos objetos fósseis), primeiro tratado sobre paleontologia em que reuniu todos os indícios fósseis que conseguiu encontrar pedindo ajuda em toda a Europa. Gessner pretendia que esse fosse o começo de uma grande obra sobre fósseis, mas infelizmente morreu de peste antes que pudesse avançar mais. Ele conseguiu identificar alguns fósseis que descreveu como semelhantes a criaturas existentes, mas outros eram um enigma. Ele pôs vários fósseis de amonite ao lado de gastrópodes e serpentes — consequência inevitável de ser incapaz de tolerar animais que já tinham vivido mas que não podiam mais ser encontrados.

Foi uma oportunidade perdida, mas talvez o mundo não estivesse pronto. E só ficou pronto duzentos anos depois, quando Georges-Louis Leclerc, conde de Buffon (1707-1788), publicou o primeiro volume de sua ambiciosa (e incompleta) *Histoire naturelle*. Ela visava a ser uma descrição enciclopédica de todos os animais, plantas e minerais. Leclerc escandalizou Paris com sua tese de que a Terra era muito mais antiga do que geralmente se aceitava (4004 a.C.) e que os animais mudaram no decorrer do tempo. Essa opinião herética foi condenadas pela Sorbonne, e Leclerc se retratou publicamente — mas continuou a publicar sem alterações. Ao notar que espécies parecidas mas não idênticas existem em diversas partes do mundo, ele sugeriu que os animais se espalharam a partir de um único lugar e mudaram com o tempo para se adaptar às condições locais. Ele também propôs que a mudança de clima teria influenciado o desenvolvimento de animais e plantas.

Por mais impopulares que fossem em seu meio, as ideias de Leclerc tiveram influência. Um dos que seguiram seus passos foi o naturalista francês Georges Cuvier (1769-1832). Considerado o fundador da paleontologia dos vertebrados, ele foi o

COLEÇÃO DE AVES

As expedições para descobrir e catalogar continuaram durante o século XIX. Por volta de 1820, o naturalista e artista plástico americano John James Audubon (1785-1851) se dispôs a pintar todas as aves nativas dos Estados Unidos. O resultado foi a obra Birds of America, um lindo livro em formato grande com 435 pranchas coloridas. Foi vendido sem encadernação para evitar a obrigação legal de depositar exemplares em bibliotecas do Reino Unido (Audubon morava lá na época). As edições posteriores foram menores, encadernadas e mais baratas. Às vezes, exemplares da primeira edição trocam de mãos a um preço que chega perto de dez milhões de dólares.

A tetraz-de-colar de Audubon.

primeiro a oferecer provas convincentes de extinção e demonstrou que não é possível identificar animais grandes como os mamutes e as preguiças gigantes, preservados como fósseis, como nenhuma criatura viva. E são grande demais para não serem vistos. Ele apresentou seus achados arrasadores em 1796, quando tinha apenas 26 anos. Em 1812, Cuvier apresentou provas incontestáveis da mudança no decorrer do tempo, com fósseis mais antigos nos estratos rochosos mais profundos e fósseis mais recentes nos estratos próximos da superfície. Embora não pudesse nem tentasse explicar como essa mudança ocorria, ele deixou claro, de uma vez por todas, que os animais podem mudar e realmente mudam com o tempo. A cadeia fixa do ser não era mais um modelo sustentável do mundo natural.

De cadeia a árvore

Há uma única ilustração na obra revolucionária de Charles Darwin sobre a evolução, A origem das espécies (ver a página 149): ela mostra a "árvore da vida". A ilustração aparece pela primeira vez como esboço num dos cadernos de Darwin (ver a página ao lado). Ela é o ponto onde a taxonomia e a evolução se encontram. A ideia é que, quando os organismos evoluem a partir de outros mais antigos, podemos traçar as relações entre eles, assim como podemos traçar relações numa árvore genealógica. Darwin não tinha como testar teorias sobre as relações evolutivas entre os organismos e ainda precisava recorrer à morfologia (forma) e ao comportamento para sugeri-las.

Em vez do desfile de organismos fixado desde a época da Criação de Deus com que Lineu acreditava lidar, Darwin e outros que aceitavam a evolução viam o mundo natural contemporâneo como o instantâneo de um processo. Para trás ficavam organismos hoje extintos, mas que, por sua própria existência, poderiam explicar por que a baleia se parece com um peixe mas na verdade

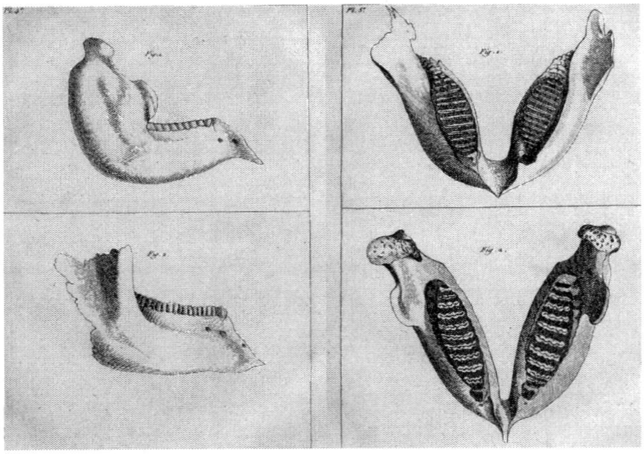

Cuvier comparou as mandíbulas do elefante e do mamute num artigo publicado em 1798-1799.

> *"Assim como os botões dão origem, por crescimento, a novos botões, e estes, se vigorosos, se ramificam e superam por todos os lados muitos ramos mais fracos, acredito que tenha sido assim a geração da grande Árvore da Vida, que preenche com seus ramos mortos e quebrados a crosta da Terra e cobre a superfície com suas belas ramificações sempre a se bifurcar."*
>
> Charles Darwin, A origem das espécies, 6ª edição, 1872

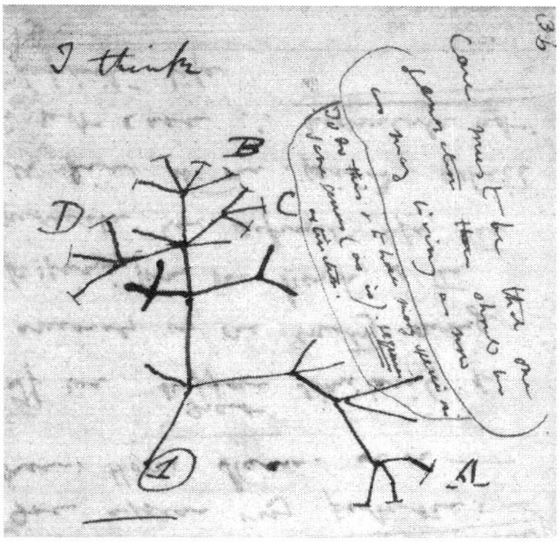

Esboço de Darwin da Árvore da Vida

é mais parecida com uma vaca. Em vez do modelo de um mundo completo projetado por Deus para ser visto como fato consumado, o que havia por trás do mundo natural era uma sequência causal que poderia ser descoberta pela aplicação da razão aos indícios da vida atual e do registro fóssil. Foi uma mudança de paradigma que hoje é difícil de entender. A tarefa da classificação ficou bem diferente. A meta não era mais descobrir onde cada organismo se posicionava num esquema hierárquico, mas ver como ele se relacionava com organismos atuais e anteriores, tanto na horizontal quanto na vertical.

Reinos em expansão

Mais ou menos na mesma época em que Darwin trocou a cadeia por uma árvore, outro aspecto da catalogação do mundo natural ficou mais complicado. Lineu se contentara com dois reinos, animal e vegetal, e deixara os minerais fora da classificação. Mas, no decorrer do século XIX, com o aprimoramento do microscópio e a descoberta de mais microrganismos, ficou cada vez mais difícil sustentar a ideia de apenas dois reinos nos quais todas as coisas vivas poderiam ser classificadas com confiança.

CLASSIFICAR COISAS PEQUENÍSSIMAS

Os protistas são organismos unicelulares que não se encaixam em nenhuma outra classificação. Englobam os protozoários, as algas unicelulares e o limo. Os protozoários são a forma de vida mais antiga e básica a metabolizar partículas de alimento. O nome "protozoário" significa "primeiros animais" e foi cunhado em 1818 pelo zoólogo alemão Georg August Goldfuss para incluir ciliados, corais, fitozoários e medusas.

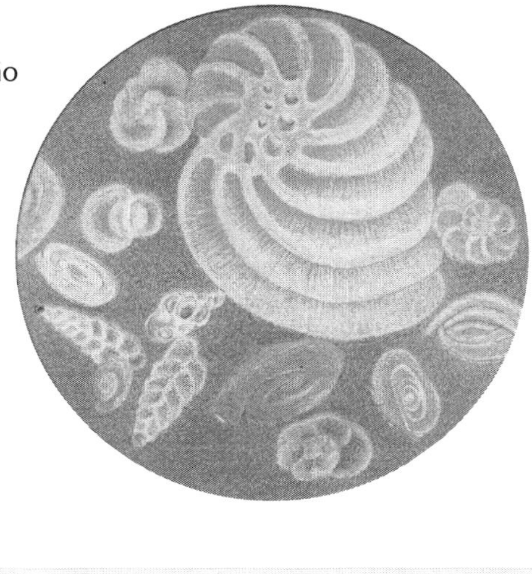

Os foraminíferos são uma classe de protistas ameboides aquáticos.

Em meados do século, os microrganismos eram divididos em protozoários (animais primitivos), protófitos (plantas primitivas), fitozoários (plantas que se parecem com animais) e bactérias. Em 1858, o paleontólogo Richard Owen (1804-1892) definiu plantas e animais e constatou que os protozoários tinham características dos dois, mas sem os "superacréscimos" de um organismo multicelular. Ele se referiu ao "Reino Protozoa" em 1860. O naturalista John Hogge fez objeção ao termo "Protozoa" porque na verdade ele só deveria se aplicar a animais e usou "Protoctista". Em 1866, Ernst Haeckel (ver o quadro abaixo) sugeriu para o terceiro reino a palavra "Protista", usada ainda hoje.

Haeckel considerava os protistas seres primitivos que não eram plantas nem animais, mas progenitores de ambos. Ele achava que a característica que os definia era a reprodução assexuada e moveu fungos e vários outros organismos simples dos reinos animal e vegetal para o reino protista. Mais tarde, a definição de protista foi refinada para excluir os organismos multicelulares.

Tudo andou bem nos três reinos durante cerca de sessenta anos. Então, em 1925, o biólogo marinho francês Édouard Chatton usou os termos "eucarionte" (ou "eucariota") e "procarionte" (ou "procariota") para definir os organismos unicelulares e multicelulares com núcleo (nucleados) e os organismos unicelulares sem núcleo (não nucleados) (ver quadro na página ao lado). Ele não deu grande importância a isso, e os nomes não receberam muita atenção durante várias décadas; ele não propunha revisar a árvore da vida para acomodá-los. Mas em 1962 dois microbiólogos, Roger Stanier e C. B. van Niel, propuseram dividir todos os organismos em procariontes e eucariontes.

Em 1969, o ecologista botânico Robert Whittaker absorveu a distinção num sistema de cinco reinos que separou os procariontes dos quatro grupos de eucariontes: *Monera* (procariontes), *Protista* (eucariontes unicelulares), *Fungi*, *Plantæ* e *Animalia*. Isso deu aos procariontes um reino só deles, mas continuou relativamente insatisfatório porque, na verdade, o reino Monera é um saco de gatos para todos os organismos que não são eucariontes.

FORMAS DE ARTE NA NATUREZA (1899-1904)

O alemão Ernst Haeckel (1834-1919) era biólogo e naturalista. Uma de suas maiores obras foi um catálogo ilustrado de invertebrados marinhos, como medusas, anêmonas (ver a imagem na página ao lado) e um tipo de protozoário chamado radiolário. As litografias complexas e belíssimas se concentram na simetria e na organização, mostrando como os animais são semelhantes e diferentes uns dos outros. Formas de arte na Natureza (ou Kunstformen der Natur) foi uma obra muito influente tanto no mundo da arte, principalmente no movimento Art Nouveau, quanto na história natural.

Definição de plantas e animais

Pelo menos, parece coisa simples distinguir plantas de animais. Aristóteles conseguiu razoavelmente bem. Houve falhas e anomalias, como o cordeiro vegetal e a

BIOLOGUÊS

As células procariontes não têm núcleo cercado por membrana nem organelas celulares; o material genético (DNA/RNA) existe livremente no citoplasma. Os procariontes incluem as bactérias.

As células eucariontes têm organelas e um núcleo cercado por membrana que contém material genético. São eucariontes as plantas, os animais e os fungos.

bernaca, mas em geral funcionou até se descobrirem animais pequenos demais para serem vistos ou difíceis de observar com vida.

Para Aristóteles, a diferença estava no tipo de alma que animava o ser e que dava ao organismo suas características. A diferença entre plantas e animais era que os animais podem se mover e ter sensações e percepções, as plantas, não.

Em meados do século XIX, Richard Owen descreveu assim uma planta: "com raízes, não tem boca nem estômago, exala oxigênio e tem tecidos compostos de 'celulose' ou de compostos binários e ternários". Owen definiu o animal como

A abundância intrincada das anêmonas de Haeckel em Formas de arte na Natureza demonstra com clareza as semelhanças e diferenças entre organismos aparentados.

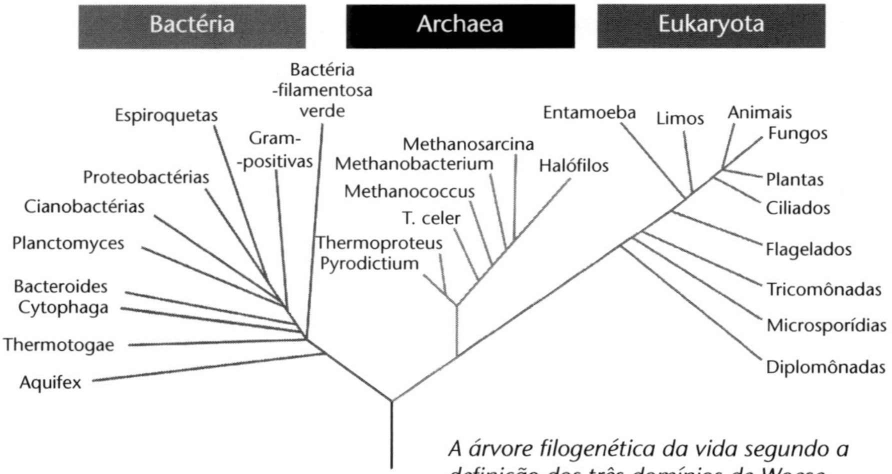

A árvore filogenética da vida segundo a definição dos três domínios de Woese

um organismo que "recebe a matéria nutritiva pela boca, inala oxigênio e exala ácido carbônico [dióxido de carbono] e desenvolve tecidos dos quais o princípio aproximado são compostos quaternários de carbono, hidrogênio, oxigênio e nitrogênio". Tom Cavalier-Smith, professor de Biologia Evolutiva da Universidade de Oxford, define os animais como "multicelulares ancestralmente fagotróficos com tecido conectivo colaginoso entre dois epitélios dessemelhantes". As plantas são organismos com "plastídios com duplo envoltório em citosol; amido; sem fagocitose". Armada apenas com essas últimas definições, uma pessoa comum das ruas achará difícil dizer, entre uma girafa e um carvalho, qual é planta e qual é animal.

Dos reinos aos domínios

Na década de 1970, o microbiólogo Carl Woese (1928-2012) examinou os genes dos micróbios. Woese acreditava olhar sequências genéticas que deveriam ser bem parecidas em todas as coisas vivas e que quaisquer diferenças substanciais em sua composição tornaria a vida insustentável. Mas, quando passou dos micróbios disponíveis no laboratório para outros que coletara na lama de um lago local, ele encontrou diferenças consideráveis e espantosas. Os padrões de rRNA (ácido ribonucleico ribossomial) de um micróbio que produz metano, o Methanobacter thermoautotrophica, eram muito diferentes dos padrões dos procariontes e eucariontes. Depois que começou a procurá-los, ele encontrou mais micróbios com a mesma característica. Chamou-os de arqueobactérias. Embora tenham algumas características genéticas em comum com as bactérias, elas são um tipo de organismo muito diferente, hoje chamado de arqueia (domínio Archaea).

Como as encontrou num ambiente extremo, Woese achou a princípio que todas eram extremófilas, mas hoje sabemos que as arqueobactérias se encontram no mundo inteiro, em qualquer tipo de ambiente.

Mas é significativo que possam sobreviver em ambientes extremos, pois podem ter sido as primeiras formas de vida da Terra e existido quando todos os ambientes eram hostis aos tipos de vida com que estamos mais familiarizados. Sua sobrevivência nesses ambientes também envolve a astrobiologia, o estudo da origem da vida e de sua (potencial) existência em outros planetas. Em 1977, Woese publicou seus achados e redesenhou a árvore do diagrama taxonômico padrão para introduzir um novo nível, o dos domínios. Seu esquema não se baseava nas diferenças de morfologia (forma e estrutura), mas nas relações filogenéticas (vínculos evolutivos baseados em genes), e tinha em sua base três domínios: *Archaea*, *Bacteria* e *Eukaryota*.

O fim da hierarquia

A cadeia do ser é um modelo claramente hierárquico da vida. As posições inferiores são ocupadas por organismos aos quais faltam coisas que podemos chamar de habilidades: eles não se movem, não sentem e não pensam (até onde sabemos). Conforme avançamos na cadeia, os organismos ficam mais versáteis. Do ponto de vista de Aristóteles e da maioria dos que o seguiram nos dois mil anos subsequentes, isso reflete o "fato" de que alguns organismos são melhores ou mais desenvolvidos do que outros. Um elefante pode fazer mais do que uma minhoca, por isso é um animal "superior"; a minhoca pode fazer mais do que um cogumelo, portanto é uma forma de vida "mais evoluída".

O modelo seguinte, a árvore da vida, permanece hierárquico, embora sua meta seja mostrar as relações entre os organismos. Eles se encaixam na árvore de modo que fiquem nos galhos (e até nos brotos) que vêm da divisão dos grandes galhos e do tronco. Quanto mais se-

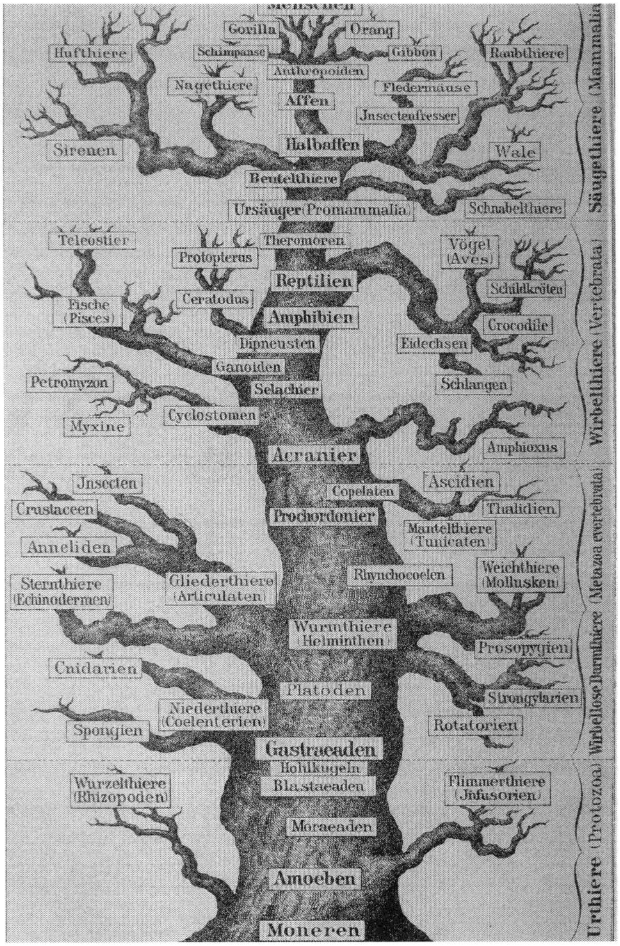

Haeckel transformou a metáfora da "árvore" da vida de Darwin numa apresentação vívida de espécies evoluídas organizadas numa árvore

guimos um caminho pelo labirinto de ramos e brotos, mais "evoluídos" se tornam os organismos. Por padrão, a maioria consideraria o ser humano um organismo mais avançado do que uma ameba e até do que um primata mais antigo. Essa opinião é quase tão antropocêntrica quanto as almas graduadas de Aristóteles, com o ser humano racional dominando os animais "inferiores".

O modelo mais recente para representar as relações entre os animais tenta se livrar totalmente da ideia de hierarquia. O cladograma costuma mostrar o fim de cada linha de desenvolvimento evolutivo no mesmo plano das outras. Isso põe o *Tyrannosaurus rex*, um nematódeo e um ser humano como iguais — e é exatamente o que são. Cada um (por enquanto) está no fim de um ramo evolutivo. Não é "melhor" do que seus ancestrais; só é diferente deles da forma mostrada pelo cladograma. A cladística foi concebida em 1950 pelo biólogo alemão Willi Hennig, e sua popularidade aumentou depois da tradução da obra de Hennig para o inglês em 1966.

Na cladística, a ideia de "ancestral comum" é fundamental. Duas espécies são aparentadas se tiverem um ancestral comum, tendo ambas surgido devido a mudanças genéticas daquele ancestral no decorrer da evolução. Quando uma espécie desenvolve uma diferença importante do ancestral, o cladograma mostra um ramo. Então ele continua em duas direções, e pode haver novos ramos. Há muitas características em comum com o modelo da árvore da vida, mas a diferença mais importante é não ser hierárquico; nenhum organismo é considerado "mais avançado" do que os outros. A cladística visa a mostrar a herança evolutiva em vez de revelar até que ponto os organismos são parecidos ou dessemelhantes (o que embasava sua organização na escada ou na cadeia).

O cladograma completo de todas as formas de vida é desenhado como um círculo, com todos os organismos no pe-

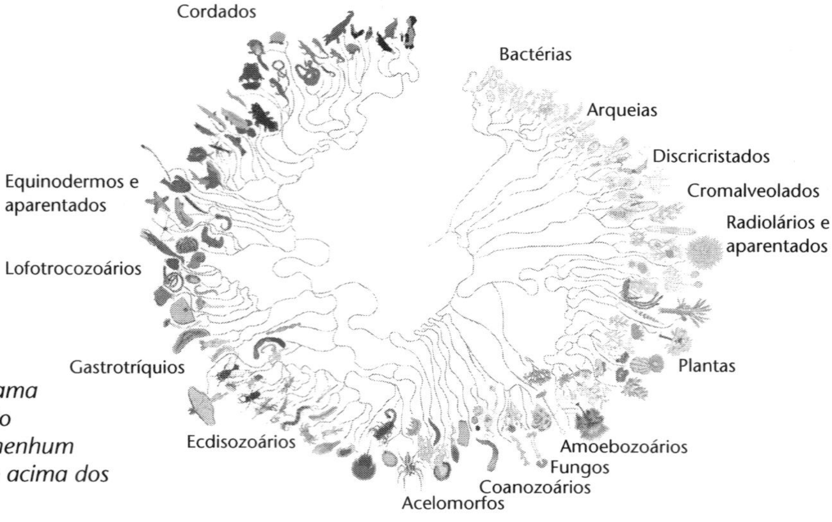

O cladograma circular não privilegia nenhum organismo acima dos outros

Os primeiros sistemas de classificação se baseavam em morfologia — a forma do corpo — e função e viam semelhança entre morcegos e mariposas (ambos voadores e peludos). O sistema de classificação moderno vê dois organismos geneticamente muito diferentes que evoluíram com soluções parecidas (voo e pelos) diante de desafios semelhantes.

rímetro. Mais uma vez, isso não permite nenhuma interpretação hierárquica.

A distinção das coisas

A definição de espécie, aquela categoria que, em última análise, determina a separação entre os organismos, tem sido problemática há séculos, mas ficou ainda mais complicada com o reconhecimento de que os organismos mudam com o tempo. Precisamos distinguir não só organismos que existem ao mesmo tempo como também versões alteradas do que se poderia chamar de mesmo organismo existente em épocas diferentes. Esse problema ainda não foi totalmente resolvido (ver as páginas 194-195).

Hoje, a taxonomia é contínua. O princípio fundamental mudou desde a época de Aristóteles, e até desde a de Richard Owen. Não agrupamos mais os organismos pela forma (morfologia) nem pelas reações a desafios ambientais (como se movem, por exemplo). A taxonomia moderna tenta estabelecer seu lugar no desenvolvimento evolutivo, encontrando também indícios genéticos que revelem a descendência de um ancestral comum. Os princípios antigos poderiam nos levar a classificar morcegos e libélulas juntos, pois ambos têm asas. O segundo determinaria que a asa do morcego se desenvolveu a partir do mesmo ancestral que a pata dianteira de um rinoceronte. Com base nisso, os morcegos são muito mais parecidos com rinocerontes do que com libélulas. É uma conclusão que Aristóteles acharia difícil de aceitar.

CAPÍTULO 2

Máquinas BESTIAIS

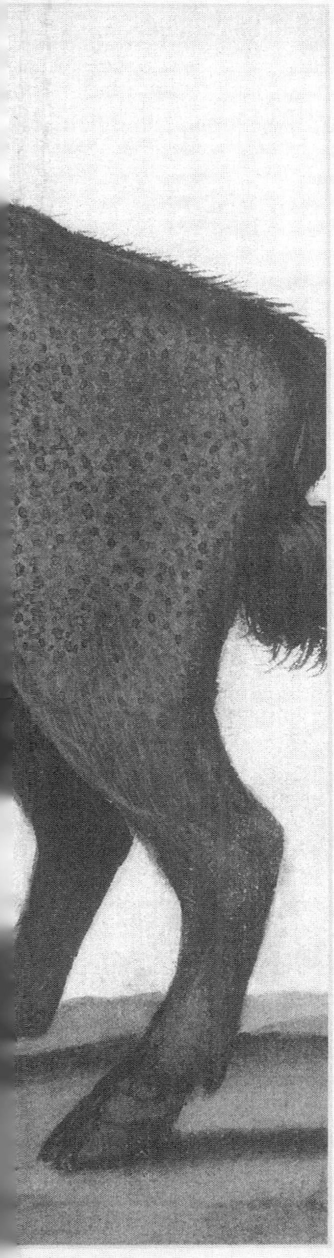

Estuda todo tipo de animal sem desagrado; pois todos e cada um deles nos revelarão algo belo e algo natural.

Aristóteles,
Partes de animais, vol. 1

Para nós é senso comum, mas a ideia de que plantas e animais funcionam de acordo com as leis naturais da física e da química era inconcebível antes do século XVI. Até então, conceitos vagos como "espírito vital", essências e humores eram invocados para explicar os mistérios do corpo.

Com a chegada dos europeus às Américas, as descobertas sobre o funcionamento do corpo dos animais surgiram ao mesmo tempo que a descoberta de tipos totalmente novos de corpos de animais.

Diante dos olhos

A origem da anatomia e da fisiologia está na simples observação: as estruturas eram observadas antes que se soubesse o que faziam, os processos eram observados mas não se tinha ideia de como ocorriam. Foi preciso uma mudança de visão de mundo, além do desenvolvimento da tecnologia, da física e da química, para que o funcionamento interno do corpo humano, animal e vegetal pudesse ser adequadamente revelado.

O estudo rudimentar das criaturas vivas deve ter começado milhares de anos atrás. Por exemplo, não pode ter escapado a nossos antigos ancestrais que as entranhas dos animais que abriam para comer

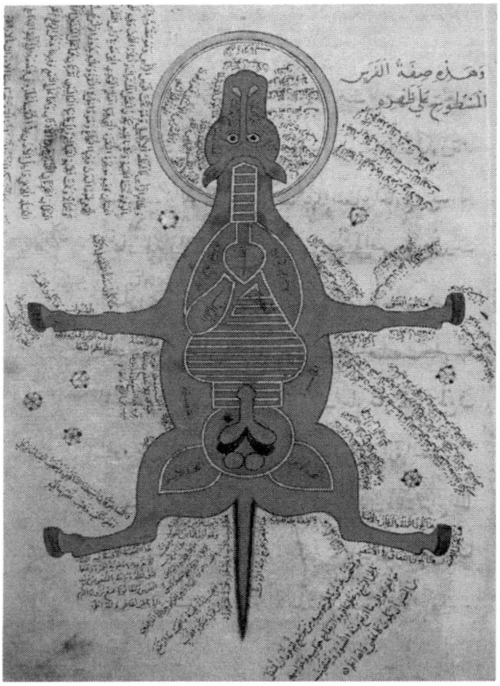

À direita: Anatomia básica de um cavalo, representada num manuscrito egípcio do século XV.

GENTE HUMORÍSTICA

O modelo dominante do funcionamento do corpo humano não se baseava em nada descoberto na dissecção. Ele se apoiava na noção de quatro "humores", que, segundo se pensava, estavam por trás da saúde do corpo e do temperamento do indivíduo. É possível datar a teoria humoral pelo menos da escola do médico grego Hipócrates (c.460-c.370 a.C.); ela também foi adotada pelo influente médico e anatomista Galeno de Pérgamo (ver a página 49), no século II d.C. Os humores eram igualados aos fluidos corporais: sangue, fleuma, bile negra e bile amarela. Cada indivíduo tinha um equilíbrio de humores normal e específico, responsável por seu caráter. Em geral, o bom equilíbrio dos humores caracterizava a boa saúde; o desequilíbrio levava à má saúde e à doença. Para restaurar a saúde, era preciso reequilibrar os humores. Provavelmente a ideia de equilíbrio do corpo é anterior a Hipócrates, encontrada também nas medicinas tradicionais indiana e chinesa.

Até o século XIX, muitos tratamentos médicos se baseavam, até certo ponto, na teoria humoral. A obediência teimosa a essa teoria explica o uso generalizado de sangrias e purgantes como supostas "curas" para todas as doenças, por exemplo. Mesmo assim, as ideias de Hipócrates representaram um avanço considerável sobre os pensadores mais antigos, que atribuíam a doença a ações dos deuses. Pelo menos ele acreditava que saúde e doença têm causas físicas que podem ser compreendidas.

eram semelhantes às dos seres humanos feridos que tinham visto.

Morto, mas não ido

A morte reduz o corpo a um objeto e torna suas entranhas acessíveis ao exame de quem se der ao trabalho de olhar. Com suas práticas fúnebres, os antigos egípcios eram bem versados no interior do corpo humano, e reconheceram o coração, os vasos sanguíneos, o fígado, o baço, os rins, o hipotálamo (no cérebro), a bexiga e o útero. De acordo com o papiro de Edwin Smith, que data de cerca de 1600 a.C., eles sabiam que os vasos sanguíneos estavam ligados ao coração. No Tibete, a prática de sepultamento no céu, na qual o cadáver é feito em pedaços e deixado para alimentar os abutres, levou os sacerdotes a conhecer bem o interior do corpo. Seu conhecimento pode ter alimentado os textos médicos indianos e chineses.

Sob a faca

A investigação rigorosa dos órgãos internos teve de aguardar a dissecação rotineira de cadáveres. Com a compreensão do que aconteceu de errado, tornou-se possível curar alguns tipos de doenças e lesões. Mas isso dependia da aceitação de que a doença física tinha causas físicas. Como se pensava que a doença era causada por alguma entidade sobrenatural maligna ou irritada, saber o que acontecia dentro do corpo não tinha muita utilidade. As pessoas recorriam a orações, rituais e sacrifícios para curar doenças. A dissecação humana foi proibida durante séculos, porque se pensava que o corpo era sagrado ou que tinha de permanecer íntegro para a pessoa chegar à outra vida. Na antiga Índia, era proibido até levar uma faca ao corpo. No século VI a.C., o médico indiano Susruta descobriu o modo de contornar isso: ele recomendava mergulhar o corpo no rio dentro de uma gaiola durante sete dias. Então a carne poderia ser retirada sem recorrer a facas para examinar as estruturas internas. Parece que a ideia de que o corpo dos animais podia funcionar de maneira semelhante ao corpo humano e, portanto, ser digno de investigação não ocorreu a ninguém.

A antiga prática egípcia da mumificação fez com que o interior do corpo fosse um terreno conhecido.

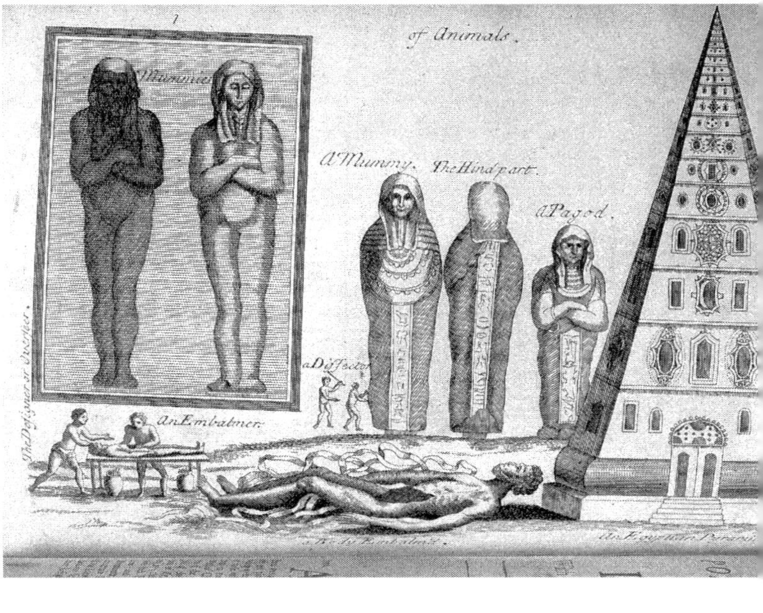

O médico indiano Susruta é considerado autor do texto médico mais antigo da Índia, escrito por volta de 600 a.C.

O filósofo natural Alcmeão de Crotona (século V a.C.) pode ter sido a primeira pessoa do Ocidente a realizar dissecações para explorar o funcionamento do corpo. Ele identificou o cérebro como sede do entendimento e acreditava que os principais órgãos sensoriais estavam ligados a ele por canais. Aparentemente, ele removeu o olho de um animal morto e viu que o nervo óptico ligava o olho ao cérebro, mas não há registro de que tenha realizado dissecações mais sofisticadas.

Há mais indícios de que Herófilo, outro filósofo natural grego, realizou dissecações em Alexandria no século IV a.C. Dizem que as fez em público, para que outros também pudessem aprender com elas, trabalhando com o colega Erasístrato no corpo de criminosos executados. Infelizmente, os nove textos anatômicos que escreveu se perderam.

Aristóteles dissecou muitos tipos de animal e investigou embriões de galinha em desenvolvimento. Embora suas descrições do que viu pareçam fiéis, é muito difícil inferir a função da estrutura quando se olha um organismo morto. Ele cometeu erros graves de avaliação, como desdenhar o cérebro como órgão úmido, frio e bastante inútil que só serve para resfriar o sangue e secretar muco. Ele considerava

Herófilo e Erasístrato foram os primeiros entusiastas da dissecação e da vivissecção.

O QUE SE VÊ É O QUE SE PROCURA

O imperador-usurpador chinês Wang Mang ordenou a dissecação de um prisioneiro em 16 d.C. para obter conhecimento médico. O cirurgião-açougueiro que realizou a dissecação encontrou cinco órgãos (coração, fígado, rins, baço e vesícula biliar), correspondentes aos cinco planetas; doze tubos para transportar ar e sangue, correspondentes aos doze grandes rios da China; e um total de 365 componentes no total, correspondentes aos 365 dias do ano.

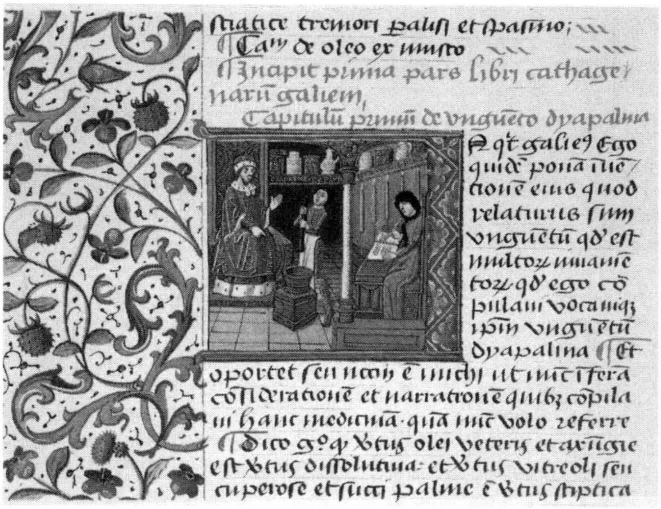

Este manuscrito do século XV mostra Galeno acompanhado por um ajudante (com um pilão) e um escriba numa botica.

que o coração era a sede da inteligência e das sensações.

Homens e macacos

A Roma clássica proibia a autópsia ou a dissecação humana, e foi com essa desvantagem que Galeno (c.130-210 d.C.), o mais famoso e influente médico e anatomista, trabalhou. Galeno dissecou macacos, esperando que sua anatomia fosse razoavelmente semelhante à humana. Isso o levou a cometer muitos erros, depois perpetuados por anatomistas posteriores que olhavam os pedaços de carne ensanguentada, muitas vezes cortados por suas facas, e viam o que Galeno os levara a esperar. Isso incluía um fígado com cinco lobos, como o de um cão (enquanto o fígado humano tem apenas dois lobos); que houvesse furos no septo do coração pelo qual o sangue passaria de um lado a outro (não há); e que o esterno humano tivesse sete seções (são só três).

De volta aos mortos

Do período romano ao Renascimento europeu, não houve progresso na fisiologia nem na anatomia. As lições de Galeno, baseadas no macaco e em outros animais, passaram cerca de mil anos sem questionamento.

Talvez surpreenda, mas a igreja cristã não era tão escrupulosa quanto a Índia e Roma antigas, e tanto a dissecação quanto a autópsia eram permitidas e relativamente comuns, pelo menos a partir do final da Idade Média. O primeiro livro de anatomia baseado na dissecação de corpos humanos foi escrito por Mondino de' Liuzzi (1275-1326). Na verdade, a dissecação se tornou parte comum da formação dos médicos, começando na Itália por volta de 1300. Ela se estabeleceu como parte fundamental da formação médica com a fundação, em 1594, do primeiro teatro permanente de dissecação na Universidade de Pádua, sob o comando do cirurgião e anatomista Hieronymus Fabricius.

O tratado de medicina de De' Liuzzi tinha uma seção sobre trepanação (abrir furos no crânio).

Choque, horror: Galeno errou!

Em 1539, o jovem anatomista flamengo André Vesálio (ver quadro na página ao lado) ousou demonstrar que Galeno estava errado. Vesálio ficara cada vez mais alarmado com a diferença entre o que via quando dissecava cadáveres e o que Galeno o levara a esperar. Quando desconfiou que Galeno baseara seu trabalho em animais, Vesálio recolheu vários tipos de animais para suas próprias dissecações. Sua suspeita logo se confirmou. Em 1539, ele comparou publicamente esqueletos de um macaco da Berbéria e um ser humano, mostrando a raiz dos erros de Galeno. Não foi um passo apreciado. Muitos se ofenderam e continuaram a defender Galeno, mesmo contra provas tão claras. O anatomista francês contemporâneo Jacobus Sylvius afirmou que o corpo humano mudara desde a época de Galeno, tão disposto estava a proteger a reputação deste último e defender o modelo sobre o qual construíra a própria carreira.

EM BUSCA DA ALMA

Em 1533, a Igreja Católica ordenou que fosse feita uma autópsia nas gêmeas xifópagas Joana e Melchiora Ballestero para descobrir se tinham a mesma alma. A autopsia encontrou dois corações e concluiu que as gêmeas tinham almas distintas, segundo o raciocínio de Empédocles de que a alma se abrigava no coração.

Imagine só

O livro *De humani corporis fabrica*, de Vesálio, incluía diagramas anatômicos detalhados e corretos (embora meio esquisitos às vezes). Só no século XVI os livros de anatomia foram ilustrados dessa forma útil. Às vezes os livros anteriores tinham ilustrações, mas em geral eram desenhos astrológicos ou de "homens feridos". Estes eram pobres indivíduos atingidos por

A OFICINA DO CORPO

André Vesálio era cirurgião e anatomista e foi o primeiro europeu moderno a insistir na importância da dissecação para entender o corpo humano. Nascido em Bruxelas em 1514, ele estudou em Paris e Pádua, onde, com apenas 23 anos, se tornou professor de Cirurgia e Anatomia em 1537. Em 1543, ele publicou seu livro mais importante, De Humani Corporis Fabrica (A oficina do corpo humano). Foi uma virada na ciência médica, pois mostrou, com desenhos e descrições detalhados, que muitas crenças cultuadas na época estavam erradas. Ele incentivou outros médicos a fazerem dissecações e acreditar no que descobrissem por conta própria. Vesálio trabalhou intimamente com artistas talentosos para assegurar que as ilustrações anatômicas fossem o mais exatas possível.

todos os tipos possíveis de ferimento. Embora as figuras de Vesálio adotassem poses estranhas — meio esfolados ou pendurados na forca, com os ossos e órgãos expostos —, pelo menos o que representam é exato e se baseia no exame de cadáveres de verdade.

Abaixo à esquerda: um "homem-zodíaco", mostrando os signos do zodíaco que dominam as várias partes do corpo.

Abaixo à direita: Vesálio mostrou o que há sob a pele, mostrando músculos, ligamentos e ossos numa exposição grotesca.

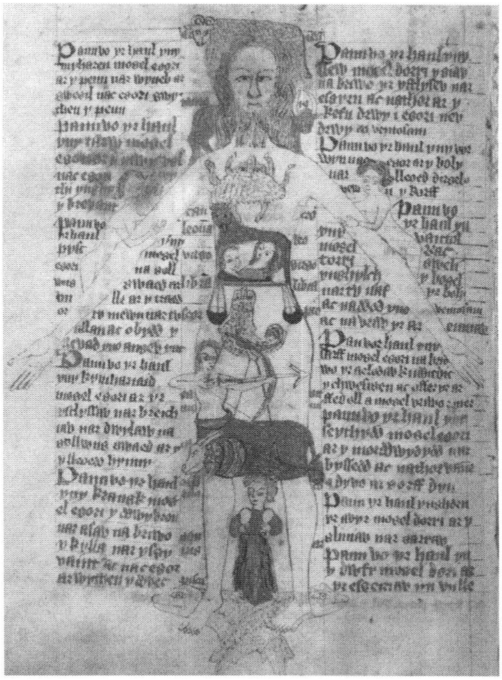

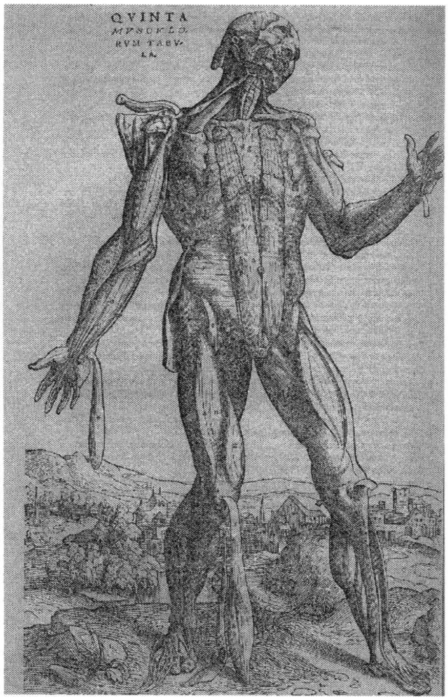

A partir do século XVI, as ilustrações foram fundamentais para disseminar certos tipos de informação biológica. A fisiologia é um exemplo óbvio. Não há como transmitir a rede de vasos sanguíneos ou a estrutura dos pulmões com uma descrição, por mais elegante ou detalhada que seja, a ponto de permitir ao leitor visualizá-las; mas, nos primeiros dias da ilustração anatômica, alguns anatomistas se queixaram de que os diagramas claros distrairiam os estudantes e os impediriam de observar corretamente as dissecações.

Antes do desenvolvimento da imprensa e da xilogravura, os desenhos anatômicos tinham de ser copiados à mão por escribas não especializados. Sem dúvida, eles perdiam exatidão a cada estágio, numa versão gráfica do telefone sem fio. As xilogravuras foram desenvolvidas na China e levadas para a Europa por volta de 1400, e o primeiro livro ilustrado com elas foi produzido em 1461. O artista plástico e gravurista Michael Wolgemut (que ensinou Dürer) aprimorou a técni-

ARTE E ANATOMIA

O novo estilo artístico do Renascimento, que usava perspectiva e detalhes delicados em representações realistas do mundo, tornou a ilustração científica genuinamente útil pela primeira vez. Entre seus praticantes mais notáveis estavam Leonardo da Vinci (1452-1519) e Albrecht Dürer (1471-1528).

Leonardo é famoso pelos estudos anatômicos, além dos quadros e invenções. Dürer, admirador de Leonardo, levou o mesmo interesse para o norte da Europa. Muitos desenhos de Leonardo ficaram séculos escondidos em seus cadernos e causaram pouco impacto na prática e no conhecimento contemporâneos. Por outro lado, as imagens anatomicamente exatas de Dürer se espalharam pelo mundo.

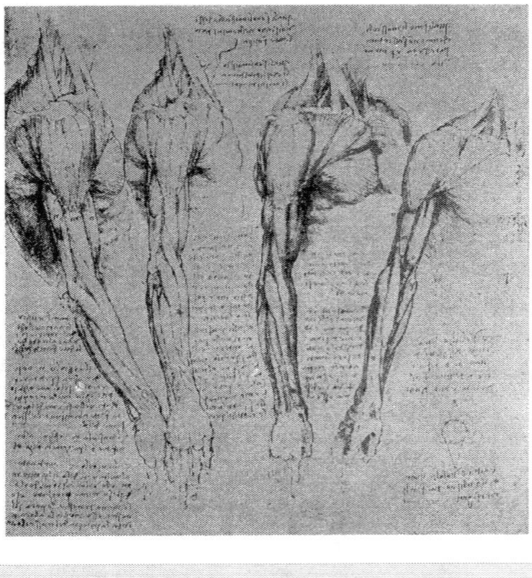

Leonardo planejava um livro sobre anatomia humana e deixou cerca de duzentos esboços, só publicados mais de 160 anos após sua morte. Mesmo assim, seus estudos e ilustrações anatômicas mostram o padrão de dissecação e o que era possível na época. Sua observação cuidadosa da musculatura e da estrutura anatômica do cavalo fica clara em seus planos para a estátua de Francesco Sforza, e ele também dissecou peixes, moscas, mariposas, crocodilos, cães, gatos, aves, vacas, cavalos, macacos, leões, ursos e embriões de galinha.

Desenhos de Leonardo da musculatura do braço.

A asa de um rolieiro-azul pintada por Albrecht Dürer.

ca em 1475, mas Dürer a levou ao nível mais alto de realização. Ele foi o primeiro artista importante a vender xilogravuras como obras de arte. Seu interesse pela representação exata de temas humanos e animais nos trouxe gravuras e pinturas belíssimas que promoveram a ciência biológica em toda a Europa.

Até a invenção da fotografia, a ilustração zoológica e botânica foi importantíssima para disseminar o conhecimento. A obra *Micrografia* de Robert Hooke, publicada em 1665 (ver as páginas 88 a 90), foi fundamental para chamar a atenção do público para a microscopia. As lindas ilustrações de material vegetal produzidas com a tecnologia de impressão aprimorada do século XVIII, refletiram e promoveram o aumento do interesse pela botânica.

Rápida e mortal

Uma coisa é abrir um corpo morto, acompanhar o caminho dos nervos e vasos sanguíneos, localizar os órgãos e músculos e desenhar toda a estrutura interna (como fizeram Vesálio e seus artistas). Outra bem diferente é examinar o funcionamento do corpo vivo, ver seu interior enquanto funciona.

Alguns indícios do "dentro" são visíveis para todos. O sangue escorre quando nos cortamos, e um corte profundo exibe camadas de músculos, ossos e órgãos mais internos. É claro que tudo isso faz alguma coisa; a questão era como descobrir o que faziam. Consta que a abordagem mais antiética foi a de Herófilo, que, segundo dizem, usou a vivissecção em seiscentos prisioneiros vivos no século III a.C. A vivissecção de animais era comum. A de humanos não era tão incomum quanto deveria. Com frequência, as vítimas eram presos, escravos e prisioneiros de guerra, até no século XX. Talvez não surpreenda a dificuldade de deduzir alguma coisa de um corpo que grita e se contorce; a vivissecção não foi a ferramenta mais útil para os anatomistas.

Nos séculos posteriores a Vesálio, os médicos e biólogos voltaram sua atenção para os processos de funcionamento do corpo: como ele se nutre e cresce, como o sangue corre, como os músculos e nervos permitem o movimento e como funcionam

> *"A substância do pulmão é dilatável e extensível como a madeira feita de fungo. Mas é esponjosa, e se a pressionamos ela cede à força que a comprime, e quando a força é removida ela aumenta de volta ao tamanho original."*
>
> Leonardo da Vinci

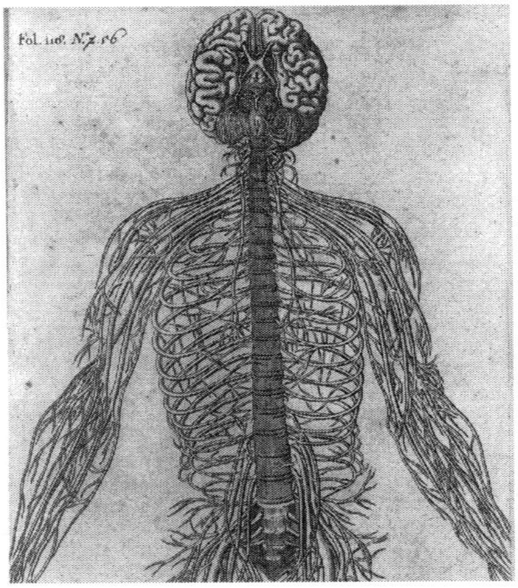

Diagrama do cérebro, da medula espinhal e dos nervos feito por Descartes

os órgãos sensoriais. Mais tarde, com o auxílio do microscópio, as estruturas delicadas dos órgãos e tecidos seriam reveladas. Finalmente, o funcionamento do corpo no nível químico completaria o quadro.

De organismo a mecanismo

A dissecação pode mostrar o esquema das entranhas do corpo, mas não mostra prontamente como essas partes funcionam. Na esteira das técnicas de dissecação mais sofisticadas desenvolvidas no século XVI e da mudança de ponto de vista que veio com o Iluminismo no século XVIII, surgiu um novo modo de pensar sobre o corpo. O reconhecimento de que as leis físicas e naturais governam os processos, desde o movimento dos planetas até o modo como a água corre em rios ou canos, lançou nova luz sobre o corpo de seres humanos, animais e até plantas. A fisiologia e a anatomia seguiram um novo curso, decididamente mecanicista.

Tubos, canos e válvulas

Nos séculos XVI e XVII, houve grandes avanços da mecânica e da engenharia que produziram, entre outras coisas, relógios confiáveis, armas de fogo e até autômatos divertidos. Estes últimos podem parecer frívolos, mas o filósofo francês René Descartes (1596-1650) afirmou ter sido levado pelos autômatos sofisticados nos jardins de Versalhes a considerar que o corpo humano também poderia ser um sistema de tubos, canais, interruptores e válvulas capaz de movimento aparentemente milagroso. O corpo mecânico se tornaria o paradigma predominante na época. É significativo que a maquinaria é totalmente explicável em termos das leis da física e não precisa de magia ou espírito para funcionar.

Nos séculos XVII e XVIII, as pessoas começavam a ver cada vez mais as plantas e os animais não só como organismos completos e misteriosos animados por diversos tipos de alma, mas como máquinas biológicas complexas. Se o corpo é uma máquina, seu funcionamento pode ser

> *"A vida não passa do movimento dos membros, cujo início está em alguma parte principal interna; por que não podemos dizer que todos os autômatos (máquinas que se movem com molas e rodas como um relógio) têm vida artificial? Pois o que é o coração, senão uma mola; e os nervos, senão outras tantas cordas; e as articulações, senão outras tantas rodas que dão movimento ao corpo inteiro, como foi pretendido pelo Artífice?"*
>
> Thomas Hobbes, Leviatã, 1651

compreendido. Essa mudança de ponto de vista permitiu um exame mais atento da anatomia e da fisiologia de seres humanos, animais e plantas.

Vigilantes do peso

A ideia de que a matemática poderia se aplicar aos corpos assim como se aplicava aos planetas, às alavancas e à construção de pontes inspirou Santorio Santorio (1561-1636), professor de medicina teórica de Pádua. Ele seguia os ensinamentos de Hipócrates e Galeno para tratar seus pacientes, mas em sua pesquisa confiava em primeiro lugar na evidência dos sentidos ou da experiência, depois na razão e, em terceiro lugar, em autoridades anteriores.

Santorio foi um dos primeiros cientistas práticos a abordar o corpo como um mecanismo controlado por leis matemáticas, comparando-o a um relógio ou máquina. Sua principal realização foi levar a matemática e as medições precisas para o estudo da medicina e da fisiologia. Seu exame do que entra e sai do corpo humano constitui um dos exemplos mais dedicados de autoexperimentação da história da biologia, no mínimo pela perseverança.

Santorio construiu uma plataforma presa a uma viga na qual passou boa parte de seu tempo num período de trinta anos. Ele instalou na plataforma partes importantes da mobília e sentava-se numa cadeira sobre ela para comer e beber. A construção era uma complicada máquina de pesar. Ele registrava seu peso o tempo todo, e também pesava tudo o que comia e bebia e toda a urina e os excrementos. Ele constatou que seu peso não se igualava exatamente ao peso inicial mais o que entrava menos o que saía. Isso indicava que grande parte da comida que ingeria não era acrescentada nem expelida do corpo de maneira óbvia, mas perdia-se em "perspiração insensível". Esse peso se perdia em vários tipos de fluido e na porção da comida gasta em energia, embora o segundo conceito lhe fosse desconhecido.

Tão importante quanto a própria experiência de Santorio foi sua convicção de que, na biologia, a observação e a razão eram guias mais importantes do que a autoridade. Mas, embora Santorio determinasse os importantes princípios de que medições podem revelar informações importantíssimas e de que não usamos toda a comida que ingerimos para crescer, medir não lhe deu nenhuma ideia do processo real da digestão. Isso teria de aguardar

Santorio viveu mais de trinta anos nessa estranha máquina de pesar.

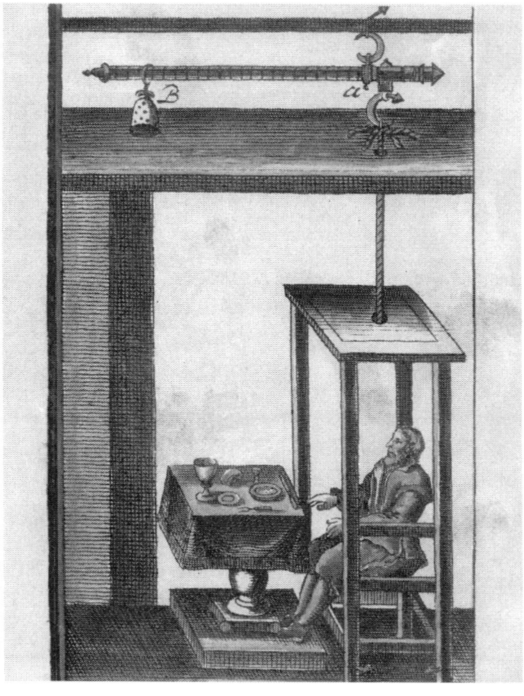

outro avanço: a noção do corpo como um sistema químico.

Corpos em movimento

O conceito de "corpo mecânico" de Descartes o levou a fazer uma descrição abrangente mas imaginosa do sistema nervoso. Apesar de realizar muitas dissecações e de recolher a cabeça de vários animais com um açougueiro francês, ele encontrou o que esperava encontrar. Descartes descreveu os nervos como canais com válvulas que transmitiam o "espírito animal" do cérebro para os músculos. Isso combinava com a teoria "balonista" de que gás ou espírito passavam pelos nervos, considerados tubos, para inflar os músculos, causando assim o movimento. Como muitos erros, a origem era Galeno. Descartes também acreditava que havia um fio fino correndo pela extensão desses canais e que qualquer movimento do fio levaria o cérebro a fazer os músculos se mexerem.

O "espírito animal" se concentrava na glândula pineal, que para ele era a sede da alma — escolhida por ser uma só (e só precisamos de uma única sede para nossa alma) e porque ele acreditava (erradamente) que ela só existe em seres humanos e não em outros animais. Descartes conseguiu formular até pensamentos, emoções e imaginações de acordo com um modelo mecânico que usava o espírito animal, mas sua descrição não se baseia em nenhuma prova empírica; ele formulou o esquema que gostaria que existisse.

Descartes era um pensador, mas não um experimentador rigoroso. Na interação entre nervos e músculos, ele escolheu um dos sistemas mais difíceis de investigar, sem mencionar que é o menos suscetível a explicações mecânicas. Foi preciso um cientista mais prático, o fisiologista italiano Giovanni Borelli (1608-1679), para descobrir como os músculos funcionam. O funcionamento dos nervos continuaria inexplicado por mais um século.

Borelli adotava o modelo mecanicista do corpo e acreditava que o funcionamento dos músculos "poderia ser resolvido pela aplicação quase direta de métodos mecânicos conhecidos". Ele realizou ob-

CORPOS E ALMAS

O modelo do corpo como mecanismo tinha um problema que perturbava Descartes. Como pode o corpo físico, que funciona de acordo com leis físicas, conter a alma ou espírito não material e com ela interagir? Mas claramente há uma interação entre os dois: movemos o corpo de acordo com intenções formadas na mente; emoções como alegria e sofrimento têm manifestações físicas; e o que acontece com nosso corpo afeta nosso estado mental.

O médico e filósofo francês Julien Offray de la Mettrie afirmava que a mente também faz parte do mecanismo corporal e argumentou, em 1745, que os seres humanos são apenas animais muito complexos. Ele aceitava o determinismo imposto por sua opinião de que a mente faz parte da máquina: que, se tudo o que nosso corpo e mente fazem é seguir as leis naturais, não temos livre arbítrio. Descartes não se dispunha a ir tão longe, e lhe restou um abismo entre mente (ou alma) e corpo que era difícil transpor.

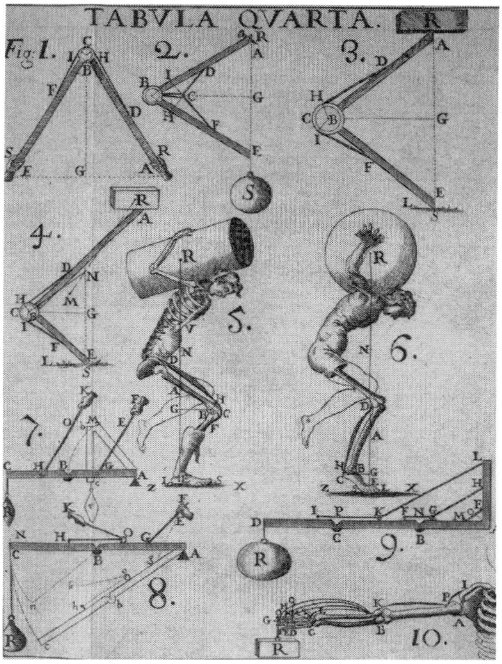

Giovanni Borelli aplicou a geometria e a mecânica ao movimento do corpo humano.

servações atentas de músculos funcionando na vida e na morte. Ao expor os músculos debaixo d'água e separar as fibras longitudinalmente, ele foi capaz de demonstrar que nenhum gás inflava o músculo, porque, se assim fosse, ele escaparia em bolhas. Borelli fez muitas medições enquanto estudava exatamente como os animais se moviam pela ação dos músculos e ossos. Por isso, é considerado o criador da biomecânica.

O anatomista dinamarquês Nicolaus Steno (1638-1686) estudou os músculos mais ou menos na mesma época que Borelli, visando a aplicar os princípios mecânicos descobertos por Galileu ao movimento dos animais. Ele demonstrou que o inchaço dos músculos contraídos não representa nenhum aumento de volume e é obtido com o encurtamento das fibras. Outros tinham demonstrado que, quando um músculo se contrai debaixo d'água, o nível da água não sobe, o que significa que o volume do músculo não muda. Steno trabalhou com o microscopista e entomologista holandês Jan Swammerdam (ver as páginas 92-94) e descobriu que muitos músculos podiam ser induzidos a continuar funcionando depois da morte do animal, inclusive o coração (que ele mostrou ser um músculo). Isso provou que não havia espírito "vital" nem "animal" envolvido em sua ação; os músculos eram decididamente mecânicos.

No entanto, o que levava os músculos a se mover era outra questão. O anatomista suíço Albrecht von Haller (1707-1772) estava interessado na forma e na função dos vários tecidos e órgãos, e é mais famoso pelos estudos sobre a "irritabilidade" dos músculos e a "sensibilidade" dos nervos. A distinção era que os órgãos e tecidos irritáveis se contraíam ou se moviam quando estimulados, como descoberto com a vivissecção, enquanto os sensíveis transmitiam uma mensagem ao cérebro quando estimulados. Ele constatou que estimular determinados nervos provoca o movimento muscular correspondente. O melhor entendimento de como os nervos e músculos funcionam juntos teria de esperar outra grande descoberta fora do campo da biologia: a eletricidade.

> *"Muita gente fala do espírito animal, a parte mais sutil do sangue, o suco dos nervos, mas essas são meras palavras que nada significam."*
>
> Nicolaus Steno, 1667

Sangue e calor

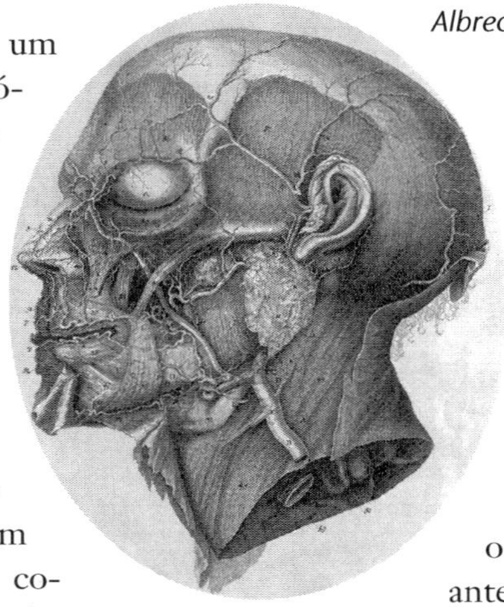

Anatomia da cabeça humana, de Albrecht von Haller

A circulação do sangue é um dos poucos sistemas fisiológicos que pode ser totalmente descrito em termos mecânicos.

Desde os primeiros tempos, que o sangue é essencial para a vida deve ter ficado claro, mas não exatamente o que ele fazia. Galeno ensinava que os sistemas venoso e arterial eram inteiramente separados; o coração produzia calor, e os pulmões serviam para esfriar o sangue (e até o coração). Em seu modelo, as artérias se dilatavam para inspirar o ar e se contraíam para expelir ar e vapores pelos poros da pele. Isso se baseava na opinião de Empédocles sobre o pulmão (ver as páginas 60-61).

Harvey: não o primeiro

No Ocidente, é comum creditar ao médico inglês William Harvey (1578-1657) a explicação da circulação do sangue (ver a página 59). Mas ele não foi o primeiro. Essa honra vai para o médico árabe Ibn al-Nafis que, em 1242, sugeriu que o sangue viaja do coração para os pulmões, se mistura com o ar e volta para o coração antes de percorrer o resto do corpo. Um manuscrito da obra de al-Nafis foi descoberto em Berlim em 1929, muito depois de Harvey receber o crédito de explicar a circulação. Não se sabe se o manuscrito de al-Nafis era conhecido na Europa antes de Harvey publicar sua descrição em 1628, mas sem dúvida foi a obra de Harvey que teve mais impacto.

O médico espanhol Miguel Servet (Servetus) também descreveu o fluxo de sangue para o pulmão em 1553: "O sangue passa pela artéria pulmonar até a veia pulmonar por uma passagem prolongada pelo pulmão, na qual se torna rubro e se livra dos vapores fuliginosos pelo ato da exalação." Infelizmente, Servetus publicou isso num texto teológico,

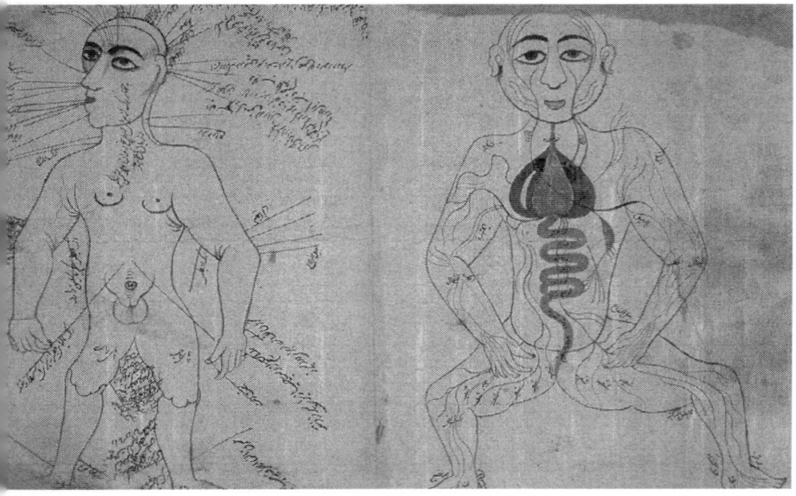

Desenhos persas do século XVIII mostram os pontos de sangria e o sistema venoso.

> *"O sangue da câmara direita do coração tem de chegar à câmara esquerda, mas não há caminho direto entre elas. O espesso septo do coração não é perfurado e não tem poros visíveis, como pensavam alguns, nem poros invisíveis, como pensava Galeno. O sangue da câmara direita tem de correr pela vena arteriosa [artéria pulmonar] até o pulmão, espalhar-se por suas substâncias, misturar-se ali com o ar e passar pela arteria venosa [veia pulmonar] para chegar à câmara esquerda do coração, e lá formar o espírito vital."*
>
> Ibn al-Nafis, Comentário sobre Anatomia no Cânone de Avicena, 1242

Christianismi Restitutio, que também continha opiniões heréticas sobre a Trindade e a predestinação. Não deu muito certo. Ele foi executado, e quase todas as cópias de seu trabalho foram destruídas.

O movimento do coração

Formado na Universidade de Cambridge e na Universidade de Pádua, William Harvey praticava medicina em Londres. A partir de 1616, ele ocupou a cátedra Lumleiana, cargo com duração de sete anos que visava a aumentar o conhecimento de anatomia na Inglaterra. Harvey acompanhava as dissecações públicas de cadáveres com aulas sobre o que elas revelavam, mas em seu trabalho sobre a circulação ele percebeu que era importante observar e investigar o coração em ação, num sujeito vivo. Ele achou isso dificílimo: "Achei a tarefa tão verdadeiramente árdua [...] que quase fiquei tentado a pensar [...] que o movimento do coração só seria compreendido por Deus." É claro que Harvey não podia abrir uma pessoa e observar o coração batendo. Mas podia experimentar mais livremente com outros animais, e suas conclusões se basearam em experiências e dissecações feitas com enguias, outros peixes, cobras e embriões de galinha.

Em 1628, ele publicou *De Motu Cordis* (Do movimento do coração) com suas ideias sobre a circulação do sangue. A conclusão era que o coração bombeia o sangue para o corpo pelo ventrículo esquerdo e para os pulmões pelo ventrículo direito. Ele concluiu que o sangue flui do coração pelas artérias e que, em determinado momento, retorna ao coração pelas veias, tendo descoberto que, se amarrasse as artérias, o coração se enchia; se amarrasse as veias, o coração se esvaziava.

Harvey trabalhava sem microscópio e não podia ver o sistema de capilares que completa o quadro. Sua explicação da transição da circulação arterial para a venosa era totalmente teórica: que o sangue "permeia os poros" da carne partindo das artérias e é recolhido dos tecidos pelas veias. Os capilares foram finalmente encontrados por Marcello Malpighi em 1661 (ver as páginas 87-88).

Ao amarrar e soltar uma ligadura no braço de uma pessoa, Harvey conseguiu sentir as protuberâncias das válvulas das veias. Elas já tinham sido descritas pelo anatomista italiano Hieronymus Fabricius, que as observou em dissecações mas não soube explicar sua função. Harvey descobriu que não podia forçar o fluxo do

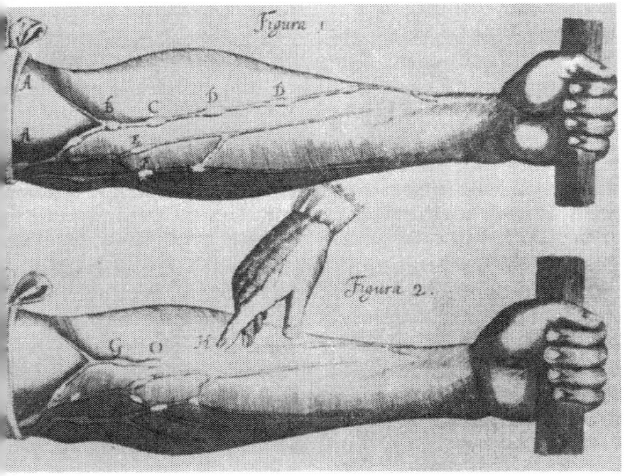

Com uma correia amarrada no braço do indivíduo estudado, Harvey conseguiu investigar o fluxo do sangue por veias e artérias.

sangue contra a direção estimulada pelas válvulas (ou seja, descendo de volta pelas veias do braço), mas era fácil fazê-lo fluir pelo braço acima. O oposto acontecia com as veias do pescoço, portanto claramente as veias levavam o sangue para o coração.

O trabalho de Harvey não foi bem aceito. Discordava de Galeno, e bastava isso para lançar dúvidas sobre ele. Também solapava a prática médica comum das sangrias, tratamento usado para quase tudo, inclusive para as doenças que nos pareceriam menos adequadas, como anemia e hemorragia. Mas os achados de Harvey marcaram uma virada em nossa compreensão do corpo e de seu funcionamento; não se poderia resistir por muito tempo às suas conclusões. Além de elucidar o funcionamento do coração e do sistema circulatório, o trabalho de Harvey foi fundamental por usar experiências e observações para derrubar séculos de crenças tradicionais mas infundadas.

Sopro de vida

Harvey não descobriu o que o sangue fazia em sua viagem pelo pulmão, e na verdade o processo de troca gasosa passaria muito tempo sem ser descoberto; durante a vida de Harvey, ninguém sequer sabia que existiam gases diferentes.

O antigo filósofo grego Empédocles (495-430 a.C.) afirmava que todas as coisas respiram por minúsculos poros na pele que levam a canais sem sangue dentro da carne. Quando o sangue — que, segundo ele acreditava, fluía e refluía dentro do corpo — se afastava da pele, o ar entrava pelos poros. Quando o sangue subia rumo à pele, o ar era expelido. Foi um passo significativo ele admitir a ação de substâncias e estruturas "finas" demais para serem vistas, mas seu sistema era totalmente hipotético, sem se sustentar em nenhum indício ou experiência. Mas Galeno o repetiu, e a noção sobreviveu por dois mil anos.

O primeiro entendimento real da respiração veio com a obra do químico anglo-irlandês Robert Boyle (1627-1691). Ele afirmou que algum componente do ar é essencial à vida, e demonstrou que, se um animal for mantido num espaço fechado com tempo para consumir o próprio ar, ou se uma vela já foi queimada nesse ar, o

> *"Eu o ouvi [Harvey] dizer, depois de publicado seu Livro da circulação do sangue [...] que sua prática caiu muito, e que o vulgo acreditava que ele era meio louco; e todos os médicos eram contra sua opinião e o invejavam; muitos escreveram contra ele."*
>
> John Aubrey, *Brief Lives*, 1680-93

BRUXAS NÃO EXISTEM...

O rei inglês Jaime I acreditava piamente em bruxas e às vezes pedia a William Harvey, seu médico particular, que investigasse casos de bruxaria. Certa ocasião, Harvey foi interrogar uma mulher acusada de ser bruxa. Ele se apresentou como mago, disse que fora discutir sua arte e perguntou se ela dispunha de um familiar (um ajudante demoníaco disfarçado de animal). A mulher respondeu que era bruxa e tinha um sapo como familiar. Ela pôs um pires de leite no chão e o sapo veio beber. Harvey mandou a mulher buscar cerveja e, entrementes, matou e dissecou o animal, descobrindo que não passava de um sapo comum. A mulher se irritou com isso, mas Harvey a acalmou revelando que era médico do rei, encarregado de descobrir se ela era bruxa, e que a teria mandado prender se achasse que era.

animal sufocará. (O oxigênio só foi descoberto em 1772.)

Robert Hooke examinou o movimento mecânico do pulmão e mostrou que era suficiente para levar o ar para dentro do corpo. Ele abriu o tórax de um cão e demonstrou que podia continuar a respiração artificial encolhendo e expandindo o pulmão de forma alternada. Além disso, se abrisse pequenos furos no pulmão para o ar sair, ele podia continuar apenas bombeando ar nos pulmões; a passagem de ar por eles é que parecia ser a parte importante do processo. Isso se encaixava bem com o paradigma mecânico. O modo como o ar entra no pulmão e passa para o sangue foi descoberto pelo biólogo e médico italiano Marcello Malpighi, com seu trabalho sobre os capilares sanguíneos do pulmão. Hoje Malpighi é considerado o "pai da anatomia microscópica".

Rãs zumbis e o monstro de Frankenstein

Embora os músculos façam o movimento, são os nervos que o estimulam. O modelo de Descartes, com os nervos como canais que transportavam o "espírito animal" para os músculos, fora desacreditado por Borelli e Steno, mas seria preciso algum tempo para o funcionamento dos nervos ser corretamente explicado. Antes, o físico americano Benjamin Franklin teve de dominar a eletricidade das nuvens de tempestade. Ele tentou pela primeira vez em 1752 e publicou os resultados em 1767.

Se a mãe de Luigi Galvani lhe recomendou que não brincasse perto de objetos de metal durante tempestades, é claro que ele não prestou atenção. Na década de 1780, havia considerável interesse pela eletricidade. Galvani criou uma experiência em que usou um fio para ligar as patas traseiras de uma rã recém-morta a um condutor de relâmpagos. Quando o relâmpago caiu, a eletricidade passou pelo fio e a pata da rã se contorceu dramaticamente. Ele conseguiu produzir resultado semelhante com uma máquina que gerava eletricidade estática. A experiência se seguiu à descoberta acidental de Galvani, quando dissecava uma rã, de que uma carga eletrostática do equipamento de metal fez um músculo da pata se contrair. Ele estava convencido de que a "eletricidade animal" chegava aos nervos com algum fluido eletricamente carregado para produzir o movimento.

Cópia do microscópio composto usado por Robert Hooke, c. 1675.

O físico e químico italiano Alessandro Volta (1745-1827) discordou da interpretação de Galvani. Ele achava que "eletricidade animal" soava demasiado sobrenatural e anticientífico e afirmou que era apenas a eletricidade comum, gerada externamente, que atuava sobre os músculos. Galvani então demonstrou que o potencial elétrico criado com o uso de dois metais diferentes tocando os nervos de uma pata de rã também podia fazer a pata se contorcer. A discordância entre Volta e Galvani continuou bem-educada; as experiências de Volta na área o levaram à invenção da primeira pilha elétrica, a célula voltaica, em 1800. Ele deu à corrente elétrica produzida com interações químicas de "galvanismo", em homenagem a Galvani. Este, apesar de não interpretar corretamente a situação, tinha criado o campo da bioeletricidade.

Como construir um corpo

Embora a maioria dos processos físicos do corpo possam ser observados em período bem curto, a nutrição e o crescimento são bem diferentes. Os batimentos cardíacos, a respiração e os movimentos dos músculos ocorrem em frações de segundo, mas a digestão leva horas, e o crescimento pode levar anos. Eles ainda poderiam ser explicados mecanicamente?

A experiência de Galvani mostrou que o tecido muscular recém-morto reage a estímulos elétricos externos. Isso inspirou Mary Shelley a escrever seu romance de terror Frankenstein uns vinte anos depois.

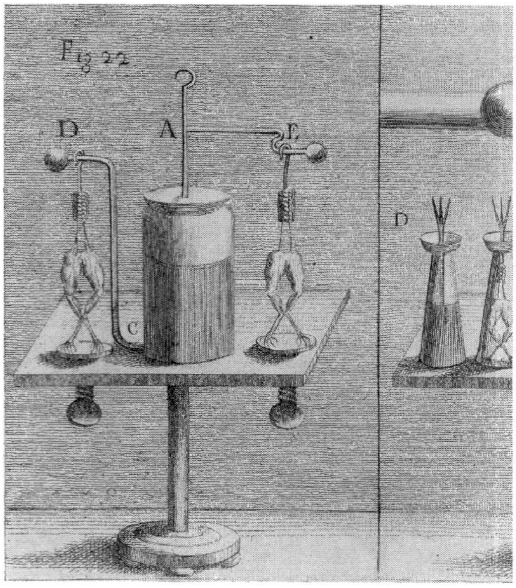

A ELETRICIDADE DA VIDA

O romance de terror Frankenstein, de Mary Shelley, fala de um médico que monta um corpo com partes de cadáveres e lhe dá vida usando eletricidade. Ela escreveu o livro em 1816, quando a descoberta de que a eletricidade estava ligada ao movimento dos corpos ainda era nova e empolgante.

É bastante óbvio que comemos alimentos e ficamos maiores. Era claro até para os primeiros pensadores que há processos complexos em andamento, já que ingerimos frutas, pão, carne e assim por diante mas criamos tecidos muito diferentes: pele, cabelo, osso, sangue. Como um se transforma no outro?

Separação de sementes

O filósofo natural grego Anaxágoras (c.510-428 a.C.) acreditava que todas as substâncias contêm as "sementes" de todas as outras substâncias. Assim, quando comemos, digamos, abacaxi, a fruta contém todo o necessário para se transformar em dente, cabelo, carne, músculo ou osso. No processo de digestão, o corpo separa as sementes nas categorias certas e as envia para os lugares certos do corpo. As sementes são assimiladas pelos tecidos apropriados pela atração entre iguais.

Galeno via a digestão como uma forma de cozimento ou fermentação realizada no estômago. São processos químicos, embora Galeno não soubesse disso. Os processos mecânicos da digestão é que chamaram a atenção primeiro.

A mecânica da digestão

Sem nenhum conhecimento de química, o processo da digestão é bem misterioso, mesmo se deixarmos de considerar de que modo a matéria-prima do alimento se reconfigura em matéria-prima de corpos. Os indícios da observação mostram que moemos a comida na boca, extraímos algo dela no estômago e no intestino e expelimos os resíduos como uma sujeira fedorenta. O vômito é um indício de que o alimento é mais decomposto no estômago, mas não traz pistas de como isso acontece. Com o domínio do modelo mecânico do corpo e sem nenhuma outra pista, a digestão em geral era vista como um processo de bater e moer os alimentos, ação começada pelos dentes e continuada no estômago. O médico dissidente Paracelso (1493-1541) afirmava que o estômago contém um ácido — o "ácido da fome",

Anaxágoras tinha uma opinião extremamente simplificada de como os alimentos contêm todos os ingredientes necessários para construir o corpo.

OS CONDENADOS

Frederico II, sacro-imperador romano (1194-1250), era um monarca muito culto e com interesse científico, mas com uma noção de ética pouco desenvolvida. Uma de suas experiências, registrada pelo monge franciscano Salimbene di Adam, foi projetada para verificar se o processo de digestão era mais auxiliado pelo repouso ou pelo exercício. Ele convidou dois homens para um refeição substancial; depois, mandou um caçar e o outro, para a cama dormir. Naquela noite, mandou que ambos fossem destripados diante dele para que se comparasse o conteúdo do estômago — "e os médicos decidiram a favor daquele que dormira".

que deriva de beber água mineral ácida — que é necessário para a digestão. Mas ele não tinha como provar, e a ideia não teve nenhum impacto real. O fato de poucos cientistas levarem Paracelso a sério não ajudou. Embora estivesse à frente de seu tempo, sua química se misturava com boa quantidade de superstições e conjeturas. Em consequência, o modelo mecânico da digestão persistiu praticamente sem questionamento até o século XVIII.

O corpo químico

A fisiologia só podia fazer progressos limitados enquanto seguisse o modelo mecanicista do corpo. Para uma compreensão completa, a química também era necessária. Durante todo o Renascimento, a química era, essencialmente, alquimia. Ela só começou a surgir como disciplina científica propriamente dita separada da alquimia com o trabalho de Robert Boyle. As substâncias químicas mais importantes para o metabolismo (oxigênio, dióxido de carbono, hidrogênio e nitrogênio) só foram descobertas em meados do século XVIII.

Desde o início do século XIX, ficou claro que todas as funções do corpo são químicas em seu nível mais fundamental. A química engloba todos os ciclos metabólicos, o funcionamento dos nervos, o transporte de oxigênio e nutrientes, a regulação homeostática (manutenção do equilíbrio), o sistema endócrino (hormônios), o crescimento, a regeneração e muito mais. Mas delinear a descoberta de toda a bioquímica do corpo dos animais está muito além do alcance deste livro. Vamos nos satisfazer com a descoberta de que a digestão é um processo químico, porque foi ela que pôs sob exame a química do corpo.

O bastante para enjoar

Poucos de nós se disporiam a ir tão longe em nome da ciência quanto

Paracelso estava à frente de seu tempo ao tentar investigar a química do corpo, e em consequência foi ridicularizado.

O QUÍMICO CÉTICO

Em 1661, Robert Boyle (1627-1691) publicou The Sceptical Chymist, no qual defendia que os quatro elementos da tradição grega descritos por Empédocles (terra, ar, água e fogo) não podiam explicar corretamente o mundo natural. Ele propôs que todos os fenômenos resultavam de minúsculas partículas em movimento. Esse foi o primeiro passo rumo às ideias modernas sobre átomos e moléculas, apresentadas pelo químico inglês John Dalton em 1803. Boyle defendia o método científico rigoroso. Só com o começo da química a biologia avançaria rumo à compreensão dos processos não mecânicos do corpo.

o padre e biólogo italiano Lazzaro Spallanzani. Experimentador entusiasmado, Spallanzani conseguiu o primeiro caso registrado de inseminação artificial bem sucedida (numa cadela) e submeteu muitas pobres salamandras à amputação da cauda em seus estudos da regeneração dos tecidos. Mas para as experiências sobre digestão ele foi sua própria cobaia. Spallanzani não foi pioneiro, mas expandiu o trabalho realizado pelo cientista francês René de Réaumur (1683-1757).

Réaumur fez experiências com um falcão domesticado, alimentando-o com pequenos tubos abertos contendo alimento e esponjas. As esponjas absorviam o suco gástrico, que ele recuperava quando o falcão regurgitava o tubo. Réaumur publicou seu resultado em 1753, mostrando o efeito do suco gástrico na dissolução do alimento — mas só *in situ*. Ele descobriu que, se o extraísse e misturasse com pastas de alimentos, o suco não fazia efeito fora do estômago do falcão. Spallanzani ampliou o mesmo tipo de estudo usando muitos tipos de animais, inclusive a si mesmo. Ele obtinha o suco gástrico vomitando e examinava o progresso da digestão engolindo pequenos saquinhos com comida presos a fios que pudesse puxar depois de um intervalo. Ao contrário dos achados de Réaumur, Spallanzani verificou que, se mantivesse a mistura de suco gástrico e comida na temperatura do corpo, a comida era digerida mesmo fora do corpo. Ele publicou seu resultado em 1777. Mesmo assim, ele concluiu por alguma razão que o suco gástrico não era ácido.

O resultado de Spallanzani não foi bem aceito, e muitos contemporâneos seus o desacreditaram. Um dos questionadores foi o cirurgião escocês John Hunter, embora mais tarde mudasse de ideia ao estudar a ação do ácido estomacal, que dissolvia o estômago após a morte.

O estômago em ação

Uma boa oportunidade de observar a digestão in vivo se apresentou ao cirurgião americano William Beaumont (1785-1853), que tratou um pobre caçador de peles chamado Alexis St Martin que recebeu um tiro acidental no estômago. Aos cuidados de Beaumont, ele se recuperou do ferimento, mas com uma fístula permanente — um furo que ia de fora do abdome até o estômago. Beaumont aproveitou a oportunidade para uma pesqui-

Spallanzani realizou várias experiências sobre a digestão, nas quais descobriu que o suco digestivo contém substâncias químicas especiais e adequadas a alimentos específicos.

sa e fez experiências com St Martin em 1825-1826 e, novamente, em 1829-1830. Ele começou pendurando diversos tipos de alimento num fio de seda no buraco do estômago de St Martin e puxando-os de volta após intervalos de uma, duas, três, quatro e cinco horas para examinar o estado da digestão. O médico comparou o ritmo da digestão dos vários tipos de alimento e a digestão no estômago com a digestão em tubo de ensaio usando o suco gástrico colhido no estômago de St Martin. Ele descobriu que um pedaço de carne cozida levava cinco vezes mais tempo para ser digerido no tubo de ensaio do que no estômago e que, a menos que fosse aquecido, o suco gástrico não agia fora do corpo. E também descobriu que o clima e o estado de espírito de St Martin afetavam a velocidade da digestão.

O que há na comida?

A experiência de Beaumont mostrou que o corpo decompõe o alimento com a atividade química. Com o florescimento da química no século XIX, tornou-se possível um entendimento melhor da nutrição e da digestão. O químico francês Jean-Baptiste Boussingault (1801-1887) realizou experiências sobre nutrição de animais como parte de seu trabalho com química agrícola e revelou que os animais não fixam nitrogênio da atmosfera e o retiram dos alimentos. Ele também estudou as proporções de algumas outras substâncias químicas que os animais extraem da comida, como ferro e iodo, e demonstrou que as vacas e outros animais conseguem formar gordura corporal com alimentos ricos em carboidratos mas pobres em gordura — ou seja, o organismo manufatura as gorduras a partir dos carboidratos. Estabeleceu-se o princípio: mudanças químicas dos alimentos ingeridos se efetuam dentro do corpo.

Trabalho e combustível

Não são somente os alimentos consumidos que fornecem recursos ao corpo. O cientista francês Antoine Lavoisier descobriu que o consumo de oxigênio aumenta quando a pessoa se exercita e que um porquinho-da-índia gera calor só por existir. Lavoisier relacionou o calor à geração de dióxido de carbono pelo porquinho-da-índia e o comparou a uma vela acesa, concluindo que tanto o calor quanto o dióxido de carbono podem ser gerados pela combustão lenta de compostos orgânicos nos tecidos do animal. Seu trabalho foi interrompido repentinamente em 1793 por um juiz durante o período do Terror da Revolução Francesa. Depois de recusar o apelo de Lavoisier para terminar uma experiência, o juiz o condenou à morte, e ele foi guilhotinado na manhã seguinte.

Apesar do fim prematuro de Lavoisier, o cenário estava armado. O corpo animal ou humano funciona segundo os mesmos princípios químicos dos outros sistemas. Aos poucos, o estudo da nutrição revelou a variedade de nutrientes exigidos pelo corpo e que este tira sua energia da comida. No século XIX, o valor energético da comida começou a ser medido em calorias, a primeira unidade usada para medir a energia térmica dos sistemas químicos. Com frequência, o trabalho sobre nutrição era realizado com animais, estabelecendo vínculos cada vez mais fortes entre o corpo humano e o corpo animal. Quando o fisiologista francês François Magendie (1783-1855) realizou experiências com cães e restringiu sua dieta a um único tipo de alimento para registrar as consequências, ele pretendia que o trabalho fosse diretamente relevante para a nutrição humana.

OS CÃES DE MAGENDIE

"Peguei um cão de três anos, gordo e com boa saúde, e me pus a alimentá-lo só com açúcar. [...]Ele expirou no 32º dia da experiência."

François Magendie, 1816

Magendie realizou uma série de experiências nas quais restringiu a alimentação de cães a alimentos únicos, como açúcar, pão, azeite e manteiga. A meta original era testar se os animais podiam fixar nitrogênio do ar ou se tinham de ingeri-lo com a comida, mas logo ficou visível que os cães precisavam de mais do que nitrogênio como alimento. Sua conclusão foi que uma série de alimentos variados era necessária para a saúde.

Magendie foi criticado pela crueldade com animais durante as experiências, provocando leis contra a vivissecção na Europa.

Passando para dentro

No fim do século XIX, já estava claro que o corpo combina elementos da mecânica, da química e da bioeletricidade em seu funcionamento. Para compreender mais, era necessário examinar com detalhes o que acontece dentro do corpo, no nível microscópico e até molecular. Assim como Harvey não conseguiu completar sua descrição da circulação porque não podia ver os capilares, o modo como os nervos transmitem mensagens ou o corpo utiliza os produtos da digestão não pôde ser compreendido antes da vigência da teoria celular. Os processos essenciais do organismo ocorrem nas menores unidades estruturais, as células, que permaneceram ocultas ao exame humano até o século XVII e só foram compreendidas nos séculos XIX e XX.

CAPÍTULO 3

E as PLANTAS?

As plantas, como a álgebra, têm o habito de se parecerem e serem diferentes, ou de parecerem diferentes e serem semelhantes.

Elenore Smith Bowen,
antropóloga cultural, 1954

Desde a época dos antigos gregos até o final do século XX, as plantas eram tradicionalmente consideradas inferiores e mais simples do que os animais. É fácil ver por quê: sua reação aos estímulos parece restrita a crescer para perto ou longe de alguma coisa. Mas, como aos poucos ficou claro, isso é subestimá-las. O grau em que foram subestimadas está apenas começando a surgir no século XXI.

Maracujá-azul (Passiflora caerulea) e romã (Punica granatum) da obra Meyers Konversations-Lexikon (1897); as ilustrações detalhadas alimentaram o crescente interesse popular pela botânica a partir do século XVIII.

Visão geral das plantas

Os primeiros agricultores descobriram que a polinização era necessária para a produção de sementes férteis e que pouca luz, calor ou frio extremos, solo de má qualidade e água demais ou de menos inibiriam o crescimento. Sem dúvida alguma eles conheciam algumas doenças vegetais e ataques por outros organismos, inclusive fungos; mas isso era praticamente uma questão de observar, sem explicar nem entender. Os antigos gregos supunham que as plantas obtinham do solo toda a sua nutrição, mas isso não se baseava na experimentação; deve ter sido apenas bom senso. Não se sabia por que as plantas precisavam de luz nem o que poderiam tirar do solo, por exemplo.

Teofrasto ensinou e escreveu sobre muitos temas, inclusive as plantas.

As plantas e seu uso

Teofrasto (ver as páginas 18-19) dedicou muito tempo e esforço a recolher e descrever plantas, concentrando-se em suas diferenças, semelhanças e vários usos. Embora observasse características inatas, como o modo de se propagar e a extensão e a natureza das raízes, ele também as distinguia com base em sua utilidade para os seres humanos — o fornecimento de madeira adequada para construir barcos ou fazer carvão e até para fabricar cabos de adaga, por exemplo.

Seu trabalho inclui material sobre tópicos como as partes anuais e permanentes das árvores e sua composição; estágios da vida e do desenvolvimento das plantas; plantas e árvores de áreas específicas; efeitos e processos de cultivo; e como cuidar das plantas. Talvez o mais importante tenha sido que ele buscou causas e explicações naturais para as mudanças que observou nas plantas em crescimento, em vez de pressupor algum milagre ou agência sobrenatural. O grande botânico e zoólogo sueco Carl Lineu chamou-o, com razão, de "pai da botânica".

A utilidade das plantas como fonte de alimento, remédios e matérias-primas continuou a ser o foco do interesse por elas durante muitos séculos. Quase todos os primeiros textos sobre plantas assumem a forma de "herbários", que tratam de seu uso medicinal. Como os animais, às vezes se pensava que as plantas transmitiam mensagens divinas e que era possível encontrar pistas de seu uso em seu formato. Assim, a noz, que se parece com um cérebro humano, era considerada boa para o bem-estar mental. (Na verdade, parece que a pesquisa do século XXI confirma que as nozes são mesmo boas para o cérebro, porque contêm ácidos graxos ômega-3 — assim como muitos alimentos que não têm forma de cérebro, como as amêndoas e sardinhas.)

O interesse pelo funcionamento e pela estrutura das plantas separadamente de seu uso se manteve moribundo desde o tempo dos antigos até o século XVII. Há pouco a ser visto dentro das plantas, a não ser com acesso a lentes de aumento ou microscópios, de modo que sua estrutura permaneceu praticamente desconhecida.

As plantas como mecanismos?

Ampliar o modelo mecanicista do corpo animal para o corpo vegetal exigiu um salto de fé ou de imaginação, já que não há nada obviamente móvel ou mecânico nas plantas. A primeira pessoa a dar esse salto sem nenhuma convicção foi Nehemiah Grew (1641-1712), médico formado em Leiden, na Holanda, mas que morava em Londres e praticava tanto botânica quanto medicina.

Grew foi uma das primeiras pessoas a usar o microscópio para examinar a anatomia das plantas e publicou seus achados

Nehemiah Grew foi o primeiro a estudar meticulosamente a estrutura das plantas.

> *"Nota o autor [...] que há nas plantas coisas que não são menos maravilhosas do que nos animais; que a planta, assim como o animal, tem partes orgânicas, algumas das quais podem ser chamadas suas entranhas; que toda planta tem entranhas de diversos tipos, contendo diversos liquors; que até as plantas vivem em parte de ar, pois para sua recepção elas têm órgãos peculiares. Mais uma vez [...] que por todos esses meios a ascensão da seiva, a distribuição do ar, a confecção de vários tipos de liquores, como linfa, leites, óleos, bálsamos, com outros atos de vegetação, são todos planejados e realizados de maneira mecânica."*
>
> Resenha da obra de Grew em Philosophical Transactions, 1675

numa série de folhetos, reunida em 1680 no livro *A anatomia das plantas*. Fazia apenas quarenta anos que o filósofo natural inglês Sir Kenelm Digby negara que as plantas tivessem órgãos. Grew questionou essa opinião e afirmou, sem sombra de dúvida, que as plantas tinham estruturas morfológicas e funcionais distintas e preparou o caminho para que fossem estudadas adequadamente, da mesma maneira que o corpo dos animais.

Malpighi explicou corretamente que as galhas que crescem nas árvores são o resultado de um inseto que pôs ovos na casca, e não de que a árvore "produza" insetos espontaneamente.

Além de Deus

Grew tentou encontrar nas plantas processos e estruturas que fossem análogos aos dos animais. Ele procurou a circulação da seiva, que poderia ser comparada às descobertas recentes de Harvey sobre a circulação do sangue (ver as páginas 59 a 61), e afirmou que o crescimento resultava do transporte de nutrientes pela seiva para as partes da planta. Em tudo, tentou evitar explicações vagas ou sobrenaturais; não queria nenhuma "força vital", "simpatias" nem nada comparável aos humores. Também não queria invocar a mão direta de Deus. Mas era crente e, no fim da vida, escreveu muito sobre suas opiniões teológicas e filosóficas.

Grew era da opinião que Deus criara o universo com um conjunto de leis físicas e naturais, seguidas incansavelmente para que não fosse necessária nenhuma outra intervenção divina. Esse é um argumento bastante pragmático do "projeto inteligente" e propõe que o universo demonstra a existência e a habilidade de Deus por ser construído de maneira tão admirável. Grew via que boa parte da natureza se adequava ao uso humano (o trabalho do bicho-da-seda, a utilidade do ferro), mas também percebia que, antes de tudo, a estrutura detalhada dos organismos era adequada às necessidades do próprio organismo. Portanto, sua opinião religiosa se afinava perfeitamente com a visão mecanicista da Natureza.

Grew não foi o único dessa época a examinar com detalhes as estruturas vegetais. Marcello Malpighi, que descobriu os capilares sanguíneos em animais (ver as páginas 87 e 88), também usava suas lentes e microscópios para estudar as plantas. Desenhista talentoso, ele fez desenhos detalhados do que via, inclusive o modo como o crescimento ocorre nas plantas e a estrutura das partes reprodutoras. Ao observar que, quando um pedaço de casca é removido, logo surge um inchaço no tronco acima do pedaço nu, ele percebeu que os nutrientes que descem das folhas pelo tronco são a fonte do crescimento.

Mas as plantas são menos obviamente mecânicas do que o corpo móvel dos animais. A maior parte de sua atividade é química e, como tal, entender o funcionamento das plantas dependeu, até certo ponto, de descobertas químicas.

Água, solo, ar: a nutrição vegetal

Como os animais, as plantas crescem a partir de algum tipo de semente e desenvolvem corpos maiores com partes especializadas; mas, em geral, elas não comem como os animais. Com suas raízes no solo e uma necessidade bastante óbvia de água e luz do sol, a questão da nutrição e do crescimento das plantas poderia ser facilmente investigada desde o princípio.

Água pesada?

Durante sua longa experiência relativa ao próprio peso, Santorio (ver a página 55) descobriu que boa parte da massa de água e alimentos ingerida pelo corpo humano se perdia com a "perspiração invisível". O químico e botânico flamengo Jan Helmont (1577-1644) realizou uma experiência parecida com uma planta e descobriu que a massa da planta aumenta quando ela absorve água. Isso pode ser facilmente deduzido observando-se que a planta num vaso continuará a crescer enquanto for regada, e a massa da planta aumenta quando ela cresce. Foi isso mesmo que Helmont fez.

Ele secou no forno uma grande quantidade de terra para remover a água; depois, pegou 90 kg dela e pôs num vaso. Ele pesou uma muda de salgueiro e a plantou no vaso. Durante anos, regou a planta com água pura, tomando o cuidado de cobrir o vaso para que nada mais caísse nele. No fim da experiência, ele secou novamente a terra e a pesou, e pesou a árvore. Esta ganhara cerca de 74 kg, mas a quantidade de terra era praticamente a mesma do começo. Ele concluiu que o solo contribuía pouco ou nada para a planta, e que madeira, casca e raízes tinham se formado a partir apenas da água.

Viver de ar

É claro que Helmont não acertou, porque não levou em conta o que a árvore retira do ar. É quase uma vergonha que não tivesse dado o passo seguinte, já que ele foi a primeira pessoa a reconhecer que o ar atmosférico contém vários gases. Ele descobriu o dióxido de carbono emitido pela queima de carvão, chamou-o de "gás silvestre" e reconheceu que é o mesmo gás produzido pela fermentação.

Stephen Hales (1677-1761) foi o primeiro a reconhecer a importância do ar para o bem-estar da planta. Ele era um clérigo inglês interessado por botânica e pela química dos gases (chamada na época de "química pneumática"), embora começasse examinando o trânsito de água pelas plantas. Hales escolheu como sua planta experimental um girassol com um metro de altura. Começou medindo a área das folhas, o comprimento e a área do sistema de raízes. Depois, mediu o volume de água absorvido pelas raízes e perdido pelas folhas e calculou a taxa de transpiração (que ele chamava de "perspiração"). Também mediu a velocidade com que a água subia pela haste da planta, a pressão na raiz e a "sucção das folhas", responsáveis pela produção da "força" que move a seiva.

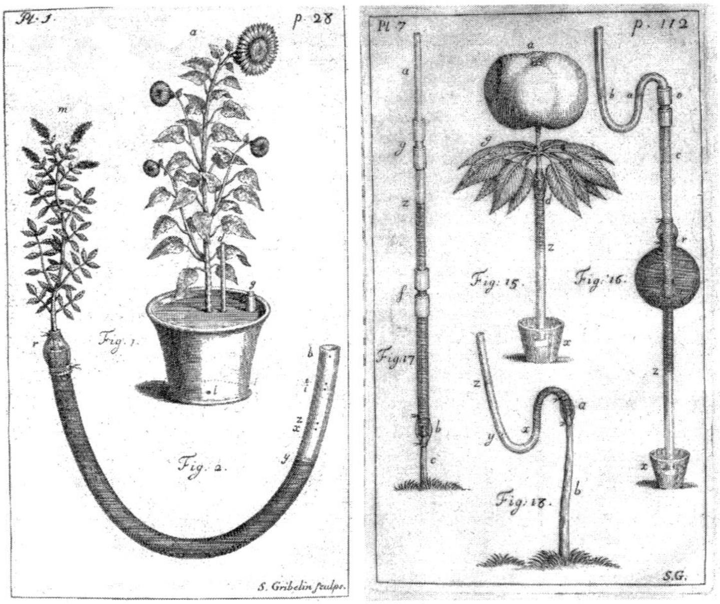

Hales realizou experiências com plantas para medir a pressão usada para mover a seiva.

Hales sugeriu que "provavelmente as plantas tiram do ar, pelas folhas, alguma parte de sua nutrição", e ponderou a possibilidade de que pudessem obter do sol a energia para o crescimento. Suas experiências demonstraram que as plantas absorvem ar pelas folhas e, possivelmente, pelos troncos ou hastes; Hales publicou seus achados em *Vegetable Staticks*, de 1727.

> *"O ar representa uma parte bastante considerável da substância dos vegetais."*
> Stephen Hales, 1727

Ele estava certo ao suspeitar que o ar tinha um papel importante na nutrição das plantas, mas não foi capaz de investigar melhor a ideia. Isso coube a outros. O primeiro foi Charles Bonnet, um naturalista suíço. Ele descobriu que, quando mergulhada em água à luz do sol, uma planta verde produz bolhas de gás. Ele capturou esse gás e mediu seu volume — técnica usada ainda hoje para medir o ritmo da fotossíntese. Nesse estágio, a natureza do gás era desconhecida; mas foi um bom começo.

Ratos e mentas

Na década de 1770, já se sabia que uma vela num vidro lacrado só arderia pouco tempo até se apagar. O químico inglês Joseph Priestley também sabia que, se mantivesse um camundongo num vidro lacrado ou pusesse o camundongo num vidro onde ardera uma vela, o animal morreria. Ele concluiu que tanto a chama da vela quanto a respiração dos animais sujava ou "feria" de algum modo o ar e que, em pouco tempo, não ficava mais puro a ponto de ser usado na combustão ou na respiração.

Em 1772, Priestley investigou isso melhor. Ele constatou que, se pusesse um pezinho de menta e uma vela no vidro fechado, a vela ainda se apagaria em pouco tempo, mas ele conseguiria reacendê-la dez dias depois. (Para reacender a vela sem abrir o vidro e introduzir ar fresco, ele usou uma lente para concentrar a luz sobre o pavio.) Ele também constatou que um camundongo colocado com uma planta num vidro lacrado vivia muito mais do que um camundongo sozinho no vi-

Uma vela e um camundongo tiram do ar a mesma coisa (oxigênio); uma planta pode ser usada para restaurar o oxigênio, tornando o ar saudável para velas e camundongos.

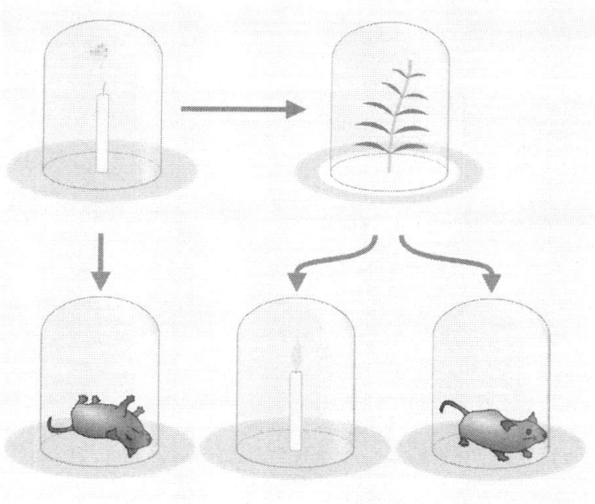

dro. Isso indicava que a presença da planta fazia algo com o ar que afetava a capacidade da vela de se queimar e do camundongo de respirar. Ele concluiu, na terminologia da época, que "a diminuição do ar, de um modo ou de outro, era consequência da sobrecarga do ar com flogisto, e que a água e os vegetais em crescimento tendem a restaurar esse ar a uma condição adequada à respiração, absorvendo o excesso de flogisto". Foi Antoine Lavoisier que reconheceu que a planta produzia oxigênio, gás que identificou em 1778 e batizou em 1779.

Faça-se a luz

O médico holandês Jan Ingenhousz repetiu as experiências de Priestley com plantas e velas em 1778, mas com uma variação importante: ele deixou alguns vidros ao sol e cobriu outros. As velas nos jarros cobertos não ficaram mais tempo acesas do que quando não havia plantas, mas as que estavam nos jarros iluminados pelo sol tiveram desempenho tão bom quanto na experiência original de Priestley. Ficou claro que as plantas faziam com o ar alguma coisa que só conseguiam fazer em presença de luz. Priestley também descobriu que bastavam poucas horas para as plantas devolverem o ar ao estado respirável ou combustível. A princípio, Ingenhousz concluiu que as plantas removem flogisto do ar; mas, em 1796, ele revisou essa conclusão em termos de oxigênio e dióxido

A QUEIMA

Acreditava-se que os materiais inflamáveis contivessem uma substância chamada "flogisto", liberada durante o processo da combustão. O flogisto também estava envolvido na ferrugem e em outros processos que hoje sabemos ser oxidação. De acordo com a teoria proposta pelo químico alemão Johann Becher em 1667, a queima finalmente para em espaço fechado porque o ar só pode absorver uma determinada quantidade de flogisto antes de se saturar — ficar "flogisticado". A teoria sobreviveu até que o cientista francês Antoine Lavoisier (ver a página 67) demonstrou que a combustão exige um suprimento de oxigênio. Em textos mais antigos, o "ar desflogisticado" é oxigênio e o "ar fixado" é dióxido de carbono.

Senebier demonstrou que as partes verdes das plantas absorvem dióxido de carbono.

de carbono ("ácido carbônico").

Ingenhousz descobriu que as plantas produzem oxigênio de forma variável, de acordo com a intensidade da luz. Constatou que produziam dióxido de carbono à noite ou quando deixadas na sombra. Embora apenas as partes verdes da planta produzam oxigênio, todas as partes produzem dióxido de carbono, e o mesmo acontece com plantas de cheiro agradável ou de cheiro ruim e até com frutas deliciosas como o pêssego. Segundo ele, quem dormisse num quarto cheio de frutas seria envenenado pelo grande volume de gás produzido. Ele também observou que mais oxigênio é emitido pelo lado inferior da folha do que pela superfície superior.

Pouco depois, em 1782, o botânico suíço Jean Senebier expandiu as experiências de Ingenhousz e demonstrou que as plantas absorvem dióxido de carbono. A princípio, ele trabalhou com plantas aquáticas e mostrou que elas só produzem oxigênio se mantidas em água que contenha dióxido de carbono dissolvido. Se a água for fervida (para remover o dióxido de carbono), elas não produzem oxigênio. Senebier obteve o mesmo resultado com plantas não aquáticas, mas se manteve firme na crença de que o dióxido de carbono vinha da água no ar — da umidade ou das gotas de orvalho sobre as folhas das plantas — e não estava livremente disponível. Ele também afirmou que as plantas liberam o oxigênio e usam o carbono para crescer. (Estava errado sobre o oxigênio, mas era uma suposição bastante boa para a época.)

Ele mostrou que só as partes verdes da folha faziam isso, e não as flores, raízes e casca. Como Ingenhousz, Senebier formulou suas ideias primeiro em termos de flogisto, mas depois adotou a terminologia de Lavoisier. Seu ciclo original era explicado assim:

1. A planta absorve o ar fixado (dióxido de carbono) dissolvido na água obtida do solo pelas raízes.
2. Ela libera pelas folhas o ar sem flogisto (oxigênio).
3. O ar desflogisticado se mistura com o flogisto do ar e forma ar fixado.
4. Este cai no chão.
5. Ele se dissolve na chuva e na água subterrânea e é novamente absorvido pelas plantas.

Fica bem longe da verdadeira situação, mas o reconhecimento importante de que as plantas conseguem executar alguma forma de mudança química em presença da luz do sol foi um passo importantíssimo para a compreensão do processo hoje chamado de fotossíntese.

Senebier fica com o crédito de ter verificado que a luz do sol não era capaz de produzir a mesma mudança sem a presença de uma planta verde.

Agora, a química

Os problemas do ciclo proposto por Senebier ficaram claros ainda na época. O primeiro era que a pequena quantidade de carbono que a planta tira do dióxido de carbono não pode ser suficiente para explicar todo o aumento de sua massa durante o crescimento. Em segundo lugar, de onde vem o oxigênio liberado na transpiração?

A primeira questão foi abordada pelo químico suíço Nicolas de Saussure, que delineou corretamente o processo da fotossíntese em 1804. Ele cultivou plantas em recipientes de gás lacrados e mediu tanto o dióxido de carbono absorvido quanto o aumento da massa da planta para mostrar que a planta aumenta mais do que a massa do carbono fixado. Portanto, alguma outra coisa teria de contribuir para o crescimento da planta. Ele logo demonstrou que era a água, da qual a planta tira o hidrogênio necessário para fazer hidrocarbonetos. Ao variar a quantidade de dióxido de carbono no ar disponível para a planta, Saussure descobriu que era possível fornecer-lhe tanto que a planta não podia mais absorver e se prejudicava.

Além disso, ele examinou as cinzas de plantas queimadas e descobriu que elas absorvem elementos-traço do solo, o nitrogênio em quantidade mais substancial. A proporção de elementos-traço no solo e nas plantas não é igual, indicando que a captação é seletiva: as plantas absorvem o que precisam, em vez de apenas absorver o que há. Hoje isso parece bastante óbvio, e com nossa compreensão do funcionamento da química é possível fazer a comparação com o animal que absorve da comida o que consegue digerir e excreta os resíduos. Mas a planta não absorve terra nem excreta o que não precisa. É como se uma pessoa se sentasse à mesa, só ingerisse os nutrientes necessários do alimento e deixasse o resto intocado no prato.

Saussure também mostrou que, embora produzam oxigênio pela transpiração, as plantas o absorvem na respiração, assim como os animais. Isso tinha sido previsto (mas não explicado) pela descoberta de Ingenhousz de que as partes não verdes das plantas e as plantas privadas de luz produzem ar fixado.

Verdor verdejante

Embora Senebier percebesse, no fim do século XVIII, que apenas as partes verdes das plantas fazem fotossíntese, foram necessários mais cinquenta anos para descobrir o que nessas partes verdes fazia o trabalho. O cientista italiano Andrea Comparetti observou grânulos verdes (depois chamados de cloroplastos) em 1791, e em 1818 os químicos franceses Pierre Pelletier e Joseph Caventou deram a seu pigmento verde o nome de clorofila. Em 1837, o botânico francês Henri Dutrochet sugeriu que os cloroplastos eram fundamentais na fotossíntese.

Outros elos da corrente foram acrescentados por três botânicos alemães; em 1844, Hugo von Mohl descreveu a estrutura detalhada dos cloroplastos e, em 1862, Julius von Sachs mostrou que os cloroplastos de uma planta que ficou ao sol contêm amido, enquanto os da planta que não pegou sol não contêm. Isso mostrou que os cloroplastos, por meio da fotossíntese, conseguem fixar o carbono em carboidratos. Esse é o segredo que sustenta toda a vida.

FOTOSSÍNTESE

$$\text{dióxido de carbono} + \text{água} + \text{luz} \longrightarrow \text{glicose} + \text{oxigênio}$$

Em 1848, Matthias Schleiden propôs que as moléculas de água se decomporiam durante a fotossíntese, mas não foi capaz de provar. Isso só se tornou possível com a descoberta dos isótopos (ver quadro à direita) e a capacidade de usá-los e medi-los.

As últimas peças

Finalmente, em 1941 Samuel Ruben e Martin Kaman provaram de onde vem o oxigênio liberado pelas plantas. Eles forneceram às plantas água marcada com o isótopo pesado de oxigênio 18O e recolheram o oxigênio liberado pelas plantas. Uma pequena proporção de 18O ocorre naturalmente na atmosfera. Se as plantas tiravam seu oxigênio da atmosfera ou do dióxido de carbono da atmosfera, o oxigênio emitido teria a mesma proporção de 18O do ar em volta. Se o oxigênio viesse tanto da água fornecida quanto do ar, haveria uma proporção mediana entre os dois. Na verdade, o oxigênio liberado tinha a mesma proporção de 18O da água fornecida às plantas, provando de forma conclusiva que o oxigênio liberado na fotossíntese vem da água que a planta absorve e não do ar.

O trabalho microscópico de Schleiden sobre a estrutura das plantas o levou a descobrir que todas as plantas são formadas de células.

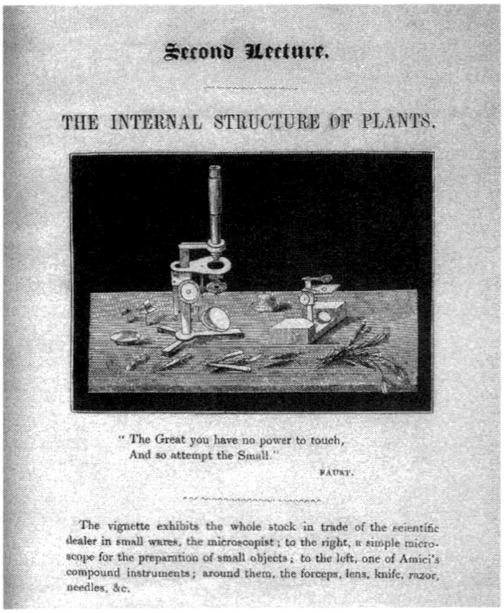
Second Lecture.

THE INTERNAL STRUCTURE OF PLANTS.

"The Great you have no power to touch,
And so attempt the Small."

FAUST.

The vignette exhibits the whole stock in trade of the scientific dealer in small wares, the microscopist; to the right, a simple microscope for the preparation of small objects; to the left, one of Amici's compound instruments; around them, the forceps, lens, knife, razor, needles, &c.

ISÓTOPOS

Um isótopo é uma variante de um elemento químico que tem um número diferente de nêutrons no núcleo. A massa atômica do elemento, mostrada no número em sobrescrito junto ao nome do isótopo, é a soma total de nêutrons e prótons de cada átomo. Assim, embora todos os átomos de oxigênio tenham oito prótons e oito elétrons, o O^{16} tem oito nêutrons e o O^{18}, dez.

A fotossíntese é o processo pelo qual as plantas verdes fixam a energia do sol em energia química e a usam para construir o carboidrato glicose, como mostrado por Sachs. A energia dos fótons que atingem as folhas é armazenada em duas substâncias químicas nos cloroplastos: o fosfato de dinucleotídio de adenina e nicotinamida (NADP) e o trifosfato de adenosina (ATP). Essa parte do processo precisa de luz. A segunda parte da fotossíntese pode ocorrer no escuro: a luz já forneceu a energia. Ela envolve o uso da energia armazenada no NADP e no ATP para construir glicose com dióxido de carbono (tirado do ar) e hidrogênio (que restou da decomposição da água; o oxigênio é liberado na atmosfera). A ideia de que a fotossíntese ocorre em dois estágios surgiu na década de 1930, com o trabalho realizado inicialmente na Califórnia por Robert Emerson e William Arnold em 1932.

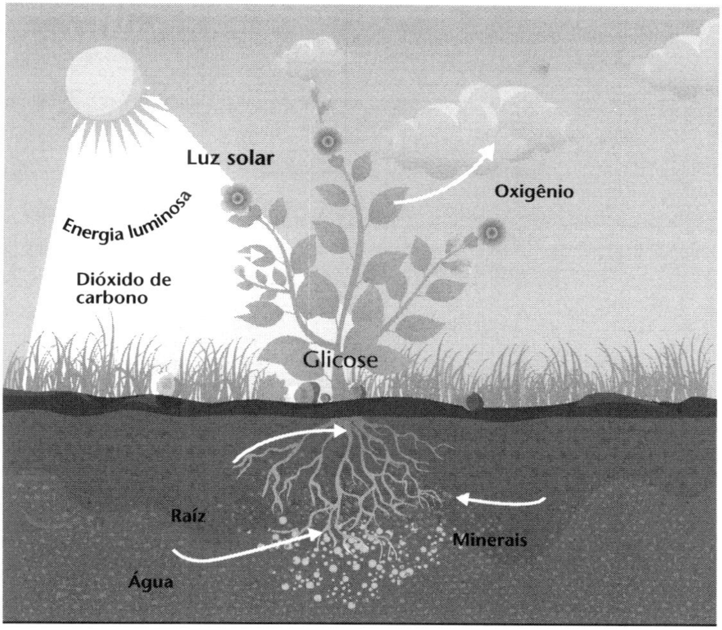

Exposta ao sol, a planta tira água do solo e dióxido de carbono do ar; libera oxigênio e armazena glicose.

Dentro e fora

Henri Dutrochet (1776-1847), que sugeriu que os cloroplastos têm seu papel na fotossíntese, deu outra contribuição importantíssima à compreensão da fisiologia vegetal: ele descobriu a osmose, processo pelo qual os líquidos passam por uma membrana semipermeável (ver o quadro na pág. 80). A osmose é vital para todos os organismos; nas plantas, permite a captação de água pelas raízes. O processo foi observado pela primeira vez em 1748 pelo físico francês Jean-Antoine Nollet, mas só totalmente estudado em 1824 por Dutrochet, que observou as células vegetais no microscópio. Dutrochet construiu um osmômetro para medir e demonstrar a passagem de solvente por uma membrana. Ele descreveu como isso funciona dentro das plantas: a água entra por osmose nas células dos pelos da raiz e vai para o xilema, que são colunas de células fibrosas que percorrem toda a haste. Ele mostrou que a água sobe pelo xilema pela pressão causada pela evaporação nos estômatos — os furos nas folhas que ele

TUDO VEM DISSO

A fotossíntese é o motor da maioria das formas de vida do planeta. Em última análise, todos os organismos complexos recorrem à fotossíntese para fornecer oxigênio para a respiração e carboidratos para a nutrição. Plantas, algas e cianobactérias produzem glicose usando energia do sol, dióxido de carbono e água, e usam essa glicose como matéria-prima para produzir celulose. Os animais herbívoros obtêm sua nutrição com a celulose das estruturas vegetais e constroem com ela seus corpos. Os carnívoros obtêm nutrição comendo herbívoros (ou outros carnívoros). Em última análise, todos recorrem às plantas que fazem fotossíntese na base da pirâmide. Portanto, a descoberta do mecanismo da fotossíntese foi fundamental para entender como a vida se mantém na Terra.

descobriu e descreveu. A contribuição de Dutrochet foi importante por reunir biologia, física e química e por mostrar que os processos da vida vegetal estão sujeitos a leis químicas e físicas normais.

MONGES, CUIDADO!

Nollet foi mais famoso como físico do que por seu trabalho sobre a osmose nas plantas. Sua experiência mais notável envolveu a passagem de uma corrente elétrica por um grupo de duzentos monges que formaram um círculo com mais de um quilômetro e meio de circunferência, todos unidos com arame de ferro para formar um circuito. Como todos os monges receberam o choque praticamente no mesmo instante, ele concluiu que a eletricidade se move muito depressa!

Crescendo para todo lado

Quando precisa, o animal vai ao alimento; quando percebe o perigo, se afasta dele. Com poucas exceções, as plantas não podem se mover assim. Em geral, suas reações aos estímulos assumem a forma de crescer numa ou noutra direção. O modo como a planta cresce direcionalmente em reação a um estímulo se chama tropismo. Há muitos tipos de tropismo, e as plantas reagem a uma grande variedade de estímulos. O mais óbvio é o fototropismo, que faz as partes verdes da planta crescerem rumo à luz. É fácil ver como acontece, mas muito menos fácil descobrir como a planta faz.

As primeiras experiências revelaram que as raízes da planta crescem para baixo

OSMOSE

A osmose é o processo pelo qual um solvente (líquido ou gás) se desloca da solução menos concentrada para a mais concentrada através de uma membrana semipermeável. A membrana tem furos com tamanho suficiente para as moléculas pequenas do solvente passarem, mas pequenos demais para a passagem das moléculas de soluto (o que está dissolvido no solvente). O resultado é que o solvente se move para a área com concentração maior de soluto. Quando se põem células na água, a concentração é maior dentro da célula, e a água entra. As células incham, ficam túrgidas e podem finalmente explodir. Quando as células são colocadas numa solução concentrada, a água sai das células para o fluido circundante. As células murcham e, finalmente, a membrana se separa da parede celular e a célula é plasmolisada. Se a concentração for igual dentro e fora da célula, o solvente entra e sai na mesma proporção e as células não são afetadas.

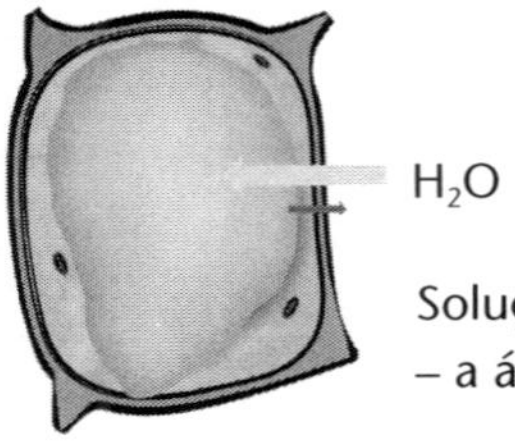

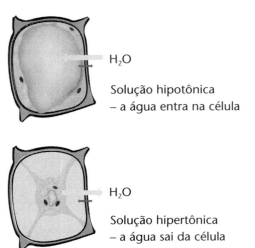

Solução hipotônica – a água entra na célula

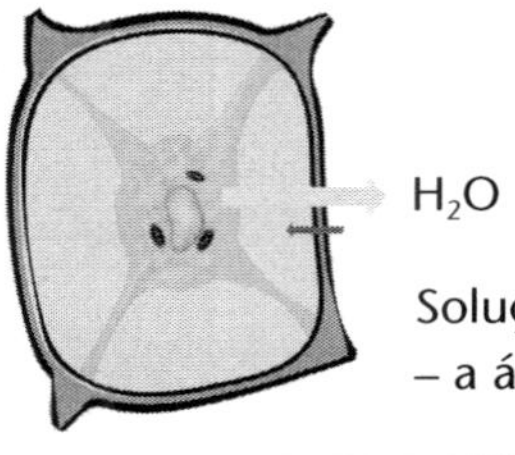

Solução hipertônica – a água sai da célula

A NASA desenvolveu uma unidade vegetal especial para experiências de cultivo em microgravidade para uso por astronautas em futuras missões espaciais.

e o broto cresce para cima, mesmo quando a planta fica no escuro. Isso demonstra que a presença de luz não é o único estímulo envolvido. No início do século XIX, o botânico suíço Augustin de Candolle variou o gradiente da água, de modo que a semente foi exposta a terra mais úmida no alto do que embaixo, e descobriu que mesmo assim as partes cresciam na direção usual; então a raiz não era simplesmente atraída para baixo pela água. Também não é o peso da ponta da raiz, submetida à gravidade, que leva as raízes a crescerem para baixo, como revelado em 1806 pelo fisiologista britânico Thomas Andreu Knight. Ele cultivou plantas em plataformas giratórias e mostrou que é a presença de uma força que determina a direção do crescimento das raízes. Ele descobriu que, se girasse as plantas depressa, as raízes cresciam para fora (na direção da borda do círculo da plataforma giratória), seguindo a direção da força centrífuga. Giradas mais devagar, as raízes cresciam num ângulo entre a direção da gravidade e a força centrífuga. As raízes reagem à gravidade positivamente, e os brotos, negativamente (crescem para longe da fonte da gravidade). Exatamente como as várias partes da anatomia de uma planta sentem e reagem de forma diferente à gravidade é uma das áreas da botânica estudadas a bordo da Estação Espacial Internacional, com gravidade nula.

Vários aspectos dos tropismos vegetais ainda não foram compreendidos. As raízes crescerão na direção de um cano d'água, mesmo que o cano seja hermético e esteja seco por fora. Elas crescerão para longe de uma barreira impenetrável, como um bloco de concreto, antes de tocá-lo, e crescerão para longe das raízes de uma competidora forte antes de atingi-la.

Muitos alimentos, como trigo e arroz, são polinizados pelo vento.

Mais plantas

A reprodução das plantas interessa aos seres humanos desde que costumamos a cultivar. Mesmo antes de entender o que acontecia em termos de sexo vegetal, já se observara que a polinização é necessária para a produção de frutas e sementes. Imagens do Antigo Egito mostram, em 800 a.C., tamareiras sendo polinizadas a mão com um pincel — técnica que pode ter se originado há mais tempo ainda, com os assírios ou sumérios, e é usada até hoje.

A reprodução das plantas só foi investigada com detalhes a partir dos séculos XVII e XVIII. Os horticultores se interessaram em cruzar plantas e obter novas variedades num mercado próspero de plantas exóticas e incomuns, e as técnicas agrícolas avançaram rapidamente. O desenvolvimento do microscópio finalmente possibilitou o exame das estruturas menores das plantas, e logo sua vida sexual foi exposta à análise.

O sexo das plantas

Em 1676, Nehemiah Grew procurou a Royal Society de Londres e sugeriu que os estames eram os órgãos masculinos da flor e que o pólen produzido neles atuaria como "esperma vegetal"; essa foi a primeira descrição do sexo das plantas. O trabalho experimental do botânico alemão Rudolf Camerarius (1665-1721) provou que a fecundação era necessária para as plantas se reproduzirem. Seu trabalho com amoreiras mostrou que, se a planta fêmea não estiver perto de nenhuma planta macho, as frutas desenvolvidas não têm sementes, o que provava a teoria de Grew. Parece estranho que só no século XVIII os

O SEXO DAS PLANTAS

A maioria das plantas é hermafrodita, com órgãos reprodutores masculino e feminino. Algumas têm indivíduos de sexo diferente, masculinos ou femininos, e a presença dos dois é necessária para colonizar uma área. No Reino Unido, toda a sanguinária-do-japão se desenvolveu por clonagem de uma única planta feminina. A sanguinária-do-japão não lança sementes no Reino Unido, mas se reproduz (com muito sucesso) de forma assexuada.

cientistas tenham demonstrado cabalmente a necessidade de polinização, quando os cultivadores de tâmaras já sabiam disso havia três mil anos.

Faixas ou linhas coloridas nas flores costumam ser guias de néctar, mostrando aos insetos o caminho a seguir.

O encontro

Ao contrário dos animais, as plantas não podem perambular por aí para procurar e escolher um parceiro. Por serem imóveis, têm de recorrer a outros métodos para reunir óvulo e espermatozoide, e não têm como escolher com quem cruzarão.

O papel dos insetos na polinização foi descrito em 1721 pelo horticultor inglês Philip Miller, depois de observar o processo em tulipas. O botânico alemão Joseph Kölreuter levou a pesquisa adiante ao notar que o néctar atrai insetos polinizadores e que algumas plantas (como o capim) recorrem ao vento para a polinização. O trabalho de Kölreuter com o microscópio revelou a estrutura delicada dos grãos de pólen e o desenvolvimento do embrião depois de polinizada a planta. Outro alemão, o naturalista Christian Sprengel, foi além de Kölreuter ao observar que muitas plantas têm "guias de néctar" para atrair os insetos polinizadores para a parte certa da planta. Ele também notou que, embora muitas plantas tenham órgãos masculino e feminino, em geral a polinização é cruzada e recorre a insetos que trazem o pólen de outra planta, em vez de usar o próprio pólen.

Convivência

A partir do fim do século XIX, as ciências vegetais avançaram para uma nova área, hoje chamada de ecologia. Ela se desenvolveu a partir da "geografia botânica", o estudo da distribuição de plantas e adaptações a diversos ambientes, e se transformou numa disciplina por si só, voltada para a interação das plantas com outros organismos e com o ambiente físico (ver o capítulo 8). Como parte da ecologia, surgiram alguns aspectos surpreendentes do crescimento e do comportamento das plantas.

> *"Nenhum óvulo de planta jamais se desenvolverá em sementes no pistilo e no ovário femininos sem primeiro ser preparado pelo pólen dos estames, órgãos sexuais masculinos da planta."*
>
> Rudolf Camerarius, 1694

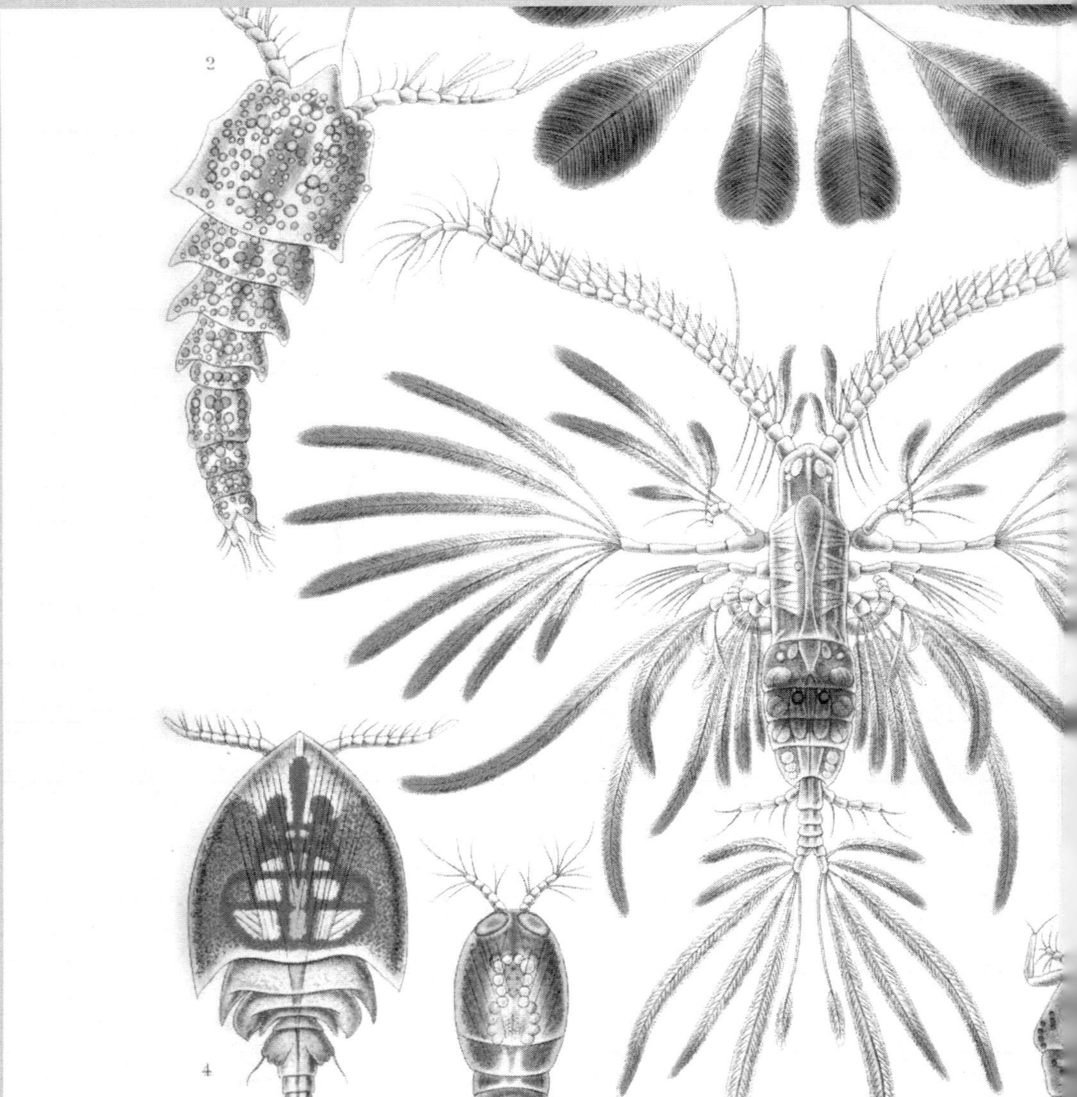
2
4
8

CAPÍTULO 4

Menor que o **PEQUENO**

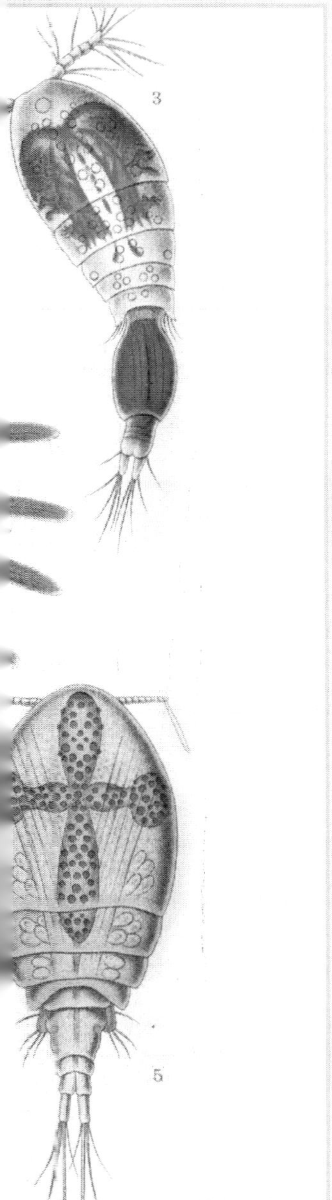

Temos de admitir que há animais mil vezes menores do que o grão de pó que mal conseguimos ver. [...]Nossa imaginação se perde nesse pensamento, se espanta com pequenez tão estranha; mas com que propósito o negaria? A razão nos convence da existência daquilo que não podemos conceber.

Nicolas Andry de Bois-Regard,
1700, médico e escritor

O final do século XVI pode ser considerado um ponto de virada na história da ciência, com o telescópio e o microscópio surgindo com diferença de anos, talvez até de meses. O primeiro revelou que há outros mundos no céu; o segundo descobriu os reinos ocultos em nosso próprio mundo.

Há muito mais organismos microscópicos do que plantas e animais grandes, inclusive esses copépodes (crustáceos minúsculos) desenhados por Ernst Haeckel.

Coisinhas imaginárias

Antes mesmo de ser possível ver coisas pequeníssimas, alguns pensadores propuseram sua existência. O mais famoso foi o antigo filósofo grego Demócrito que, por volta de 400 a.C., propôs que toda matéria é formada de partículas infinitamente pequenas — átomos, praticamente. A primeira pessoa a propor que poderia haver entidades biológicas pequenas demais para serem vistas a olho nu mas com efeito biológico foi o médico italiano Girolamo Fracastoro. Em 1546, ele sugeriu que as doenças epidêmicas eram causadas por algo como sementes, que poderiam transmitir infecções com ou sem contato entre as pessoas, mesmo a grande distância. Não se sabe se ele considerava essas entidades vivas ou se elas poderiam ser químicas, embora ele se refira a elas como "esporos" ou "sementes".

"Chamo *fomites* coisas tais como roupas, lençóis etc. que, embora não sejam em si corruptas, podem assim mesmo promover as sementes essenciais do contágio e, desse modo, provocar infecções."

Rumo à luz

Os romanos foram os primeiros a descobrir as propriedades ampliadoras das lentes curvas. No século IV d.C., Sêneca escreveu sobre o uso de um globo com água para ampliar letras pequenas. No século XIII, lentes de vidro foram usadas pela primeira vez em óculos para corrigir defeitos de visão. As primeiras lentes criadas especificamente para ampliar espécimes biológicos ofereciam ampliação de 6× ou 10×. Isso bastava para inspecionar insetos pequenos — e foram mesmo chamadas de "óculos para moscas" — mas não era suficiente para ver microrganismos.

Os holandeses Hans e Zacharias Jansen, pai e filho produtores de óculos, costumam receber o crédito de terem feito os primeiros microscópios compostos no final do século XVI, embora não se saiba a data exata do primeiro. Seus microscópios tinham ampliação de 3× a 10×, e ainda não eram capazes de mostrar microrganismos.

Houve conjeturas de que Ticiano pintou este retrato de Girolamo Fracastoro em troca do tratamento da sífilis, c. 1528.

OS ANJOS COMO PRIMEIROS MICRORGANISMOS

Embora a questão de quantos anjos caberiam numa cabeça de alfinete ou na ponta de uma agulha costume ser citada como preocupação de eclesiásticos medievais, não há indícios de que eles tenham sequer debatido a questão. A primeira referência está em Religion of Protestants (1637), de William Chillingworth, que menciona escolásticos anônimos debatendo "Um milhão de anjos caberiam ou não na ponta de uma agulha?" Parece que a noção de seres pequenos demais para serem vistos a olho nu não existia antes da invenção do microscópio, mas os primeiros microrganismos propostos, os anjos, antecederam em pelo menos trinta anos a descoberta de microrganismos reais.

Hans Jansen e seu filho Zacharias provavelmente inventaram o microscópio na década de 1590.

Logo surgiram microscópios melhores, e no século seguinte Robert Hooke, Marcello Malpighi e Antonj von Leeuwenhoek os usaram para mudar o mundo. Hooke foi o primeiro a distinguir e dar nome a células, e Leeuwenhoek, o primeiro a ver e descrever microrganismos. Malpighi examinou atentamente as estruturas internas do corpo de rãs e mamíferos.

Menor ainda

Os primeiros microscópios não eram capazes de revelar os detalhes dentro da maioria das células individuais, mas permitiam o exame detalhado de estruturas e organismos muito pequenos e revelaram a vida pujante dentro de substâncias comuns como terra e água de lagos. Revelou-se que criaturas como a pulga, cujo desenho feito por Hooke ficou famoso, mais do que simples pontinhos animados, eram seres com a complexidade e até a beleza de seus parentes maiores do reino animal. Enigmas da anatomia e da fisiologia foram resolvidos ou, pelo menos, esclarecidos com o exame pelo microscópio da estrutura de corpos vegetais e animais.

O estudo do corpo por Malpighi

O cientista italiano Marcello Malpighi (1628-1694) era professor de Anatomia das universidades de Bolonha, Pisa e Messina. Ele usava lentes de aumento e microscópios para investigar a anatomia, examinando especificamente pulmão, rins, baço e fígado, e passou muitas horas infrutíferas dissecando mamíferos até encontrar na rã seu tema perfeito. Ele considerava a rã o "microscópio da natureza", que lhe permitia ver coisas que não veria de outro modo, e observou que "para desfazer esses nós [os enigmas da anatomia], destruí quase toda a raça das rãs". Ele acreditava que a natureza primeiro tentava as coisas em animais "imperfeitos"

A obra Micrografia de Hooke, lindamente ilustrada, levou a microscopia a um público amplo e logo fascinado.

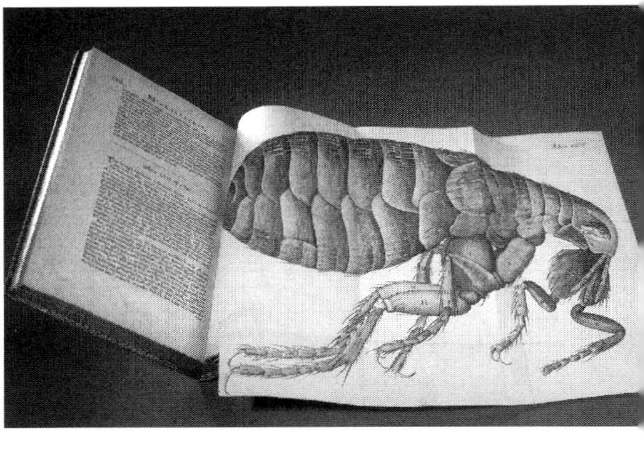

como a rã e, após certa prática, usava as técnicas refinadas nos animais "perfeitos" (mamíferos e, principalmente, seres humanos).

Em seu trabalho com o pulmão, Malpighi conseguiu mostrar o que Harvey não pôde: que o fluxo de sangue é contínuo das artérias às veias, as duas unidas por tubos microscópicos chamados capilares. Seu estudo do pulmão (em rãs e depois em cães) também revelou sua estrutura mais delicada: as vias aéreas maiores se dividem em ramos cada vez menores até, finalmente, as "vesículas" dos alvéolos. Ele também examinou os espiráculos que os insetos usam para respirar e descobriu que bloqueá-los com óleo fazia o inseto morrer "no tempo necessário para rezar um Pai Nosso". Anatomistas anteriores (até mesmo Vesálio) seguiram Galeno ao considerar o pulmão um tipo de esponja sanguínea solidificada, formada de sangue e servindo para resfriar o organismo. Embora Malpighi tivesse visto todas as estruturas necessárias para entender como ocorre a troca gasosa, com o gás passando entre os capilares e os alvéolos, ele parou pouco antes de juntar as peças.

O desenho de Malpighi mostra o pulmão de uma rã com a superfície alveolar aberta, mostrando os capilares (abaixo).

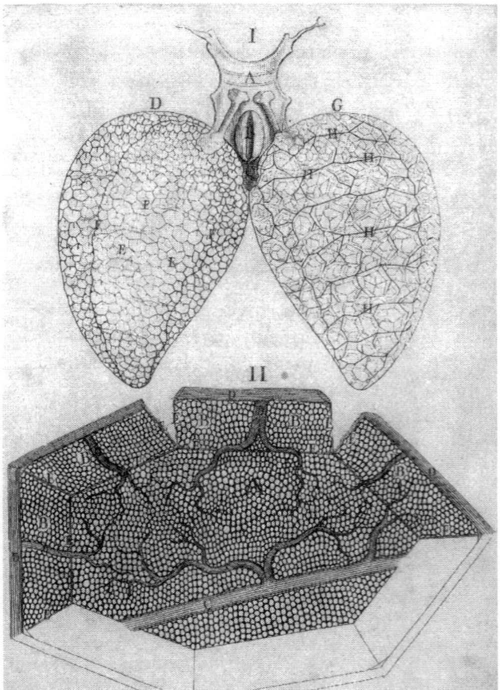

Hooke e a Micrografia

Mais ou menos na mesma época em que Malpighi examinava o funcionamento do pulmão, Robert Hooke (ver o quadro ao lado) registrava suas descobertas com o microscópio em belas e detalhadas ilustrações reunidas no volume Micrografia: ou algumas descrições fisiológicas de corpos em miniatura feitas com lentes de aumento (1665). Seus desenhos extraordinários chamaram a atenção do mundo para o terreno minúsculo. Mas foi bem por acaso que Hooke chegou a usar um microscópio.

A princípio, o rei inglês Carlos II encarregou o arquiteto Christopher Wren de produzir uma série de estudos de insetos vistos pelo microscópio. Wren começou mas logo se cansou, desencantado ou apenas sobrecarregado com outros trabalhos. Ele passou a tarefa a Hooke, um rapaz de 26 anos que tinha jeito para desenhar e usar equipamento técnico. Acabou sendo o mais afortunado ato de delegação.

A *Micrografia* apresenta os desenhos do equipamento e de espécimes que Hooke examinou ao microscópio. O livro se tornou o primeiro *bestseller* científico. O diarista Samuel Pepys o descreveu como "o livro mais engenhoso que já li na vida" e ficou acordado até as duas da madrugada lendo-o. Mas nem todo mundo viu o valor dessa obra. Um crítico escreveu que Hooke era "um beberrão que gastou duas mil libras em microscópios para descobrir a natureza das enguias em vinagre, dos ácaros do queijo e do azul das ameixas, que ele, sutilmente, descobriu serem criaturas vivas". Mas a descoberta de que há coisas vivas pequenas demais para serem vistas foi revolucionária. As ilustrações de *Micrografia* são muito variadas e vão da estrutura detalhada de substâncias cotidianas como pano e neve até a visão ampliada de organismos pequenos como pulgas, piolhos e moscas.

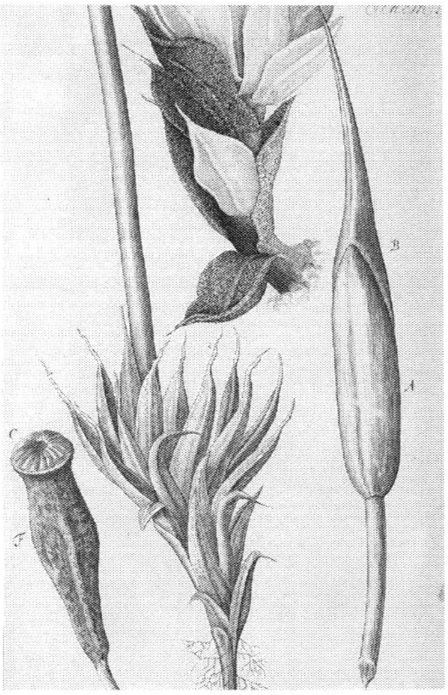

Samambaias e musgos da Micrografia de Hooke.

As células reveladas

Robert Hooke cunhou o termo "célula" para chamar os componentes organizacionais dos organismos vivos. As primeiras células que descreveu eram de uma amostra de

ROBERT HOOKE (1635-1703)

Robert Hooke foi uma criança prodígio educada em casa até os 13 anos, quando foi para a Westminster School e depois para a Universidade de Oxford. Ele brilhou tanto no campo técnico quanto no intelectual. Quando menino, copiou todos os mecanismos internos de um relógio, fazendo réplicas de madeira, e depois as montou para fazer um relógio que funcionava. Mais tarde, aplicou seu gênio técnico a ajustar a altura, os ângulos e a iluminação dos microscópios que usou para obter imagens melhores do que nunca. Também era autodidata em desenho técnico, e foi com ele que revelou o mundo microscópico a um público fascinado.

Hooke era um gênio e polímata cujo verdadeiro valor raramente foi reconhecido. Além de biólogo talentoso, foi topógrafo da cidade de Londres depois da destruição da cidade pelo grande incêndio de 1666, arquiteto de muitos grandes edifícios (dos quais poucos sobreviveram), criador da Lei de Hooke (a lei da elasticidade das molas), o primeiro astrônomo a propor o problema de calcular a distância de uma estrela que não seja o Sol e inventor de vários aprimoramentos de microscópios e mecanismos de relógio. A partir de 1661, foi curador de experiências da Royal Society, um ano após sua fundação. Mas sua natureza irascível e as disputas com personagens científicos importantes como Newton prejudicaram sua reputação. Newton vilipendiou seu nome e, provavelmente, destruiu seu único retrato (nenhum sobreviveu); também assumiu o crédito de alguns trabalhos de Hooke sobre luz e gravidade ou os escondeu.

"Assim, observam os naturalistas, a pulga Tem pulgas menores que dela se alimentam;
E estas têm outras menores que as picam,
E assim vai, *ad infinitum."*
Jonathan Swift, "On Poetry: a Rhapsody", 1733

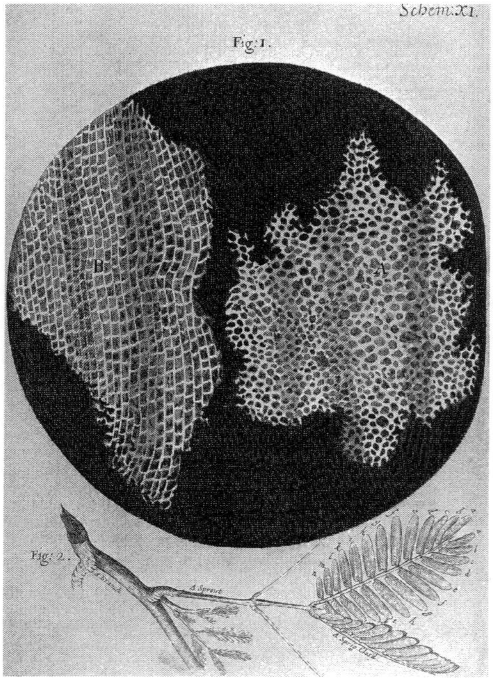

Hooke usou uma navalha para cortar fatias finíssimas de cortiça que lhe permitiram identificar as células individualmente.

cortiça e grosseiramente retangulares. Ele adotou a palavra "célula" devido à semelhança com as celas em que os monges viviam no mosteiro. (Ele também se referia a elas como "poros", mas foi "células" que pegou.) Ele calculou que havia 1.259.712.000 de células numa única polegada quadrada de cortiça.

Animálculos e outros

Enquanto Malpighi e Hooke documentavam a microestrutura de espécimes maiores, o fabricante holandês de lentes Antonj van Leeuwenhoek (ver o quadro ao lado) deu um passo adiante no mundo do minúsculo e viu microrganismos pela primeira vez. Seus microscópios simples permitiam ampliações de até 200× — bem melhores do que tudo a que Hooke tinha acesso —, e isso era suficiente para mostrar bactérias, hemácias (células vermelhas do sangue), espermatozoides e a miríade de organismos que vivem numa gota d'água de lago. Ele fez estimativas surpreendentemente exatas do tamanho

"Quanto à sua pessoa, ele era desprezível, sendo muito torto, embora eu tenha sabido por ele e por outros que era reto até uns 16 anos de idade, quando começou a entortar, por praticar frequentemente com um torno [...]Era sempre muito pálido e magro, e mais recentemente nada além de pele e osso, com um aspecto esquálido, os olhos cinzentos e cheios, com um olhar agudo e engenhoso quando mais jovem; o nariz bastante fino, de altura e comprimento moderados; a boca cruelmente larga, e o lábio superior fino; o queixo agudo, a testa grande; a cabeça de tamanho mediano. Ele usava o próprio cabelo de cor castanho-escuro muito comprido, caindo com negligência sobre o rosto, sem corte e fino."

Descrição de Hooke na velhice por Robert Waller, 1705

> *"Em estrutura, esses pequenos animais foram formados como um sino, e na abertura redonda faziam tanta agitação que com ela as partículas de água próximas se punham em movimento [...]E embora eu deva ter visto quase vinte desses animaizinhos com suas longas caudas, um ao lado do outro movendo-se bem suavemente, com o corpo alongado e a cauda esticada; mas, num instante, por assim dizer, eles puxavam o corpo e as caudas, e assim que contraíam seu corpo e sua cauda, começavam a alongar a cauda novamente bem devagar, e ficavam assim algum tempo, continuando seu movimento suave, cuja visão achei bastante divertida."*
>
> Antonj van Leeuwenhoek sobre o protista ciliado Vorticella, 1702

dos objetos que via comparando-os com o tamanho de um grão de areia.

Leeuwenhoek chamou de "animálculos" as coisinhas que via se mexerem, reconhecendo-as como vivas. Ele não era um bom artista e contratou um ilustrador para fazer os desenhos, mas escreveu descrições detalhadas e envolventes de seus espécimes, muitos dos quais são fáceis de reconhecer.

Leeuwenhoek também foi o primeiro a usar pigmentos para mostrar estruturas dentro de amostras que seriam transparentes; por exemplo, ele usou açafrão para tingir as células musculares.

Entre suas "primeiras vezes" estão:

- ver protozoários em água de lago (1674)
- descobrir que a levedura é um organismo (1674)
- descobrir as hemácias em sangue de seres humanos, peixes, aves e porcos (1675). Leeuwenhoek calculou o tamanho de uma hemácia humana em "um tanto menor que" o equivalente a 8,5 μm; na verdade, é de 7,7 μm (1 μm ou 1 micrômetro é um milésimo de milímetro)
- examinar seu próprio fluido seminal e o de cães, porcos, moluscos, peixes, anfíbios e aves, e chamar de "animálculos" os espermatozoides que encontrou (1677)
- identificar os cristais de urato de sódio, parecidos com agulhas, que se formam em pacientes com gota (1679); em 1684 ele propôs que a dor da gota é causada pelos cristais espetando o tecido
- encontrar nematódeos em água de lago (1680)
- encontrar bactérias no tártaro dos dentes e nas fezes e encontrar protozoários parasitas em fezes (1683)
- descobrir os capilares linfáticos (1683) e sanguíneos (1698)
- encontrar diatomáceas em água doce (1702).

O protista ciliado Vorticella, descrito por Leeuwenhoek.

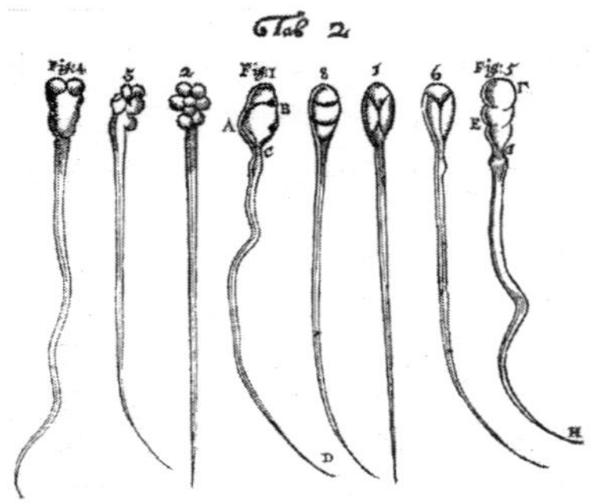

Leeuwenhoek examinou o próprio esperma e o de vários animais. Ele fez questão de assegurar à Royal Society que "não foi obtido por nenhum expediente pecaminoso de minha parte, [mas sim] o excesso de que a Natureza me proveu em relações conjugais."

Além disso, ele fez estudos detalhados de insetos e descobriu que o olho composto da mosca é formado por muitas lentes, que as pulgas têm seus parasitas e que os afídeos são capazes de partenogênese (parto virgem), sendo que alguns afídeos jovens contêm filhotes totalmente formados. Ele estudou extensamente os ferrões e as partes da boca da abelha.

Microscópios e efêmeras

A técnica de Leeuwenhoek de usar uma única lente poderosa foi adotada pelo naturalista holandês Jan Swammerdam (1637-1680) No início da carreira, Swammerdam trabalhou com anatomia e demonstrou a presença de válvulas nos vasos linfáticos (hoje chamadas de válvulas de Swammerdam). Ele também investigou a respiração, descobriu a interação entre nervos e músculos (ver a página 62) e descreveu as hemácias. A partir da década de 1660, ele voltou sua atenção para a dissecação de insetos sob o microscópio, principalmente abelhas, besouros, borboletas, libélulas, bichos-da-seda e efêmeras. Swammerdam foi um dos primeiros cientistas a estudar insetos a sério e sistematicamente e o primeiro a estudar os estágios de seu desenvolvimento. Ele criou uma taxonomia de insetos que, em parte, ainda é usada. Depois que Aristóteles desdenhou os insetos como in-

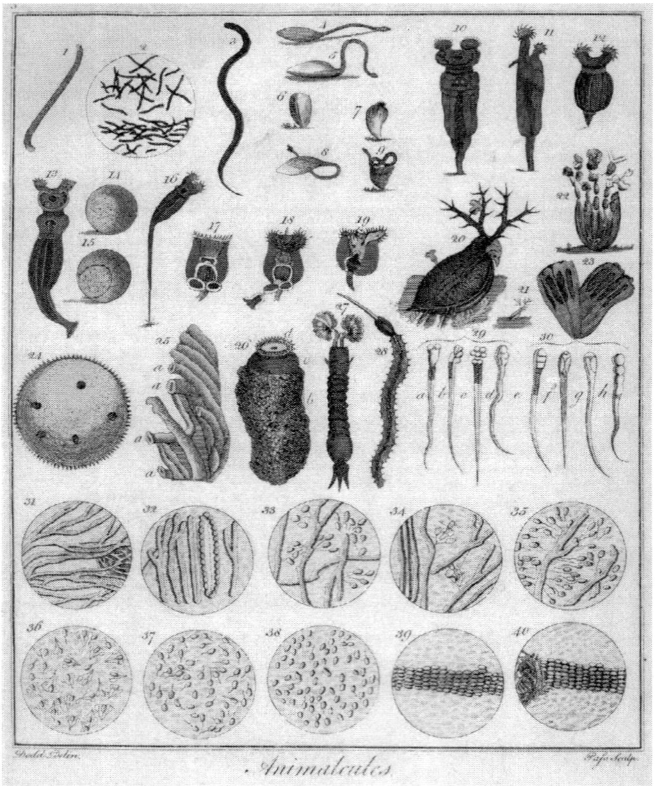

Uma coleção de vários animálculos observados por Leeuwenhoek, como os espermatozoides (29 e 30)

ANTONJ VAN LEEUWENHOEK (1632-1723)

Nascido Thonis Philipszoon em Delft, na Holanda, o menino que, na idade adulta, passou a ser conhecido como Antonj van Leeuwenhoek era filho de um cesteiro e não recebeu educação formal além da escola elementar. A partir dos 16 anos, passou cinco anos como aprendiz de um vendedor de tecidos, e foi seu trabalho profissional com pano que o levou à microscopia. Em 1653, ele encontrou lentes de aumento em seu trabalho porque os mercadores as usavam para contar os fios. Esses óculos simples só aumentavam três vezes, e Leeuwenhoek começou a fabricar suas próprias lentes para obter ampliação maior. É possível que a Micrografia de Hooke o tenha estimulado a construir seus microscópios.

Os microscópios de Leeuwenhoek tinham uma única lente e um alfinete para segurar o espécime. Eram difíceis de usar e tinham de ser mantidos bem perto do olho. Sabe-se que ele fez centenas de microscópios e chegou a mandar um lote à Royal Society, em Londres, embora hoje tenham se perdido. Ele tendia a fazer um microscópio novo para cada amostra que queria estudar e depois o guardava como registro permanente. Não escreveu artigos científicos, mas mandou numerosas cartas às sociedades científicas cultas da Europa para descrever suas descobertas.

Em sua maioria, os organismos unicelulares são microscópicos, mas a alga Valonia ventricosa tem uma célula com 1 a 4 cm de diâmetro.

significantes demais para merecer atenção, eles foram praticamente ignorados até Swammerdam se interessar por eles.

Os diagramas de Swammerdam estão entre os mais belos já produzidos. Mas, infelizmente, sob a influência cada vez maior da mística franco-flamenga Antoinette Bourignon, ele abandonou a ciência e destruiu seu último manuscrito antes de morrer de malária com 43 anos.

Swammerdam desenvolveu novas técnicas para realizar seus estudos inovadores. Foi o primeiro a injetar cera nos espécimes para mantê-los firmes; também dissecou amostras frágeis debaixo d'água e usou micropipetas para inflar os organismos com ar sob o microscópio. Ele fazia as próprias lentes e só usava luz natural, ou seja, às vezes as investigações tinham de aguardar vários meses; a maior parte de seu trabalho foi feita nas manhãs de verão. Seu microscópio de uma só lente, como o de Leeuwenhoek, era difícil de usar, com a lente perto do olho e a amostra perto da lente. Para as amostras líquidas, ele usava um fino tubo de ensaio seguro bem diante

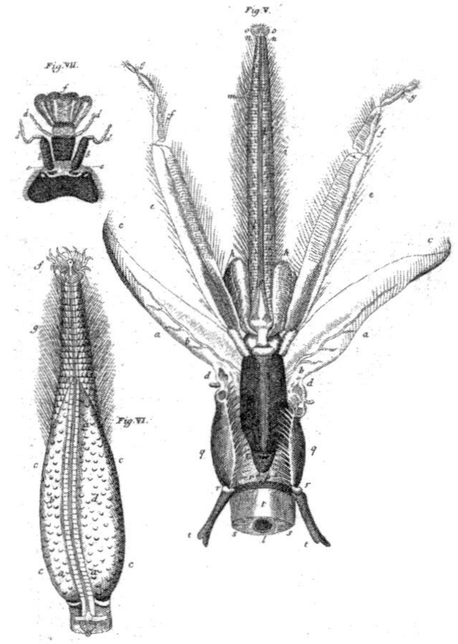

O desenho detalhado de Swammerdam da dissecação das partes da boca de uma abelha melífera e de uma vespa.

da lente. Para suas dissecações meticulosas, Swammerdam usava uma série de ferramentas, como um serrote feito com uma pequena seção de mola de relógio, um canivete fino, penas, tubos de vidro, pinças, agulhas, fórceps e tesouras.

A teoria celular

Estranhamente, só em 1837 os estudiosos de células vegetais e os de células animais compararam suas anotações. Leeuwenhoek produziu os primeiros desenhos de células que, em 1719, mostravam o núcleo, mas ele não arriscou um palpite sobre sua função. No século XVIII, praticamente não houve avanço nos estudos microscópicos; a inadequação da tecnologia impediu novos progressos e descobertas. Mas esses problemas foram superados na década de 1820.

Ver coisas: halos coloridos e glóbulos

Em 1824, o físico e fabricante de lentes britânico Joseph Jackson Lister começou a trabalhar numa lente aperfeiçoada para ver suas amostras com mais clareza. As aberrações cromáticas ou "halos coloridos" ocorriam com frequência, porque as lentes antigas nem sempre conseguiam focalizar no mesmo ponto as diversas cores (ou comprimentos de onda) da luz. Dois anos depois, Lister construiu o primeiro microscópio aprimorado e publicou seus métodos em 1830. As lentes aperfeiçoadas fizeram uma diferença considerável no progresso da microbiologia. No início do século XIX, houve muitos relatos de "glóbulos" que fariam parte da estrutura das amostras biológicas; provavelmente, esses glóbulos eram círculos produzidos pela interferência óptica das lentes mal fabricadas.

Uma das primeiras pessoas a fazer bom uso dos novos microscópios foi o anatomista tcheco Jan Purkyn ou Purkinje (1787-1869). Ele desenvolveu um cortador forte e afiado que cortava seções de os-

Joseph Jackson Lister com seu microscópio; o filho Joseph começaria a usar ácido carbólico (fenol) como antisséptico e tornaria as cirurgias internas toleravelmente seguras pela primeira vez.

sos e dentes. Também usou bálsamo para selar as preparações e adaptou métodos criados pelo pioneiro da fotografia Louis Daguerre para tirar as primeiras fotos usando microscópio. Ele chegou a desenvolver o cinesiscópio ou quinesiscópio, que mostrava imagens num tambor giratório para demonstrar a operação das válvulas que examinara no coração. Com novas lentes e novos métodos de preparar amostras e registrar o que era visto, os microscopistas puderam avançar.

Matthias Schleiden.

Uma célula é uma célula...

Embora muita gente tivesse visto células animais e vegetais, ninguém ainda reconhecera sua equivalência. Há muitos tipos de células animais, e não é tão óbvio assim que, digamos, uma célula óssea e outra nervosa sejam de algum modo análogas.

O núcleo da célula foi descrito em 1831 pelo botânico escocês Robert Brown, mas praticamente ignorado até o botânico alemão Matthias Schleiden (1804-1881) notar a importância do núcleo na criação de novas células por divisão. Ele concentrou sua atenção no núcleo e logo o chamou de "órgão elementar universal dos vegetais". Schleiden considerava as células "seres separados e independentes" que levavam uma vida dupla. Elas eram, ao mesmo tempo, entidades independentes e parte da aglomeração que é a planta inteira.

Schleiden era um homem teimoso e esquisito que chegou à biologia por uma rota muito longa; formado advogado, era tão ruim na profissão que tentou se matar com um tiro. Mas ele era tão bom no tiro quanto na lei e, ao se recuperar do ferimento causado em si mesmo, passou a estudar botânica e medicina. Por sorte, ele era melhor na biologia.

Em 1837, jantando com o fisiologista Theodor Schwann, Schleiden mencionou sua descoberta de que o corpo das plantas se organizava em células com processos independentes e que podem se reproduzir. Schwann percebeu que vira o mesmo nos animais. Não demorou para que conferissem suas observações no laboratório e deduzissem que tanto vegetais quanto animais são feitos de células. Schwann disse que foi "a ligação mais íntima entre dois reinos de natureza orgânica".

Schwann publicou seus achados em 1839 (sem dar crédito à contribuição de Schleiden) na obra *Investigações microscópicas sobre a concordância da estrutura e do crescimento de plantas e animais* e estabeleceu a

> *"Imediatamente recordei ter visto um órgão semelhante nas células do notocórdio, e no mesmo instante percebi a extrema importância que minha descoberta teria se eu conseguisse mostrar que esse núcleo tem nas células do notocórdio o mesmo papel que nos núcleos de plantas no desenvolvimento de células vegetais."*
>
> Theodor Schwann, textos publicados postumamente, 1884

Schwann realizou com girinos seu trabalho sobre a diferenciação das células.

base da doutrina celular: "todos os seres vivos se compõem de células e produtos de células." Esse é o primeiro dos três princípios básicos da teoria celular:

- Todos os organismos se compõem de uma ou mais células.
- As células são a unidade básica da vida.
- Todas as células surgem a partir de células preexistentes.

Schwann e Schleiden descobriram os dois primeiros, mas não viram o terceiro e propuseram que as células surgem pela "formação de células livres", semelhante à dos cristais. Era um tipo de geração espontânea (ver as páginas 108 a 112), mas em escala menor do que a proposta pelos primeiros naturalistas, que afirmavam que minhocas e vermes eram gerados diretamente na lama ou no limo. De acordo com essa teoria, as células se formavam a partir do citoplasma indistinto e depois se diferenciavam em diversos tipos segundo as "leis cegas da necessidade" (um belo jeito de fugir à responsabilidade!) Schwann definiu duas categorias de fenômenos celulares: os plásticos, ligados à combinação de moléculas que formam a célula, e os metabólicos, ligados às mudanças e processos ocorridos dentro da célula. Ele propôs que o "calor animal" seria produzido pelo metabolismo celular.

A teoria de Schwann foi violentamente satirizada pelo químico alemão Justus von Liebig (ver as páginas 189 a 191), num ataque que destruiu o sensível biólogo. Ele desistiu de seus estudos e deixou o trabalho final sobre a geração das células para ser completado por Louis Pasteur na década de 1860 (ver as páginas 100 a 102).

DE TECIDOS A SISTEMAS

O anatomista francês Marie François Bichat (1771-1802) foi um trabalhador prodigioso; dizem que realizou seiscentas autópsias num único ano. Ao descobrir que decompor o corpo em órgãos não era um nível de detalhamento suficiente para lhe permitir entender seu funcionamento normal nem o impacto da doença, ele se pôs a "decompô-lo" em suas "estruturas íntimas", que chamou de "tecidos". Ele identificou 21 tipos de tecido no corpo humano. Descobriu que esses tecidos se dispunham em órgãos, e os órgãos formavam os sistemas respiratório, nervoso e digestivo. Em consequência, alguns cientistas consideraram que os tecidos eram o nível final de resolução e passaram a rejeitar a emergente teoria celular por contradizer o esquema de Bichat ou por ser inútil à luz dele.

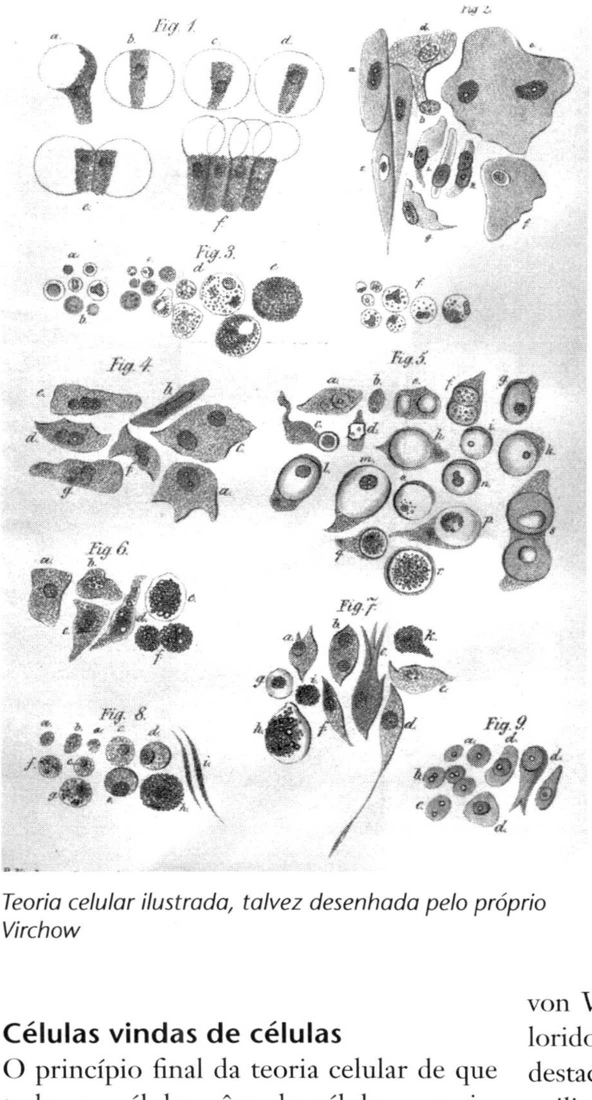

Teoria celular ilustrada, talvez desenhada pelo próprio Virchow

Células vindas de células

O princípio final da teoria celular de que todas as células vêm de células preexistentes foi proposto pelo médico alemão Rudolf Virchow (1821-1902), que fez estudos microscópicos detalhados dos processos celulares. Enquanto observava a cura, ele não viu indícios de células se formando do citoplasma, mas viu sua criação com a divisão de células existentes. O embriologista polaco-alemão Robert Remak publicou em 1852 os mesmos achados relativos à divisão celular em embriões; Virchow os publicou em 1855. Não se sabe se ele conhecia o trabalho de Remak, mas não o citou. Virchow afirmou, de forma memorável, que omnis cellula e cellula — "todas as células vêm de células [anteriores]" — e que "não há vida a não ser por sucessão direta". Esse foi um achado grandioso que finalmente provou que a geração espontânea não acontece em nenhum nível e devolveu a ciência à posição defendida mil e novecentos anos antes pelo romano Lucrécio (99-55 a.C.): "Nada jamais nasceu do nada".

A divisão celular em cores

A ideia de Virchow foi logo confirmada pelo biólogo alemão Walther Flemming (1843-1905), que desenvolveu técnicas de corar amostras que lhe permitiram observar as ações dos cromossomos em células que se dividiam. O nome "cromossomo", cunhado pelo anatomista alemão Wilhelm von Waldeyer-Hartz, significa "corpo colorido" e se refere ao fato de que eles se destacam quando recebem os corantes de anilina de Flemming. Sua conclusão de que os núcleos das células se reproduzem o levou a afirmar que omnis nucleus e nucleo — "todos os núcleos vêm de núcleos [anteriores]" Flemming não percebeu que os cromossomos guardavam o material genético. (Sobre o papel dos cromossomos e o desenvolvimento da genética, ver as páginas 159 a 162.) Ele chamou de "mitose" o processo de divisão celular.

Eduard Strassburger (1844-1912) examinou a divisão celular das plantas com o rigor que Flemming aplicou às células animais. No final da década de 1880, era claro que o núcleo se divide primeiro, com os cromossomos se arrumando e se reproduzindo, e depois a célula se divide — processo que se constatou ser o mesmo em plantas e animais, em células de adultos e embriões. Cada divisão celular produz uma cópia exata da célula original, com todo o conjunto de cromossomos e estruturas celulares.

Na saúde e na doença

Virchow foi inflexível ao afirmar que o estudo das células permitiria descobrir o segredo da doença. Ele era contrário ao conceito anterior da doença enraizada na teoria dos humores e dizia que a doença tem de se localizar nas células do corpo e que o estado, o comportamento e os processos das células distinguiam o estado saudável do estado enfermo.

A capacidade de ver microrganismos finalmente respondeu a outra pergunta ligada à doença que frustrara a ciência médica durante milhares de anos. Como as doenças se transmitem?

Os primeiros modelos de doença se baseavam nos quatro humores de Hipócrates ou na ideia de "ar mau" ou "miasmas". No modelo hipocrático, o corpo precisa de um bom equilíbrio entre os quatro fluidos ou humores (sangue, bile negra, bile amarela e fleuma) para ter saúde; quando os humores se desequilibram, surge a doença, e a saúde só se recupera quando se restaura o equilíbrio. Isso levou ao uso muitas vezes excessivo e prejudicial de sangrias e purgações para tratar todos os tipos de enfermidade. Mas também não explicava o contágio, já que, se a doença brotava de um desequilíbrio interno do corpo, por que pessoas expostas ao doente também adoeciam?

Como vimos, Fracastoro sugeriu, em 1546, que a doença poderia ser causada por "sementes" ou "esporos", embora não se saiba se ele acreditava que fossem entidades biológicas ou partículas químicas. O médico francês Nicolas Andry de Bois-Regard (1658-1742) foi o primeiro a propor os microrganismos como causa de doenças. Ele desenvolveu o trabalho de Leeuwenhoek com propósitos especificamente médicos e teorizou que doenças como a varíola resultavam de "vermes" no corpo humano. Seu livro escrito em 1700 e traduzido em 1701 para o inglês como *An Account of the Breeding of Worms in Human Bodies* (Descrição da proliferação de vermes em corpos humanos) inclui os "vermes espermáticos" (espermatozoides), além daqueles que ele achava que poderiam pro-

MODERNA TEORIA CELULAR

As atuais afirmativas básicas da teoria celular são:

1. Todas as coisas vivas conhecidas são formadas de células.
2. A célula é a unidade estrutural e funcional de todas as coisas vivas.
3. Todas as células vêm de células preexistentes por divisão (a geração espontânea não ocorre).
4. As células contêm informações hereditárias passadas de célula a célula na divisão celular.
5. Todas as células têm basicamente a mesma composição química.
6. Todo o fluxo de energia da vida (metabolismo e bioquímica) ocorre dentro das células.

MORTO POR LINGUIÇA?

Rudolf Virchow se opunha aos gastos com as forças armadas, que considerava excessivos. Isso incomodou tanto o chanceler alemão Otto von Bismarck que ele desafiou Virchow para um duelo. Como desafiado, Virchow tinha o direito de escolher as armas. Ele escolheu duas linguiças de porco: uma cozida para si e uma crua, contendo larvas do verme Trichinella, para Bismarck. Este declinou, decidindo que era arriscado demais.

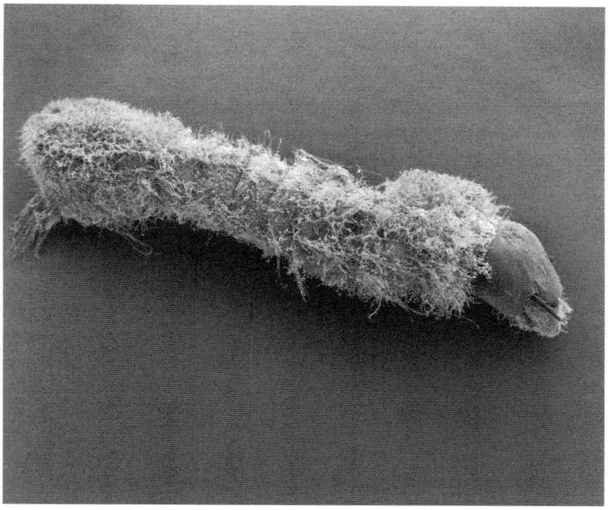

Fungos parasitas de mosquito como esse podem invadir e matar rapidamente seu hospedeiro.

vocar doenças. O botânico inglês Richard Bradley veio em seguida, em 1720, e sugeriu que a peste e "todos os destemperos pestilentos" eram causados por "insetos venenosos", demasiado pequenos para serem vistos sem a ajuda do microscópio.

No entanto, tudo isso era conjetura até o início do século XIX, quando o entomologista italiano Agostino Bassi provou que microrganismos podiam provocar doenças. Nesse caso, a doença era a muscardina, que afetava os bichos-da-seda; o microrganismo, que ele chamou de "parasita vegetal", era um fungo mais tarde batizado com seu nome: *Beauveria bassiana*. Bassi passou 25 anos investigando a muscardina e acabou publicando seus achados em 1835. A doença atacou primeiro a indústria da seda italiana e depois a francesa, que foi praticamente abandonada em 1849. Bassi recomendou manter um bom espaço entre as filas de lagartas em alimentação, destruir as lagartas afetadas, usar desinfetantes e manter os criadouros limpos. Foram a mesma doença e a mesma ameaça à indústria da seda que incentivaram o trabalho do microbiólogo francês Louis Pasteur na década de 1860.

Pasteur e os microrganismos

Em geral, afirma-se que Louis Pasteur foi o primeiro a demonstrar que a teoria dos germes da doença está correta. Embora Bassi (grande influência sobre Pasteur) já tivesse demonstrado que um microrganismo, no caso um fungo, provocava doenças em bichos-da-seda, foi o francês que demonstrou muitos tipos de ação microbiana.

Os bichos-da-seda voltaram ao palco. O setor francês da seda sofria pressão de duas doenças, que Pasteur identificou como provocadas por micróbios. Uma era viral, mas a outra era provocada por um microsporídio (fungo parasita). Ele demonstrou que a fermentação é causada por microrganismos (leveduras), que a comida estraga por ação microbiana (bactérias) e que as doenças são causadas por germes (sob a forma de bactérias, vírus e fungos). Ele desenvolveu o processo hoje chamado de pasteurização para tratar alimentos (principalmente o leite) e evitar que se estragassem: o produto é aquecido até uma temperatura suficiente para matar todas as bactérias presentes enquanto se exclui o ar para impedir a entrada de novas bactérias.

Louis Pasteur fez imensos avanços na microbiologia na década de 1860.

A humilde levedura

As leveduras são microrganismos importantíssimos em toda a história humana. Sua ação de decompor os açúcares para produzir álcool, gases e/ou ácidos é usada na produção de pão e bebidas alcoólicas. Mas só em 1846 ficou claro que as leveduras são microrganismos. Em 1840, o químico alemão Justus von Liebig notou que as leveduras produzem a fermentação, mas não sabia que estavam vivas. Como químico, ele estava interessado nos processos moleculares em ação. Nesse estágio, a ideia de que um processo biológico e um processo químico poderiam ser a mesma coisa — que os processos biológicos são efetuados por meio da química — era controvertida.

Em 1846, Friedrich Lüdersdorff, outro químico alemão, afirmou que as leveduras são microrganismos que convertem açúcar em álcool. Ele demonstrou que a ação do organismo vivo é necessária; se destruísse as células de levedura, sua ação parava. Em 1857, Pasteur concluiu que era preciso a levedura viva, mas não apresentou um mecanismo que explicasse como ocorria a fermentação. Mas pouco depois, em 1860, o químico francês Marcellin Berthelot descobriu que, se tratasse a levedura morta do jeito certo, o extrato produziria a fermentação. Ele concluiu que a levedura viva produz uma substância química que faz com que aconteça o seguinte:

"Acho que essa planta age sobre o açúcar não devido à atividade fisiológica, mas simplesmente por meio dos fermentos que tem a propriedade de secretar [...]Em resumo [...] vê-se claramente que o ser vivo não é o fermento, mas dá origem a ele. Além disso, depois de produzidos os fermentos solúveis atuam independentemente de qualquer outro ato vital; essa atividade não mostra nenhuma correlação necessária com nenhum fenômeno fisiológico."

A questão que emergia do trabalho de Lüdersdorff, Pasteur e outros era que a levedura é um organismo vivo, embora minúsculo, capaz de provocar mudanças químicas. O debate sobre a necessidade da presença do organismo vivo continuou animado durante o resto do século XIX.

A teoria dos germes assume o comando

Embora Bassi e Pasteur tenham dados passos imensos para promover a teoria dos germes, foi Robert Koch (1843-1910) quem finalmente debelou os modelos alternativos da doença e lançou as bases da microbiologia moderna. Ele trabalhou primeiro com o carbúnculo e isolou a bactéria que causa a doença, o Bacillus anthracis. Após fixar amostras em lâminas, ele usou corantes para exibir as diversas células da amostra e encontrar o agente causador.

A primeira vez em que um determinado microrganismo foi vinculado de forma conclusiva a uma doença específica foi quando Koch demonstrou a virulência da bactéria de forma experimental. Ele começou obtendo uma amostra de *Bacillus anthracis* de uma ovelha que morreu de carbúnculo. Depois de extrair as bactérias e injetá-las num camundongo saudável, o animalzinho desenvolveu carbúnculo. Ele repetiu várias vezes a experiência e, finalmente, em 1876, publicou sua conclusão de que o *Bacillus anthracis* causa o carbúnculo.

Koch refinou seu método de formar culturas e identificou as bactérias que provocam a tuberculose e o cólera. Ele aprimorou a técnica de Pasteur de criar bactérias em caldo de carne, acrescentando gelatina e agar-agar para criar um meio sólido e formando suas culturas em discos planos de vidro projetados por seu assistente Julius Petri.

Ainda menores

Parecia que Pasteur e Koch tinham resolvido o problema dos organismos microscópicos que provocavam doenças. Mas a história estava prestes a ficar mais complicada.

Desde 1879, o químico agrícola alemão Adolf Mayer trabalhava com a doença do

A levedura de cerveja se reproduz quando uma célula-filha se forma como um broto na lateral da célula-mãe. O núcleo da célula-mãe se divide e parte migra para a célula-filha, que então se separa.

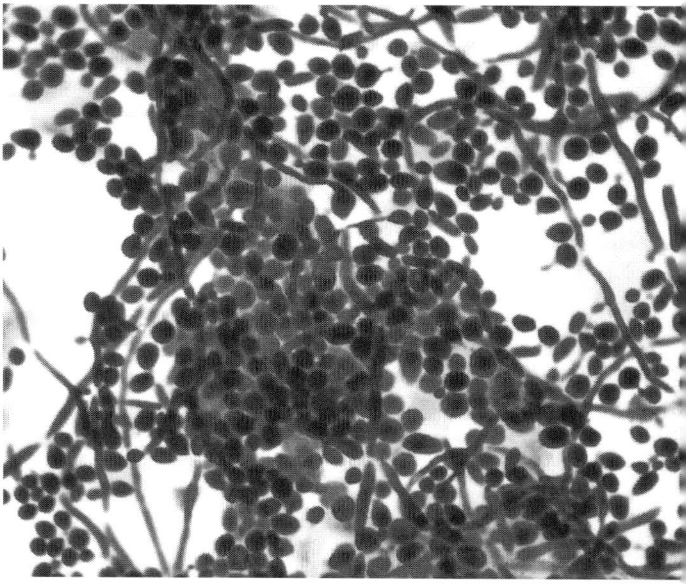

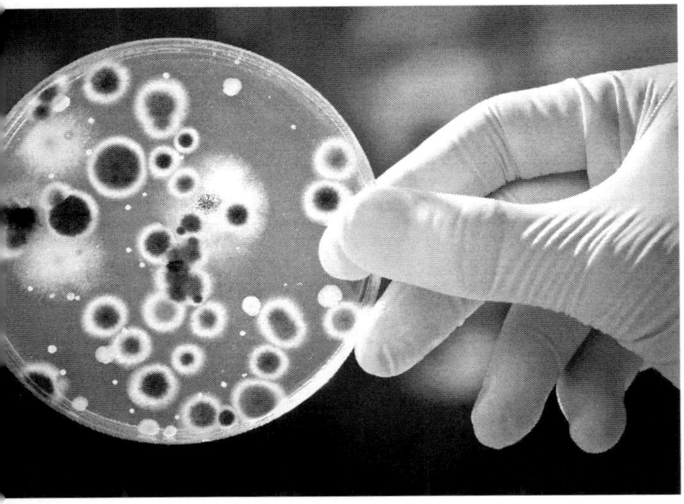

O projeto de disco de vidro de Julius Petri ainda é usado hoje para cultivar bactérias.

mosaico do tabaco, que afeta os pés de fumo. Ele descobriu que a doença poderia ser transmitida de uma planta a outra se fizesse uma solução de folhas maceradas de uma planta infectada, filtrasse a solução e a aplicasse numa planta saudável. Ele concluiu que a infecção era bacteriana.

Alguns anos depois, em 1884, o microbiólogo francês Charles Chamberland, que trabalhava com Pasteur, desenvolveu o filtro de Chamberland-Pasteur para remover dos líquidos todas as bactérias e células até então conhecidas. Era um filtro de porcelana com poros do tamanho de 0,1 a 1 mícron. Quando trabalhou com o mosaico do tabaco em 1892, o botânico russo Dmitri Ivanovski usou o novo filtro de porcelana para filtrar sua solução. Esta continuou infecciosa, apesar da provável remoção de todas as bactérias. Ele concluiu que havia algum tipo de toxina na solução capaz de passar pelo filtro.

Foi o cientista holandês Martinus Beijerinck que ligou os pontos corretamente em 1898. Ele também verificou que a solução de mosaico do tabaco continuava virulenta depois de passar pelo filtro de porcelana e decidiu que tinha de haver outro tipo de agente contagioso além das bactérias. Ele o chamou de *contagium vivum fluidum*, fluido vivo contagioso, convencido de que o agente propriamente dito era líquido e não continha partículas. Beijerinck também descobriu que podia guardar o fluido durante anos e ele continuava infeccioso.

Embora geralmente se dê a Beijerinck o crédito da descoberta

POSTULADOS DE KOCH

Koch estabeleceu quatro condições que têm de ser atendidas para que um organismo seja identificado como causador de uma doença. Eles ainda são válidos:

1. O organismo tem de estar sempre presente em todos os casos da doença.
2. O organismo tem de ser isolado de um hospedeiro que tenha a doença e cultivado em cultura pura.
3. Amostras do organismo tiradas da cultura pura têm de provocar a mesma doença quando inoculadas em laboratório num animal saudável e suscetível.
4. O organismo tem de ser isolado do animal inoculado e tem de ser identificado como o mesmo organismo isolado do hospedeiro doente original.

OS VÍRUS ESTÃO VIVOS?

O vírus não tem nenhuma célula, o que significa que não é um organismo. Ele está vivo? Isso é discutível. Ele pode se duplicar e tem material genético, mas o fato de não ter uma célula de verdade parece desqualificá-lo. Alguns biólogos consideram que os vírus estão na fronteira entre entidades vivas e não vivas.

Os vírus só se duplicam dentro da célula do organismo hospedeiro. Fora da célula, eles existem como partículas virais, com uma estrutura de duas ou três partes — um filamento de DNA ou RNA dentro de uma cápsula de proteína (o capsídeo), às vezes com um envelope de lipídios por fora. Os vírus afetam todas as formas de vida, dos maiores vertebrados aos minúsculos organismos unicelulares. Os vírus que infectam bactérias são chamados de fagos ou bacteriófagos.

Modelo computadorizado da estrutura de uma partícula do vírus do mosaico do tabaco.

dos vírus, Friedrich Loeffler e Paul Frosch dividem com ele essa honra. Foram eles os primeiros a descobrir, também em 1898, o agente da febre aftosa, um vírus que afetava animais. Eles propuseram que seria uma partícula minúscula, pequena demais para ser filtrada, em vez de um fluido contagioso. Os vírus têm cerca de um centésimo do tamanho de uma bactéria média, e permaneceram invisíveis até a invenção do microscópio eletrônico no século XX.

As células são complicadas

No decorrer dos séculos XIX e XX, a melhora da microscopia revelou mais complexidade nas células. Foram encontradas as primeiras organelas (estruturas dentro da célula), embora nem sempre sua função fosse compreendida na hora. Na verdade, as organelas são fundamentais. Algumas executam os processos bioquímicos da vida, como metabolizar os alimentos (seja qual for a fonte) e liberar e armazenar energia.

A poderosa mitocôndria

A organela mais importante é a mitocôndria, geralmente chamada de "usina" da célula por ser responsável pela produção da maior parte do ATP (trifosfato de adenosina) que as células usam para armazenar energia química. Provavelmente, a mitocôndria foi observada pela primeira vez na década de 1840, mas só se estabeleceu como organela em 1894 com o patologista alemão Richard Altmann, que a chamou de "bioblasto".

CÉLULAS QUE VEEM

Uma das organelas mais surpreendentes e ainda enigmáticas descobertas numa célula é o oceloide desenvolvido por um tipo de plâncton chamado warnowiid. O oceloide parece um olho, mas tão sofisticado que, a princípio, os cientistas acharam que fosse o olho de algo que o warnowiid tivesse comido. Tem córnea, lente e corpo retinal. Sua provável função de olho do próprio warnowiid só foi descrita em 2015 por uma equipe de zoólogos da Universidade da Colúmbia Britânica.

O anatomista americano Benjamin F. Kingsbury foi o primeiro a ligar a mitocôndria à respiração celular em 1912, mas só em 1925 a sequência envolvida foi descoberta. A complexidade do processo de respiração celular continuou a se revelar durante o século XX. Em 1952, fotografias de alta resolução tiradas de um microscópio mostraram a estrutura das mitocôndrias e revelaram que ela varia de uma célula a outra. Algumas células não têm mitocôndrias (as hemácias do sangue são um exemplo), enquanto outras contêm milhares. Até 2016, os biólogos acreditavam que todos os organismos tinham mitocôndrias. Então se descobriu um eucarionte sem vestígio de mitocôndrias, o *Monocercomonoides*, microrganismo encontrado em ambientes pobres em oxigênio.

Ver menor, ver mais

Há sempre um limite à resolução possível com um microscópio óptico, e portanto ao tamanho do objeto que pode ser visto

O microscópio eletrônico pode ser usado para ver vírus e estruturas minúsculas dentro das células.

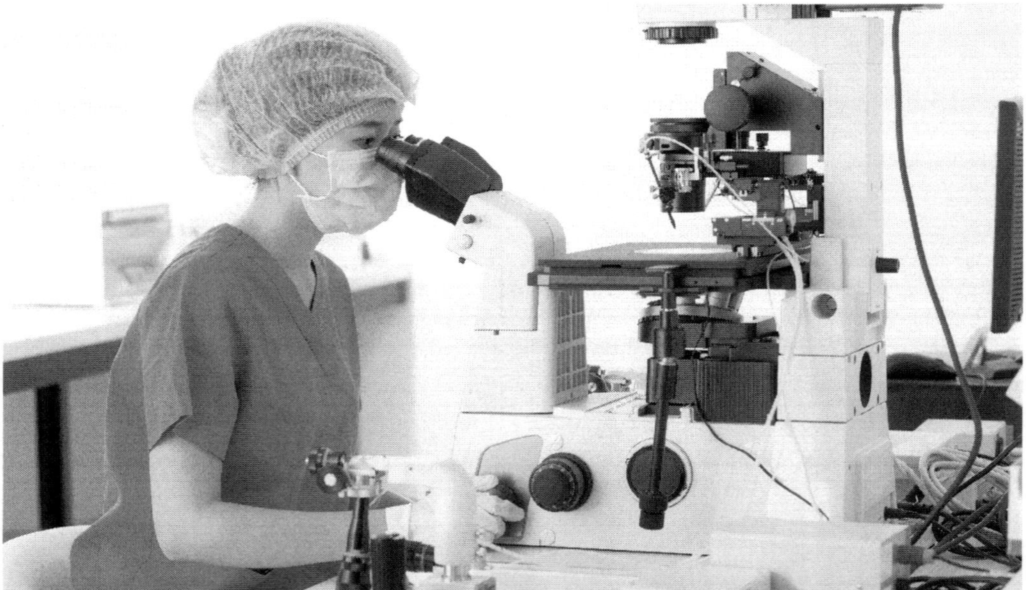

com clareza: cerca de 0.2 µm (ou 200 nm). O limite é determinado pela difração (espalhamento) das ondas luminosas e se relaciona com o comprimento de onda da luz visível, e não parecia haver nenhum jeito de contorná-lo. Mas é possível ver objetos menores usando um facho com comprimento de onda menor do que a luz visível. Um feixe de elétrons é uma solução; quando mais velozmente viaja o feixe, mais curto é seu comprimento de onda, que pode ser muito menor do que o da luz, e isso permite uma imagem de resolução mais alta antes que a difração se torne um problema. Um microscópio eletrônico moderno pode produzir uma resolução de 0,2 nm — mil vezes menos do que a resolução do melhor microscópio óptico.

O desenvolvimento do microscópio eletrônico começou em 1931 com o trabalho dos engenheiros eletricistas alemães Ernst Ruska (1906-1988) e Max Knoll (1897-1969). Eles foram as primeiras pessoas a ampliar a imagem de um elétron, embora ainda estivesse distante de um microscópio eletrônico bem sucedido. Rush construiu um protótipo de microscópio eletrônico em 1933 com uma resolução de 50 nm, mas sem utilidade prática. Os primeiros microscópios eletrônicos viáveis não tinham resolução melhor do que os bons microscópios ópticos, com a desvantagem de que o feixe deixava a amostra tão quente que quaisquer espécimes não metálicos se carbonizavam. O passo seguinte foi tratar as amostras com ósmio e cortá-las em fatias finíssimas para evitar a carbonização. Em 1938, surgiu um microscópio eletrônico útil, mas a Segunda Guerra Mundial impediu seu aprimoramento. Na década de 1960, chegou-se à resolução de 1 nm. Os microscópios eletrônicos modernos podem oferecer ampliação de dois milhões de vezes, suficiente para ver moléculas grandes isoladas.

Cabeça de uma donzelinha fotografada com um microscópio eletrônico de varredura.

Espécimes vivos não podem ser examinados no microscópio eletrônico, e se considerou impossível observar os processos que ocorrem em nível molecular.

E menor ainda

Com novas técnicas que lhes valeram um Prêmio Nobel de Química em 2014, os físicos Stefan Hell e William Moerner, juntamente com Eric Betzig, deram um jeito de usar um microscópio de luz como um tipo de flash para iluminar individualmente moléculas fluorescentes. As amostras não precisavam estar mortas. Hoje, alguns microscópios eletrônicos poderosos podem ser usados para observar os átomos e as ligações entre eles. Parece que agora podemos ver os menores operadores dos sistemas biológicos; só nos resta entender o significado do que vemos.

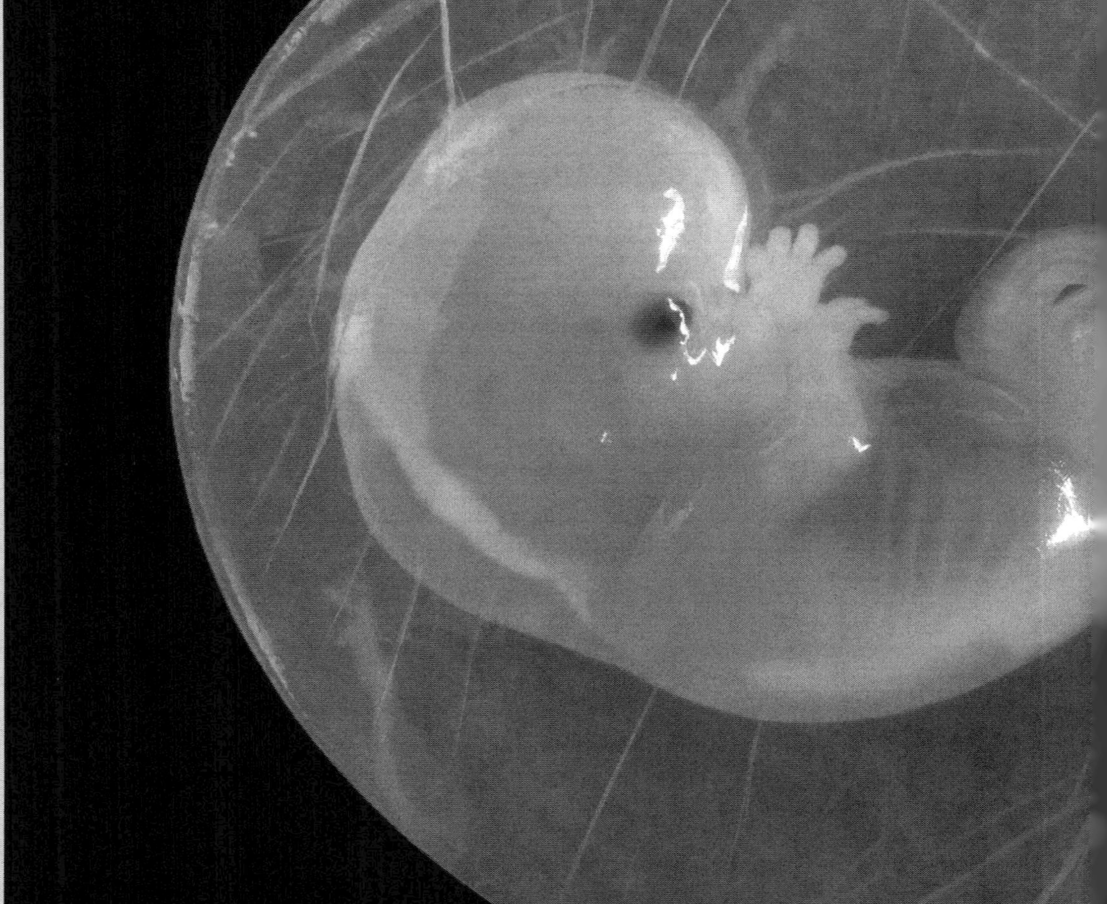

CAPÍTULO 5

A vida nova **VEM DA VELHA**

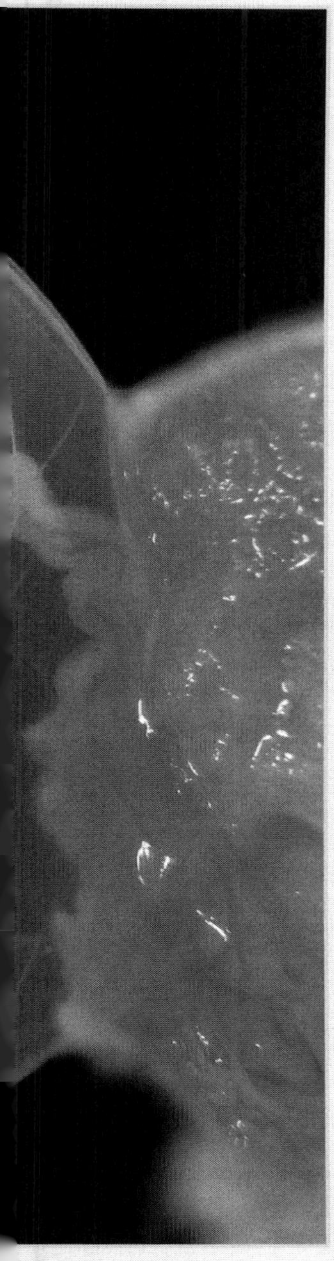

Nada virá do nada.

William Shakespeare,
Rei Lear, Ato I, Cena 1

A mecânica da reprodução de seres humanos e animais grandes sempre foi visível; mas os detalhes — a realidade biológica de como se faz uma nova vida — foram misteriosos por muitos anos.

Um embrião humano com sete semanas de gestação já é reconhecível como o organismo no qual acabará se transformando.

Terra fértil

Depois que uma mosca pousa numa carcaça ou num alimento apodrecido, há um intervalo de alguns dias até aparecerem as larvas. Portanto, não é tão surpreendente assim que, durante muito tempo, ninguém fizesse a conexão entre a mosca e a larva — que, afinal de contas, parecem muito diferentes. Em vez disso, supunha-se que as larvas eram simplesmente produzidas pela carne podre. Do mesmo modo, achava-se que as pulgas se geravam a partir da poeira, e os vermes, da lama. Algumas pessoas acreditavam até que pão e queijo envoltos em trapos produziriam a geração de camundongos, já que, quando se desembrulhavam os pacotes, era comum encontrar camundongos lá dentro. Esse processo, chamado "geração espontânea", foi aceito sem questionamento durante milhares de anos.

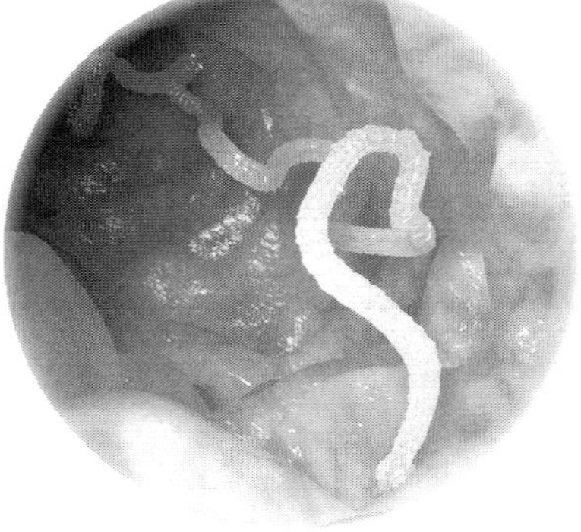

Quando um animal engole seu ovo, a solitária eclode e vive no intestino do animal; ela não é gerada por ele.

Algo do nada, afinal de contas

Aristóteles, tão cuidadoso ao examinar os processos do desenvolvimento embrionário, adotava a opinião popular de sua época de que alguns animais podiam surgir espontaneamente da matéria não viva pela ação do pneuma, ou "calor vital". O tipo de criatura produzida dependia das condições em que crescia. Ele achava que as ostras cresciam no limo, enquanto as vieiras e os mariscos cresciam na areia e as lapas e cracas, em buraquinhos das rochas.

Embora acreditasse que determinados animais podiam se gerar pela ação do calor em certos tipos de matéria inerte, alguns, de acordo com Aristóteles e outros, podiam ser produzidos dentro de outros animais. Essa era a única maneira de explicar criaturas claramente distintas como

"Agora há uma propriedade que se descobriu que os animais têm em comum com as plantas. Pois algumas plantas são geradas das sementes das plantas, enquanto outras plantas são autogeradas pela formação de algum princípio elementar semelhante a uma semente; e destas últimas plantas, algumas derivam sua nutrição do solo, enquanto outras crescem dentro de outras plantas, como mencionado, aliás, em meu tratado sobre Botânica. E com os animais, alguns brotam de animais genitores, de acordo com seu tipo, enquanto outros crescem espontaneamente e não de outros iguais; e desses casos de geração espontânea, uns vêm de matéria vegetal ou terra putrefata, como é o caso de vários insetos, enquanto outros são gerados espontaneamente no interior de animais, a partir das secreções de seus vários órgãos."

Aristóteles, Da geração dos animais, livro V, 1ª parte, século IV a.C.

a solitária, que cresce dentro do corpo dos animais. Sem conhecer o ciclo de vida dos parasitas, a explicação mais lógica era que seriam gerados pelo hospedeiro.

Uma lenta mudança

O questionamento da geração espontânea foi lentos. Para os cristãos medievais, a Bíblia parecia sustentar a noção, com versículos no Gênesis como "produzam as águas abundantemente répteis de alma vivente" (Gênesis 1, 20) e Adão sendo criado de barro. Shakespeare se referiu à geração espontânea de cobras e até crocodilos na lama em Antônio e Cleópatra: "Tua Serpente do Egito cria-se agora de tua lama pela ação de teu Sol; o mesmo acontece com teu crocodilo" (o que é bem esquisito, já que os ovos de cobras e crocodilos são grandes e bem visíveis).

Quando havia críticas à ideia, geralmente não era por razões científicas. Jan Swammerdam, o naturalista holandês do século XVII, rejeitou a geração espontânea não com base na biologia ou na lógica, mas porque achava a ideia uma blasfêmia.

Geração espontânea de dúvidas

O primeiro questionamento real da noção de geração espontânea veio do biólogo italiano Francesco Redi. Em 1668, no novo espírito da experimentação, Redi se dispôs a provar que as larvas não se geravam diretamente da carne apodrecida e eram a consequência de moscas que punham seus ovos ali.

ENGUIAS — UM CASO COMPLICADO

Aristóteles afirmava que as enguias não tinham sexo nem orifício para liberar crias ou ovos. Isso tornaria bem complicado qualquer tipo de geração natural, e ele concluiu que elas vinham das minhocas. Quatrocentos anos depois, Plínio, o Velho, defendeu que elas se reproduziam por brotamento e que os adultos arrancavam de si os filhotes esfregando-se nas pedras. No início do século II, Ateneu escreveu sobre enguias que exsudavam limo que, quando caía na lama, gerava novas enguias. Ele também questionou a opinião de Aristóteles de que as anchovas vinham das ovas e afirmou que elas nasciam na espuma do mar. É compreensível que a origem das enguias fosse obscura, já que esses animais viajam para procriar longe da Europa e, assim, sua cópula e seus ovos nunca eram vistos. Na verdade, muitos aspectos do ciclo de vida da enguia continuam obscuros até hoje.

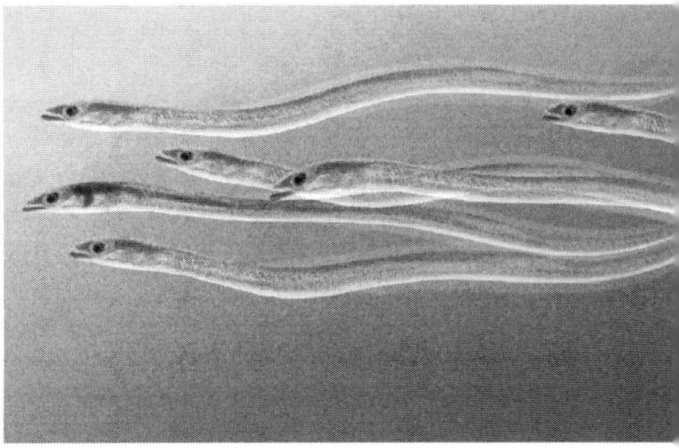

RECEITA DE ESCORPIÕES

"Quando é colocada num frasco inclinado sobre vapores da fermentação, a água da fonte mais pura se putrefaz, gerando larvas. Os vapores que sobem do fundo de um pântano produzem rãs, formigas, sanguessugas e vegetação [...]Cave uma reentrância num tijolo, encha-o de manjericão esmagado e cubra o tijolo com outro, de modo que a reentrância fique completamente fechada.

Exponha os dois tijolos ao sol e descobrirá que, em poucos dias, os vapores do manjericão, como agente fermentador, terão transformado a matéria vegetal em escorpiões de verdade [...].

"Se uma camisa suja for colocada na abertura de uma vasilha que contenha grãos de trigo, a reação do fermento na camisa com os vapores do trigo, depois de cerca de vinte e um dias, transformarão o trigo em camundongos."

Jan Baptist van Helmont, 1671

Ele pegou três pedaços de carne e pôs cada um num vidro. Um ficou aberto ao ar, outro foi coberto com uma tela e o último ele vedou completamente. De forma nada surpreendente para nós, o vidro aberto logo estava cheio de larvas. No vidro coberto com tela, as larvas eclodiram no lado de baixo da tela, porque as moscas pousaram nela e puseram os ovos nos furos. O vidro vedado não tinha larvas. Isso provou, de forma bastante conclusiva, que as larvas não se criam na carne e eclodem dos ovos das moscas. O trabalho de Redi foi recebido com entusiasmo por muitos cientistas; apenas três anos depois, o naturalista John Ray escreveu à Royal Society dizendo que Redi "dera um bom passo para provar" que os organismos não são gerados espontaneamente.

Mas isso não foi suficiente para convencer. Embora as criaturas que podiam ser vistas claramente a olho nu (moscas e camundongos, por exemplo) não se gerassem espontaneamente, não havia como provar que os micróbios minúsculos que os microscopistas tinham descoberto eram ou não gerados assim. Georges-Louis Louis, conde de Buffon, tinha bastante certeza que eram. Em 1777, ele explicou que as moléculas orgânicas de um cadáver em decomposição são liberadas e perambulam até serem capturadas para fazer parte de outro corpo substancial. Entrementes, ficam disponíveis para formar microrganismos:

"No intervalo em que as moléculas orgânicas se deslocam livremente dentro da matéria de

Francesco Redi provou conclusivamente que as moscas não se geram espontaneamente na carne.

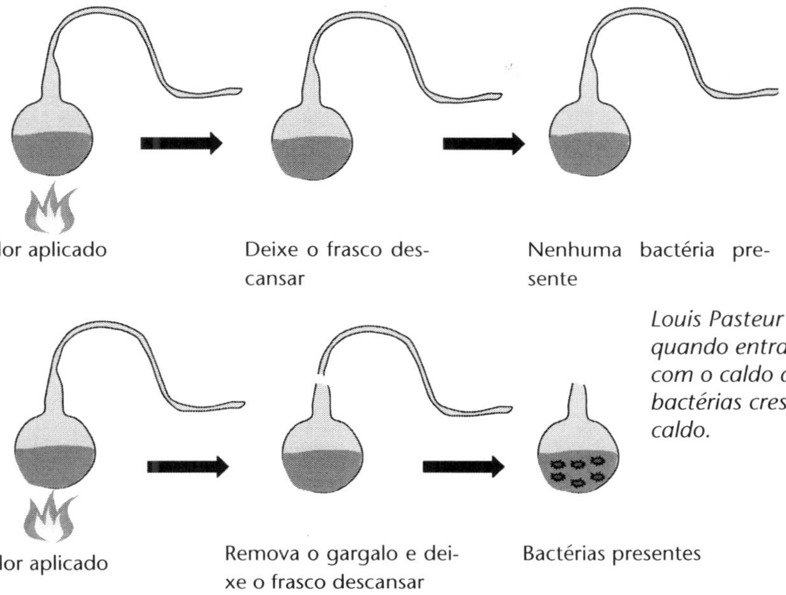

Louis Pasteur demonstrou que só quando entram em contato direto com o caldo depois de fervido as bactérias crescem e estragam o caldo.

corpos mortos e decompostos [...] essas moléculas orgânicas, sempre ativas, reelaboram a substância putrefata, apropriando-se de partículas mais grosseiras, reunindo-as e criando uma miríade de pequenos corpos organizados. Destes, alguns, como minhocas e cogumelos, se parecem com animais ou vegetais relativamente grandes, enquanto os outros, de número quase infinito, só são visíveis sob o microscópio. Todos esses corpos surgem apenas por geração espontânea."

Mas aumentavam os indícios a favor do argumento contrário. Por volta de 1729, o botânico italiano Pier Antonio Micheli descobriu que, se tirasse esporos de um fungo e os colocasse em fatias de melão, o mesmo tipo de fungo logo cresceria no melão. Ele concluiu que os fungos não são produzidos por geração espontânea. Em 1768, o biólogo italiano Lazzaro Spallanzani ferveu caldo em frascos selados, dos quais o ar tinha sido retirado. Como esperava, ele descobriu que o caldo não se estragava, desde que o frasco permanecesse selado. Os adversários, no entanto, implicaram com a remoção do ar. Será que os microrganismos dos frascos morreram por falta de ar?

Pasteur tira a espontaneidade da geração

O microbiólogo francês Louis Pasteur (ver as páginas 100 a 102) foi quem disse, de forma retumbante, que nem os microrganismos se geram espontaneamente a partir da matéria. Numa aula na Sorbonne em 1864, Pasteur contestou a experiência de Felix-Archimede Pouchet, diretor do Museu de História Natural de Ruão, que afirmava ter demonstrado que os microrganismos não são nem podem ser levados pelo ar. Ele demonstrou que Pouchet não excluiu eficazmente os contaminantes aé-

> *"A doutrina da geração espontânea jamais se recuperará do golpe mortal dessa simples experiência. Não há circunstância conhecida em que se possa confirmar que seres microscópios cheguem ao mundo sem germes, sem genitores a eles semelhantes."*
>
> Louis Pasteur, 1864

reos da experiência e introduziu as bactérias que afirmava serem geradas espontaneamente.

Em sua experiência, Pasteur ferveu caldo em dois frascos de gargalo comprido e curvo. Depois, quebrou o gargalo de um dos frascos, expondo ao ar o caldo que esfriava. O gargalo do outro ficou intacto. O caldo do frasco quebrado logo começou a se estragar, e Pasteur mostrou a presença de micróbios nele. O caldo do frasco intacto não se estragou. Embora o ar pudesse entrar pelo gargalo, os micróbios não conseguiam se deslocar contra a gravidade e subir pelo outro lado da curva; eles simplesmente caíam no fundo da curva e ali ficavam. Foi uma experiência bastante conclusiva, mas Pouchet e outros entusiastas continuaram a defender a geração espontânea dos micróbios. Foram necessárias mais algumas décadas para que os últimos geracionistas espontâneos mudassem de ideia ou morressem.

Comecemos pelo princípio

Se nada vem do nada, como diz o rei Lear, de onde vem a vida?

Hipócrates (460-370 a.C.), considerado o pai da medicina ocidental, acreditava que o sêmen masculino e feminino têm de se misturar no corpo da fêmea depois do coito e que dessa mistura se desenvolve o embrião. Aristóteles, cerca de cinquenta anos depois, deu à fêmea um papel muito menos interessante. Seu tratado *Da geração dos animais* é a primeira teoria abrangente da reprodução e do desenvolvimento embrionário. Aristóteles defendia que a reprodução dos animais se baseia no esperma masculino, que fornece a essência e a natureza do novo organismo, e no sangue menstrual nutritivo da fêmea para fornecer o material do qual ele é feito. Em essência, era o que Ésquilo dissera em 458 a.C.: o macho era o pai, a fêmea uma "cuidadora da jovem vida semeada dentro dela".

Machos com defeito

Seria de supor que, se a fêmea não contribui com nada para a natureza do organismo, todos os filhotes seriam machos, e o sistema desmoronaria no primeiro tropeço e a espécie seria eliminada depois da primeira geração. Mas Aristóteles explicou que a gestação só resultaria num macho que fosse uma cópia exata do pai se a

O frasco de Pasteur tinha o gargalo curvo, de modo que as bactérias não conseguiam passar do exterior para o líquido lá dentro porque ficavam presas no gargalo.

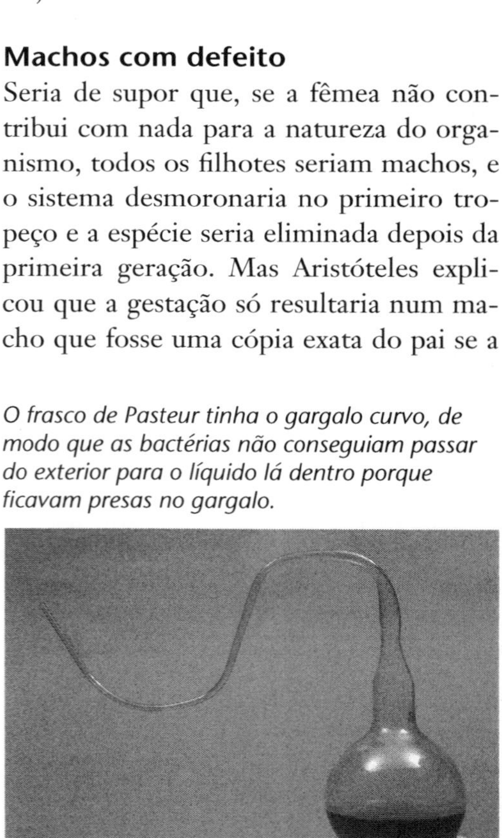

Representação medieval de Hipócrates lendo.

gestação ocorresse perfeitamente segundo o plano. As perturbações do padrão podem provocar filhotes imperfeitos, como fêmeas, machos que se parecem com a mãe, fêmeas que se parecem com o pai e reaparições que lembram algum antigo ancestral.

O modelo de geração de Aristóteles se baseava em sua teoria de que a existência tem quatro "causas": causa final, causa formal, causa material e causa eficiente. A causa final é o supremo propósito de uma entidade; a causa formal, sua essência ou existência; a causa material, aquilo de que é feita; e a causa eficiente, o que a traz à existência. Ao examinar a reprodução, as duas primeiras são bastante próximas: as causas final e formal da reprodução são produzir um novo organismo. A causa material é o que produz o organismo (o sangue menstrual da mãe), e a causa eficiente é o que faz o novo organismo ser como é, ditada pela contribuição do pai. Parecia fazer sentido que o embrião fosse construído ou alimentado pelo sangue menstrual, já que a menstruação fica suspensa durante a gravidez; achava-se que esse sangue deveria ir para algum lugar.

Quatro tipos

Aristóteles dividiu a reprodução animal em quatro tipos. Os animais podem ser vivíparos (dão à luz filhotes vivos), ovíparos (põem ovos) com ovos de casca dura, ovíparos com ovos sem casca e ovovivíparos, como os peixes que nascem de ovos dentro do corpo da mãe. Ele fez descrições do coito e do desenvolvimento embrionário dos diversos tipos. Mas também afirmou que alguns tipos de criatura podiam surgir espontaneamente, com a geração espontânea como alternativa à reprodução sexuada daquelas espécies.

Espermatozoides grudados num óvulo humano; somente um penetra e fecunda o óvulo.

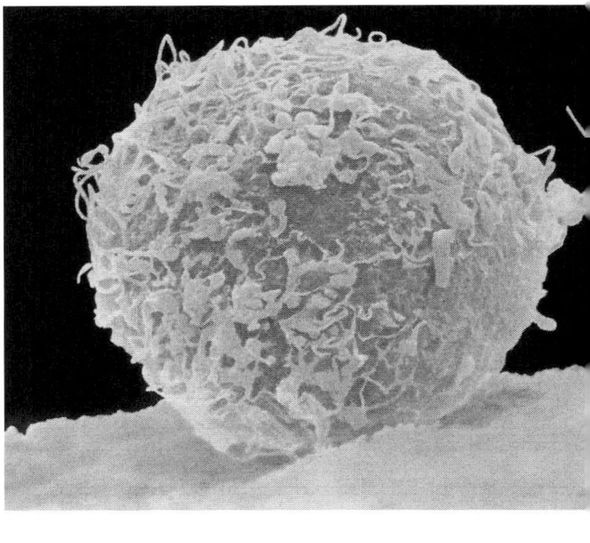

Tudo em ordem

Muitos estudos de embriologia foram realizados com ovos de galinha. Eles são fáceis de obter, desenvolvem-se depressa (levam cerca de três semanas para incubar a termo) e, para a maioria dos biólogos, são fáceis de descartar sem muitos escrúpulos. Aristóteles examinou os ovos de galinha em desenvolvimento e concluiu que o embrião tira matéria da gema para formar seu corpo e que as partes do embrião se desenvolvem numa sequência fixa: primeiro o coração, depois os outros órgãos internos e em seguida as características externas. Ele sugeriu que a ordem de desenvolvimento teria relação com a importância de cada parte do organismo desenvolvido. A ideia de que o corpo se desenvolve devagar, formando matéria organizada a partir de matéria homogênea, se chama "epigênese". A descrição moderna da epigênese explica que as células do embrião começam a se diferenciar e dão origem aos diversos tecidos e órgãos conforme o embrião se desenvolve, seguindo uma sequência fixa. Era comum os primeiros defensores da epigênese errarem a ordem do desenvolvimento, e alguns achavam que certos órgãos surgiam dos outros, mas o princípio básico era sólido.

Era possível observar o desenvolvimento de embriões não humanos (geralmente, pintos) e, às vezes, os anatomistas tinham a oportunidade de ver um ser humano parcialmente formado, mas não havia como entender melhor o início do processo de geração antes da invenção do microscópio.

Corpo e alma

No caso dos seres humanos, uma afirmativa muito influente de Aristóteles foi o momento em que a alma racional chega ao feto. Ele disse que isso acontecia no 40º dia de gestação para o feto masculino e 80º dia de gestação no feto feminino. Os filósofos cristãos, principalmente Tomás de Aquino, consideraram este último prazo como o momento em que o feto se torna um ser humano com alma. (A Igreja católica sustenta que a aquisição da alma acontece no momento da concepção.)

Pouco progresso se fez em termos de embriologia prática antes do século XVI. Os escritores da Idade Média preocupados com os nascituros estavam mais interessados nos aspectos teológicos: quando e de que modo o feto adquiria a alma e como o caráter e a forma dos filhos refletia a saúde

PRIMEIRA EXPERIÊNCIA DA EMBRIOLOGIA

Talvez o primeiro caso registrado de pesquisa em embriologia venha dos textos de Hipócrates, por volta de 460 a.C. O experimentador é instruído a pegar vinte ou mais ovos de galinha, dá-los a galinhas para serem chocados e, a partir do segundo dia em diante, pegar um deles e quebrá-lo para observar o desenvolvimento do embrião. "Encontrarás tudo como digo, na medida em que uma ave pode se parecer com um homem. Aquele que já não tenha feito essas observações se espantará ao encontrar um cordão umbilical no ovo de uma ave. Mas é assim que são as coisas."

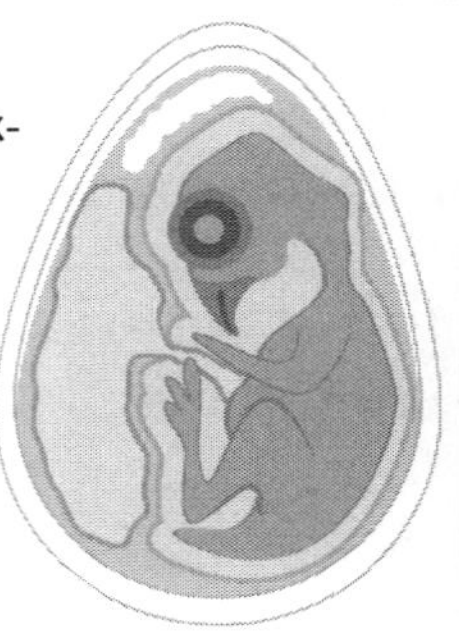

A aquisição da alma pelo feto humano é mostrada neste manuscrito de Liber Scivias, de Hildegarda de Bingen. A alma viaja por um tubo dourado do céu até o útero da mulher.

espiritual dos pais. A filósofa alemã Hildegarda de Bingen (1098-1180) deu pouco consolo aos pais desafortunados cujos filhos nascessem com deformidades, pois a culpa era considerada deles: "A coisa daí nascida é deformada, pois pais que pecaram contra [Deus] retornam a [Deus] crucificados nos filhos."

A primeira pessoa a fazer desenhos anatômicos detalhados de embriões humanos em desenvolvimento foi Leonardo da Vinci, em 1510 e 1512. Suas ilustrações mostram a placenta de uma vaca, mas o embrião humano está bem observado.

Veados e ovos de veado

William Harvey é mais conhecido pelo trabalho sobre circulação do sangue (ver as páginas 58 a 61), mas também estudou embriologia. Ele passou muitos anos examinando embriões de galinha e dissecou fêmeas grávidas de veado das reservas de caça do rei para finalmente publicar Exercitationes de Generatione Animalium (Ensaios sobre a geração dos animais) em 1651. A obra não foi bem recebida. Harvey foi meticuloso na tentativa de apresentar provas experimentais da descrição aristotélica, mas seus achados não sustentaram a afirmativa de Aristóteles de que o embrião começa a se desenvolver imediatamente após o coito e que cresce a partir da massa de sangue menstrual ativada pelo sêmen. Harvey dissecou fêmeas de veado a intervalos crescentes após o coito e descobriu que não havia indícios visíveis do embrião antes que se passassem pelo menos seis ou sete semanas nem nenhuma mistura de sangue e sêmen. (Ele trabalhava sem microscópio, logo isso significava nada visível a olho nu.) Suas observações

COMO CONTORNAR A FÊMEA

Paracelso, um médico itinerante e excêntrico do século XVI, criou uma receita para fazer um bebê humano sem recorrer a mulheres. Ele recomendava pegar o sêmen e permitir que se putrefizesse durante quarenta dias, talvez aquecido (o significado não fica totalmente claro) numa incubadora alimentada por esterco de cavalo. Depois, ele deve ser alimentado com sangue humano durante quarenta dias. Não há registro de que ele tenha tentado esse método.

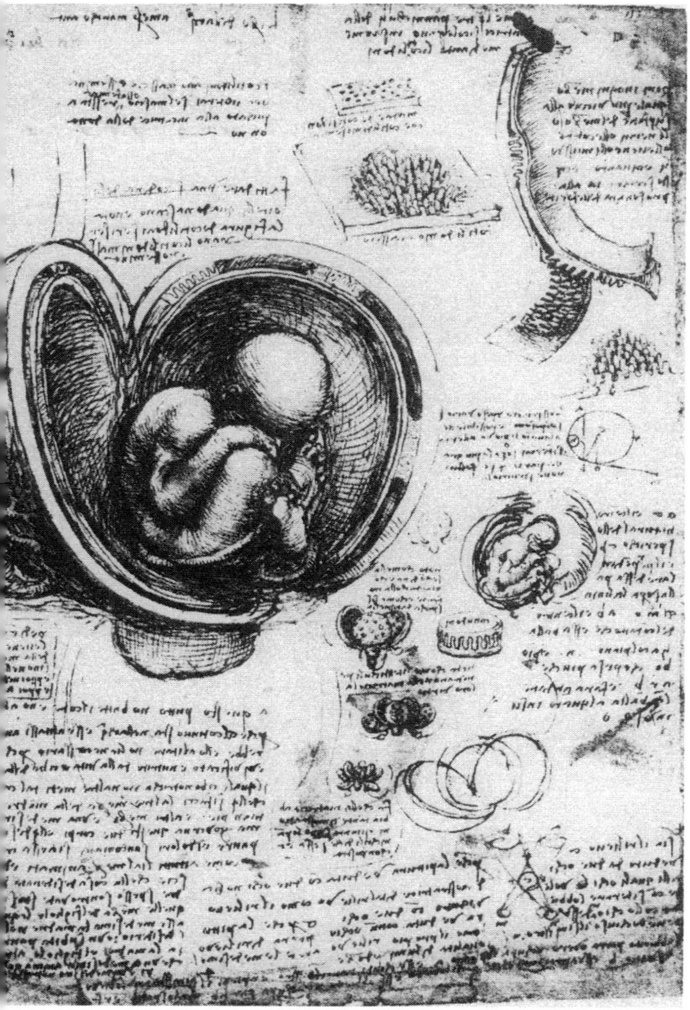

Desenho de Leonardo da Vinci de um feto humano no útero.

Pré-formado ou em crescimento?

Embora Aristóteles deduzisse corretamente que o embrião se desenvolve em estágios, os textos hipocráticos, datados do século V a.C., afirmavam que:

"Tudo no embrião se forma simultaneamente. Todos os membros se separam ao mesmo tempo e crescem, nenhum vem antes nem depois do outro, mas aqueles que são naturalmente maiores aparecem antes dos menores, sem serem formados mais cedo."

Essa é a teoria pré-formacionista. Em geral, a descrição de Aristóteles recebeu mais favor e dominou até o século XVII. Então, apesar dos achados de Harvey, a popularidade do pré-formacionismo cresceu. Ironicamente, foi o impulso de tornar a biologia explicável e arrancá-la das noções espirituais que levou à popularidade de um modelo que ia contra todos os indícios experimentais.

Galeno (ver a página 49), por outro lado, fez uma descrição extraordinariamente moderna da epigênese:

"A gênese não é uma atividade simples da Natureza, mas se compõe de alterações e mudanças de forma. Ou seja, para que ossos, nervos, veias e todos os outros tecidos passem a ter existência, a substância subjacente da qual brota o animal tem de ser alterada; e para que adquira seu for-

confirmaram que o desenvolvimento do embrião se dava por epigênese, com os órgãos desenvolvendo-se em sequência e o embrião se parecendo cada vez mais com um filhote com o passar do tempo. Ele chegou à conclusão de que uma "aura seminal" vitalizante revigorava o material que se tornaria o novo organismo. Isso não era mecânico e se opunha ao modelo promovido pelo trabalho de Harvey sobre a circulação.

> *"Na semente estão encerradas todas as partes do corpo do homem que será formado. O bebê que nasce do útero da mãe tem as raízes da barba e do cabelo que exibirá um dia. Do mesmo modo, nessa pequena massa estão todas as feições do corpo e aquilo que a posteridade nele descobrirá."*
>
> Sêneca (3 a.C.-65 d.C.), *Questiones Naturales*, livro III, capítulo 29

mato e posição apropriadas, suas cavidades, excrescências e ligações, a substância assim alterada tem de passar por um processo de formação."

A tensão entre as duas descrições continuou durante séculos. A existência da controvérsia era abertamente admitida; ao decidir sobre a lei eclesiástica contra o aborto, os bispos do Concílio Quinissexto, realizado em Bizâncio em 692, observaram: "Não prestamos atenção à distinção sutil de o feto ser formado ou não formado".

Partes infinitesimais

A tendência do século XVII de ver os corpos como mecânicos foi um desafio para as teorias da geração. Como a criação de um organismo inteiro se realizaria mecanicamente com cada pedaço crescendo no lugar certo? Como explicar a geração de maneira a não precisar de nenhuma "fagulha vital" do tipo que Descartes queria negar? No caso, o surgimento do cálculo diferencial e a ideia de algo infinitamente divisível sugeriram uma solução: a pré-formação poderia oferecer o que faltava.

Se as coisas podiam ser divididas várias e várias vezes em partes cada vez menores, como indicava o cálculo, não haveria razão para a geração não começar com uma versão muito minúscula do filhote final, que crescia lentamente assim que se iniciava seu desenvolvimento. O filósofo francês Nicolas Malebranche (1638-1715) reuniu as lições do cálculo e do pré-formacionismo para sugerir que, na verdade, todas as criaturas que já viveram e que viverão foram criadas por Deus num único ato de Criação e que as gerações futuras estão aninhadas umas nas outras, como as matriochkas russas, desdobrando-se uma de cada vez.

> *"O germe de um corpo organizado, a semente de uma planta ou o embrião de um animal, em seu primeiro estado discernível, descobre-se agora ser a futura planta ou animal em miniatura, contendo tudo o que lhe é essencial quando crescido, precisando apenas ter os vários órgãos aumentados e os interstícios preenchidos com matéria nutritiva externa. Quando a forma externa sofre a maior mudança, como a do inseto aquático para o mosquito voador, a lagarta para a crisálida, a crisálida para a borboleta ou o girino para a rã, não há nada novo na organização; todas as partes do mosquito, da borboleta e da rã já existem realmente, embora não aparentes para o observador comum sob a forma em que são vistos primeiro. Da mesma maneira, tudo o que é essencial para o carvalho se encontra na bolota."*
>
> Joseph Priestley, 1803

A teoria de Malebranche imaginava todas as gerações já presentes nos genitores, como matriochkas russas.

Até a observação rudimentar ao microscópio derrubaria rapidamente a teoria da pré-formação, mas seu ressurgimento persistiu durante mais de dois séculos. Em 1803, o químico Joseph Priestley (ver as páginas 74 e 75) ainda repetia explicações essencialmente pré-formacionistas do crescimento do embrião.

Mães e pais

Para ser pré-formado, cada novo organismo tem de estar escondido dentro do pai ou da mãe. É claro que quem fornece o organismo inteiro terá um papel muito mais importante do que o outro genitor. Os pré-formacionistas se dividiam em dois campos: os ovulistas, que acreditavam que a prole pré-formada estava latente na mãe, e os espermistas que achavam que estava presente no pai. (As palavras "ovulista" e "espermista" não eram usadas na época.)

"Ex ovo omnia"

Em 1651, William Harvey (ver as páginas 115 e 116) cunhou a expressão "*ex ovo omnia*" ("tudo vem do ovo"), mas não foi uma descoberta tão grande quanto parece hoje. Fabricius, professor de Harvey, tinha sugerido que a maioria dos animais vêm de ovos, de um modo ou de outro.

SEMENTES COAGULADAS

Alberto Magno (c.1200-1280) era um frade e bispo dominicano que escreveu sobre grande variedade de temas e dissecou vários embriões de peixe e galinha em seus estudos de embriologia. Ele acreditava que as "sementes" da mulher coagulavam quando expostas ao sêmen, como o queijo que coagula quando se acrescenta renina. Esse glóbulo coagulado formava o embrião por meio do contato com o sangue menstrual nutritivo (que Aristóteles afirmava fornecer a matéria-prima para o crescimento do embrião).

No século XIII, Alberto Magno foi responsável por chamar a atenção para as obras de Aristóteles.

Depois de seus próprios estudos embriológicos, Harvey concluiu que tudo vem do ovo — mas ele não queria dizer um óvulo, uma célula como a conhecemos. Em vez disso, ele considerava que o ovo era "um certo algo corpóreo que tem vida *in potentia*" e, ao que parece, considerou que os primeiros estágios do embrião (assim que ficava visível a olho nu) eram o "ovo". Isso realmente torna sua declaração incontestável, já que, em essência, significa que tudo cresce a partir da primeira forma perceptível. No entanto, ela excluía a geração espontânea, o que, na época, era um considerável salto no escuro.

Em 1666 e 1667, os biólogos holandeses Jan Swammerdam (ver as páginas 92 a 94) e Jan van Horne trabalharam com reprodução de insetos e com o útero de mamíferos. Com a técnica de Swammerdam de injetar cera em estruturas moles para preservar seu formato, os dois realizaram uma série de dissecações e chegaram à conclusão de que os ovários produzem óvulos e não, como antes se pensava, algum tipo de fluido seminal feminino. (Harvey fora incapaz de encontrar alguma coisa — nem óvulos, nem "sêmen" — nos ovários.) Eles concluíram que os óvulos se deslocavam por peristaltismo (o tipo de movimento muscular que força a comida a avançar pelo intestino) até o útero. Quando encontra o espermatozoide no útero, o óvulo se desenvolve até virar um bebê, e o espermatozoide forneceria a alma viva essencial.

O trabalho de Swammerdam com a metamorfose de insetos e rãs parecia dar sustentação à pré-formação. Ele encontrou as patas do girino prontas a eclodir antes de serem visíveis, e sua dissecação de uma crisálida de borboleta revelou a borboleta inteira dobrada lá dentro. Ele concluiu que provavelmente ela estava lá desde o princípio, escondida dentro da lagarta e, presumivelmente, do ovo.

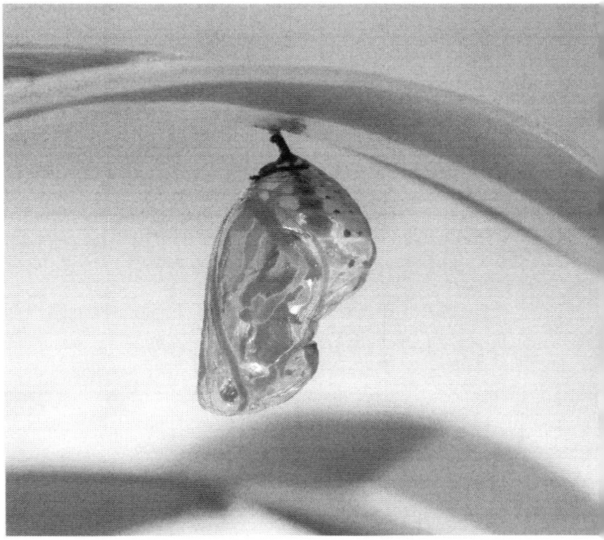

Uma lagarta se transforma em borboleta dentro de uma crisálida, mas não há nenhuma borboleta totalmente formada escondida na lagarta.

O microscopista Malpighi (ver as páginas 87 e 88), que observou capilares e alvéolos, focalizou suas lentes no embrião de galinha e revelou detalhes de estágios de desenvolvimento anteriores aos que já tinham sido descritos. Embora não afirmasse explicitamente que apoiava a pré-formação, ele afirmou ter visto um pinto pré-formado num ovo não incubado. Como morava na Itália, onde um ovo deixado ao sol forte poderia começar a chocar, essa não foi uma prova realmente conclusiva da pré-formação, mas na época desviou o debate na direção da pré-formação ovulista.

O naturalista suíço Charles Bonnet (1720-1793) foi o primeiro a demonstrar experimentalmente que os afídeos podem dar à luz seus filhotes por partenogênese e considerou esta uma prova conclusiva da pré-formação. O fenômeno fora descrito havia muito tempo, mas nunca confirmado por experiências. Seus estudos revelaram que as fêmeas que se reproduziam no verão davam à luz, mas as que se reproduziam mais perto do inverno acasalavam com os machos e punham ovos. Ele conseguiu produzir uma linha de nove gerações por partenogênese e, com base em seu sucesso, concluiu que toda fêmea continha dentro de si os "germes" de todos os futuros descendentes. O germe se transformaria em prole quando adequadamente nutrido, e um método de nutrição comumente usado em organismos "mais elevados" era o esperma.

Quando estendeu a teoria para outros organismos, Bonnet enfrentou alguns problemas. Muito devoto, quanto suas experiências com hidras e pólipos revelaram, em 1741, que novos organismos podiam ser gerados a partir de membros removidos de um adulto, ele se perturbou com a conclusão de que, portanto, a alma (da hidra ou pólipo!) não era indivisível e única. Sua solução foi sugerir que os germes desses animais estão espalhados pelo corpo (e assim um novo animal poderia crescer a partir de um membro ou outro fragmento), mas na verdade os germes não contêm a essência de um indivíduo único. Em vez disso, eles detêm um tipo de plano da espécie, e as características do indivíduo se formam por fatores externos, como a alimentação e o ambiente do corpo da mãe. Como Malebranche, Bonnet queria acreditar que todas as gerações de todos os organismos foram criadas por Deus de uma vez só no início do mundo.

A defesa do espermatozoide

O espermatozoide foi anunciado pela primeira vez em 1677 por Stephen Hamm e Anton von Leeuwenhoek (ver a página 91). Auxiliados, sem dúvida, pelo espaço

UMA BELA EXPERIÊNCIA

Bonnet demonstrou a partenogênese com uma experiência cuidadosa que, na época, foi considerada excepcional pelo projeto e pela execução meticulosa. Ela foi proposta pelo cientista francês René Antoine de Réaumur (1683-1757), que não conseguiu fazê-la funcionar.

Bonnet prendeu um único afídeo e o isolou num vidro com uma folha. Então, observou seu afídeo solitário das quatro ou cinco da manhã até as dez ou onze da noite, todos os dias, registrando suas atividades (embora seja difícil imaginar que houvesse muitas atividades para escolher). Dentro de um mês, nasceu o primeiro filhote da prole de sua "pequena prisioneira"; outros 94 se seguiriam em vinte e um dias. Essa única experiência com um único afídeo foi suficiente para Bonnet ser louvado pela Academia de Ciências de Paris; ele se tornou seu membro correspondente mais jovem. Em experiências subsequentes, ele criou gerações sucessivas de afídeos a partir de uma única mãe virgem.

para a imaginação oferecido pela má qualidade dos microscópios, alguns "viram" a confirmação do pré-formacionismo, com seres humanos minúsculos dobrados na cabeça dos "animálculos" do sêmen. O desenho de um espermatozoide feito pelo físico holandês Nicolaas Hartsoeker em 1695 (ao lado) mostra como era fácil fazer isso.

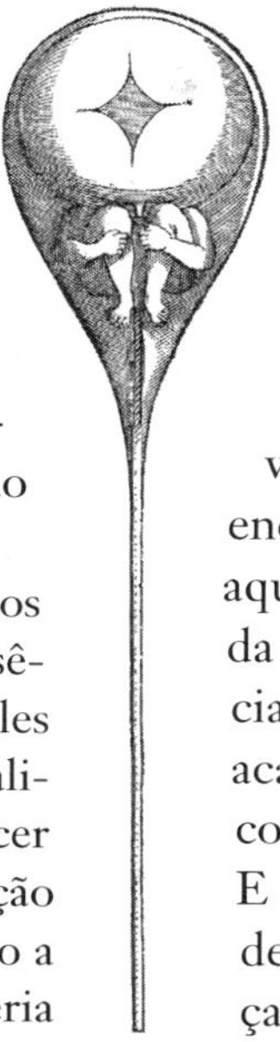

A representação imaginosa de um espermatozoide feita por Hartsoeker mostra um proto-humano minúsculo encolhido em sua cabeça.

Leeuwenhoek, por sua vez, viu os "pequenos animais do esperma" no sêmen e achou que provavelmente eles migravam para os ovários, onde se alimentavam e cresciam para se parecer com óvulos. Ele defendeu a pré-formação espermista mesmo tendo testemunhado a partenogênese dos afídeos em 1677. Seria de supor que isso teria levado Leeuwenhoek a favorecer a pré-formação ovulista. Mas ele tinha tão pouca disposição a abrir mão do papel vital do macho que inventou uma explicação: na verdade, o afídeo é um animálculo espermático — portanto, macho — e por isso contém a própria prole. Bela tentativa.

Juntando as peças

Spallanzani (ver as páginas 65 e 66), que mantinha intensa correspondência com Bonnet, era outro ovulista. Ele considerava que sua descoberta de que os óvulos de rã crescem enquanto ainda estão dentro da mãe provava que o bebê de rã pré-existia no óvulo não fecundado; senão, como o óvulo cresceria? Mas ele era um experimentador dedicado, e comprovou que o espermatozoide era essencial para o crescimento do embrião.

Lineu afirmara que a fecundação nunca ocorre fora do corpo, mas, a partir de 1771, Spallanzani provou que não era assim em suas experiências com rãs. Ele matou rãs durante o coito e comparou o desenvolvimento dos óvulos que tinham encontrado o espermatozoide com aqueles dissecados de dentro do corpo da rã. Fez calças justas de tafetá especiais para rãs e deixou que tentassem acasalar; assim, descobriu que nesses coitos os óvulos não se desenvolviam. E inseminou artificialmente os óvulos de rã com o esperma recolhido das calças. (Lavar o esperma das calças de rã deve ter sido uma das tarefas mais esquisitas já realizadas por um biólogo!) Sua conclusão foi que o sêmen é necessário para a fecundação, e que esta pode ser externa e obtida por meios artificiais; ele também realizou inseminação artificial em sapos, bichos-da-seda e uma cadela. Mas, apesar de muitas experiências, não conseguiu determinar se o agente fertilizador era o líquido do sêmen, o espermatozoide (que considerava um parasita) ou alguma "aura" como o magnetismo, como afirmara Harvey. Ele considerou a questão além da compreensão humana.

No outro lado da cerca entre epigênese e pré-formação, o fisiologista ale-

> *"Certo dia, o que descobristes [a inseminação artificial] poderá se aplicar à espécie humana, com fins que mal podemos imaginar."*
>
> Charles Bonnet a Spallanzani, 1781

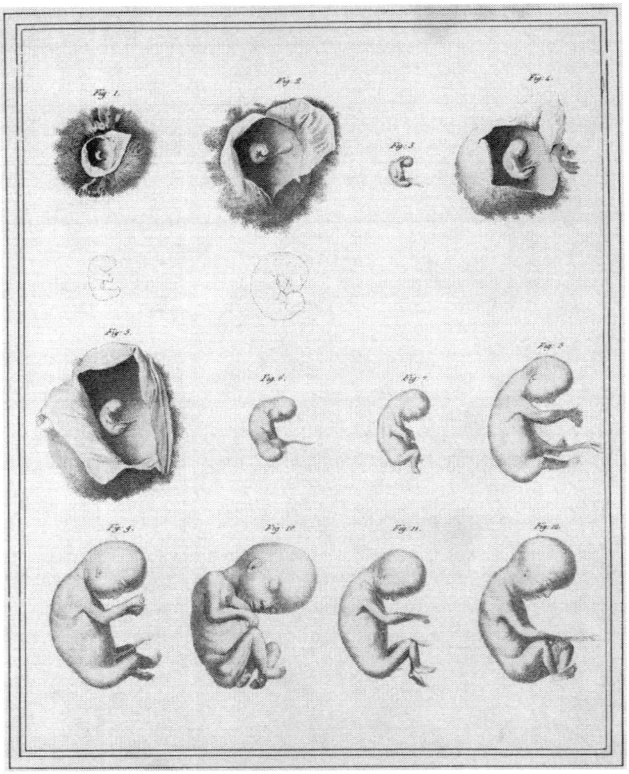

O início do desenvolvimento fetal em estágios até o quarto mês de gestação, de um atlas de anatomia francês do médico e cirurgião Jules Germain Cloquet, 1825.

mão Caspar Wolff (1733-1794) também admitia que algumas coisas estavam além da capacidade do conhecimento humano. Em seu caso, era o mecanismo pelo qual ocorriam a fecundação e o desenvolvimento embrionário. Ele defendia a observação e fez descrições detalhadas do que via enquanto estudava o desenvolvimento de embriões vegetais e animais. Sua conclusão foi que o desenvolvimento realmente ocorre e pode ser mapeado, com a matéria-prima indiferenciada finalmente se diferenciando e separando em estruturas. Em 1759, ele defendeu que o embrião se desenvolve a partir de camadas, embora não soubesse do papel desempenhado pelas células. Seus microscópios não eram bons a ponto de permitir mais precisão, e ele tendia a ver o que procurava; começou com ideias pré-formacionistas e encontrou indícios de mudança e desenvolvimento. Ele afirmou que os cientistas não sabiam dizer por que acontecia o desenvolvimento epigenético, só que acontecia.

De bolha a ser

Na verdade, o embrião se desenvolve mesmo em camadas. A blastoderma — a camada mais externa de células do embrião — foi descoberta em 1817 pelo embriologista alemão Heinz Christian Pander e chamada, a princípio, de "núcleo de Pander". Pander usou centenas de ovos de galinha fecundados, mantidos na temperatura ótima por uma equipe de técnicos que trabalhavam 24 horas por dia, para estudar as mudanças da blastoderma no início do desenvolvimento. Ele discerniu e descreveu com detalhes as três camadas fundamentais para o desenvolvimento do organismo: a membrana externa (ou serosa), hoje chamada de ectoderma; a membrana intermediária (ou vascular, chamada hoje de mesoderma); e as camadas internas da membrana mucosa (ou endoderma). Pander descobriu que os vasos sanguíneos se desenvolviam na camada intermediária.

> *"Com a formação da blastoderma, funda-se todo o desenvolvimento da galinha no ovo e, a partir desse momento, ele progride e diz respeito apenas a essa blastoderma; pois todo evento importante que acontece em seguida não deve ser considerado como nada além de uma metamorfose dessa membrana."*
>
> Christian Pander, 1817

Ovos abundantes

Apesar do comentário de Harvey em 1651 sobre *ex ovo omnia* ("tudo vem do ovo"), só no século XIX o óvulo dos mamíferos foi realmente encontrado e visto pelo microscópio. Isso é bem surpreendente, dado que o óvulo é a maior célula do corpo dos mamíferos.

Karl von Baer formulou as leis da embriologia em 1828

Em 1826, o biólogo alemão Karl Ernst von Baer foi o primeiro a extrair um óvulo de mamífero, quando os descobriu nos ovários de uma cadela — na verdade, a cadela do professor de fisiologia Karl Burdach. Em 1840, o anatomista suíço Albrecht von Roelliker reconheceu como células o espermatozoide e os óvulos. Mas outro século se passou até o óvulo humano ser extraído e observado pelo anatomista americano Edgar Allen, em 1928. Baer também criou a palavra "espermatozoide" para nomear os animálculos visíveis no sêmen. Sem conhecer sua função na reprodução, ele, como Spallanzani e outros, achava que eram parasitas. Baer continuou a estudar o desenvolvimento do embrião e formulou as quatro leis da embriologia.

A ideia fundamental de que o espermatozoide fecunda o óvulo veio em 1875 com o trabalho do zoólogo alemão Oscar Hertwig com ouriços-do-mar (*Echinoidea*). Ele descobriu que as duas células se fundem numa só e que é dela que o embrião se desenvolve. Ele também notou que só é necessário um espermatozoide para fecundar o óvulo, apesar do número imenso de espermatozoides produzidos.

Embora sempre se credite a Hertwig a descoberta da receita de um ovo + um espermatozoide para a fecundação, há descrições mais antigas da fecundação que,

AS LEIS DA EMBRIOLOGIA DE BAER

1. As características gerais do grupo ao qual pertence o embrião se desenvolvem antes das características especiais.
2. Do mesmo modo, as relações estruturais gerais se formam antes que apareçam as mais específicas.
3. A forma de qualquer embrião dado não converge para outras formas definidas, mas se separa delas.
4. O embrião de uma forma animal superior nunca se parece com o adulto de outra forma de animal menos evoluído, apenas com seu embrião.

ao que parece, não foram notadas. Uma delas foi a do naturalista francês August Alphonse Derbès, que, em 1847, observou e descreveu a fecundação de óvulos de ouriço-do-mar:

"[O]s espermatozoides avança[ra]m progressivamente rumo aos óvulos. Alguns logo foram cercados por uma massa compacta de corpúsculos em movimento; outros, mais distantes, só se viram em contato com número muito pequeno; em ambos os casos, vi sinais de fecundação.

"O primeiro efeito aparente dessa união é o surgimento quase imediato de um envoltório perfeitamente transparente que circunda a gema a uma certa distância, o que se manifesta pelo surgimento de uma linha circular. Vi esse envoltório se manifestar quando em contato com um número pequeníssimo de espermatozoides (três ou quatro, às vezes apenas um)."

A ontogênese recapitula a filogênese

A questão do desenvolvimento do embrião não se resolveu totalmente com o descrédito da teoria pré-formacionista. Ainda não se sabia como o organismo cresce a partir de um único óvulo fecundado até atingir a forma complexa em que se transforma quando nasce ou eclode. A observação do desenvolvimento do embrião revela que ele passa por alguns estágios meio estranhos que têm pouca relação com a aparência do organismo final.

O biólogo alemão Ernst Haeckel (1834-1919) foi um dos vários cientistas que puseram, na esteira da obra de Darwin, que, ao crescer, o embrião recapitula a evolução de sua espécie. Assim, em determinado estágio o embrião de uma ave ou mamífero se parece com um peixe porque a evolução do animal pode ser rastreada até os peixes. Haeckel chamou sua teoria de "lei biogenética" e a publicou em 1866, só sete anos depois da publicação de *A origem das espécies*, de Darwin (ver as páginas 150 a 153), livro que ele defendeu ativamente na Alemanha. De acordo com Haeckel, os estudos embriológicos poderiam revelar a história evolutiva de um organismo. Ele também achava possível ver em que ponto as espécies divergiam na evolução examinando o desenvolvimento progressivo de seus embriões. Haeckel não foi o único a sugerir a teoria da recapitulação.

Os ouriços-do-mar são fáceis de encontrar num mergulho ou na água do mar presa entre as rochas e valiosíssimos para os biólogos.

O OURIÇO-DO-MAR COMO ORGANISMO-MODELO

Os ouriços-do-mar são equinodermos (cujo nome significa "pele espinhosa"); pequenos e espinhudos, são animais encontrados em todos os oceanos do mundo. Foram usados como organismo-modelo no estudo da embriologia desde o final do século XIX por apresentarem várias vantagens para o biólogo. Em primeiro lugar, são fáceis de achar no mar; sempre é melhor escolher um organismo que seja fácil de capturar. São pequenos e razoavelmente robustos. O mais importante é que seus embriões são transparentes e é fácil observar seu desenvolvimento pelo microscópio. Os ouriços-do-mar soltam até vinte milhões de óvulos na água, fertilizados pelos espermatozoides que nadam livremente. A fecundação do óvulo e o desenvolvimento do embrião são claros, a organização do animal é simples e seu desenvolvimento é rápido. Além disso, é bastante fácil manipular e interromper o desenvolvimento do ouriço-do-mar para observar o efeito dessa interrupção; portanto, eles são ideais para estudos genéticos e embriológicos.

A quarta lei da embriologia de Baer visava à teoria da recapitulação, já proposta em 1808 por Johann Meckel em versão pré-evolucionária. Meckel dissera que os embriões passam por estágios que se assemelham às formas adultas de organismos menos complexos e inferiores na *scala natura*.

Divisão e crescimento

Outra solução para a questão do crescimento do embrião foi proposta pelo embriologista experimental alemão Wilhelm Roux, que criou a "mecânica desenvolvimentista". Sua teoria do mosaico propunha que, quando a primeira célula se divide, as células-filhas produzidas não são idênticas, mas preparadas para se tornarem as diversas partes do organismo. Em 1888, ele afirmou ter demonstrado isso destruindo metade de um blastômero de rã com duas células e observando a célula remanescente se transformar em meio embrião. Ele concluiu que o desenvolvimento era mecanicista, como a construção de uma máquina.

A teoria do mosaico logo foi refutada. Em 1892, o biólogo alemão Hans Driesch isolou blastômeros de embriões de ouriço-do-mar nos estágios de duas e quatro células e separou as células. Ele conseguiu cultivar cada célula até obter indivíduos totalmente desenvolvidos, embora menores do que o normal. Isso contradizia diretamente os achados de Roux e demonstrava que cada uma das primeiras células do blastômero continha toda a informação necessária para construir o organismo inteiro.

No início do século XX, estava tudo pronto para a compreensão total da geração e da embriologia. O papel do óvulo e do espermatozoide fora estabelecido, e observado o desenvolvimento do embrião pela divisão celular. A geração espontânea fora abandonada. Descobrir exatamente como o blastômero podia conter "receita" para fazer o organismo e colocá-la em prática seria a obra do século seguinte, após a revolução da genética.

CAPÍTULO 6

A melhor ideia DO MUNDO

Nada faz sentido na biologia, a não ser à luz da evolução.

Theodosius Dobzhansky (1973),
biólogo evolutivo americano

Há duas conclusões possíveis que podemos tirar da observação do mundo natural: sempre foi assim ou ficou assim. Se o mundo sempre existiu na forma atual, as diferenças entre os organismos são fixas e estáveis. Mas se foi se formando aos poucos, tudo fica muito mais interessante. De onde vieram os organismos? Como e por que mudaram? Como era o mundo natural antes? Como os organismos são aparentados? Quando e como surgiram? Ainda estão mudando? Quando isso vai acabar, se é que vai?

Os indícios de uma relação biológica entre os seres humanos e os outros primatas ofenderam muita gente quando apontados pelos primeiros evolucionistas.

No começo...

Muitas sociedades tiveram mitos da criação que explicam como o mundo e, em particular, a humanidade vieram a existir. O que os distingue das teorias científicas da origem do mundo, da vida e da humanidade é que têm de ser aceitos como verdade sem nenhuma prova. Na verdade, prova e fé são diametralmente opostos, já que a fé se demonstra quando acreditamos em coisas não provadas. Os que aceitam um mito da criação confiam nele por convicção pessoal e não por indícios empíricos.

A ciência, por outro lado, não trata de crenças. Os cientistas procuram indícios, constroem teorias e as testam. Uma teoria é substituída por outra, ou refinada, quando novos indícios vêm à luz. Quando se encontra uma explicação melhor, os cientistas descartam a teoria original e adotam a nova — mas sobre a mesma base de que ela pode ser substituída.

A onipresença da crença religiosa no Ocidente manteve a origem da vida afastada do exame científico até o século XIX. Mesmo assim, o questionamento da descrição bíblica da Criação foi controvertido e só teve sucesso quando as provas se acumularam a ponto de não poderem mais ser ignoradas. Finalmente, deu-se um jeito de conciliar a explicação científica com o arcabouço religioso; alguns descartaram o arcabouço.

Estabilidade *versus* mudança

Uma diferença fundamental entre as histórias da Criação e a teoria da evolução

DO LODO ANCESTRAL AOS ORGANISMOS MULTICELULARES

O naturalista alemão Lorenz Oken (1779-1851) propôs que a vida surgiu com os "infusórios" que emanavam de um lodo primitivo, semelhante a um muco, que chamou de "urschleim". Ele afirmava que todas as formas de vida mais complexas surgiram a partir de agregados ou colônias desses infusórios unicelulares. Oken não tinha provas de sua teoria, somente boa imaginação. Mas não ficou muito distante do pensamento atual. Provavelmente, as primeiras formas de vida multicelular se formaram quando cianobactérias unicelulares se juntaram, agiram de forma simbiótica e, finalmente, se fundiram num grupo de células diferenciadas.

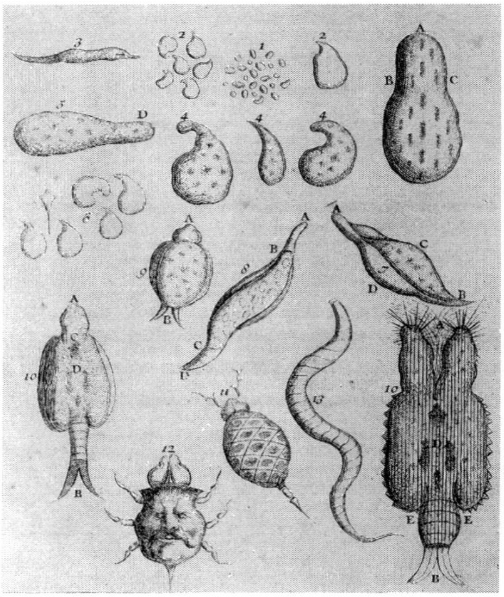

À direita: Os infusórios são organismos aquáticos microscópicos.

ACREDITE SE QUISER

Em 2007, uma pesquisa descobriu que quase metade dos americanos e cerca de dois terços dos republicanos não aceitavam a evolução e preferiam acreditar no criacionismo — a ideia de que um ser sobrenatural (Deus) produziu todas as espécies em sua forma atual num período de seis dias (sete, se contarmos o descanso) há poucos milhares de anos.

Os criacionistas têm suas explicações para as provas apresentadas em apoio à evolução. Por exemplo, alguns acreditam que os "chamados fósseis de antigas criaturas" são sinais enganosos plantados por Deus para pôr sua fé à prova. Outros indícios são desprezados como interpretação errada ou pura e simples fraude por parte dos cientistas.

é que, em geral, nas histórias da Criação os organismos existem ab origine: todos aparecem juntos e permanecem estáveis. Na teoria evolucionista, os organismos evoluem a partir de ancestrais fisiologicamente mais simples. O questionamento das mitologias da Criação aconteceu mais de uma vez.

Do sobrenatural ao natural

A primeira pessoa conhecida a rejeitar a explicação sobrenatural da origem da vida foi o filósofo grego jônio Tales (c. 624-546 a.C.), que considerava a água como origem de todas as coisas. Seu contemporâneo Anaximandro (c. 611-547 a.C.) propôs um tipo de teoria protoevolutiva segundo a qual os animais teriam se formado a partir da lama borbulhante do início da Terra e viveram primeiro na água. Quanto terra e água se separaram, algumas dessas criaturas se adaptaram à terra e a colonizaram. Até os seres humanos, na opinião de Anaximandro, se desenvolveram a partir de animais mais antigos semelhantes a peixes.

Xenófanes (576-490 a.C.) notou a presença de fósseis de criaturas marinhas em terra firme, longe do mar, encontrados geralmente em minas. Ele os reconheceu como relíquias de animais que já tinham vivido e deduziu que a terra e o mar tinham mudado de lugar no passado e, sem dúvida, voltariam a fazê-lo no futuro. Ele via os fósseis como prova da teoria de que a Terra já fora coberta de lama. Os peixes e outros animais foram pressionados contra a lama e deixaram sua impressão, que endureceu quando a lama secou. Infelizmente, essa ideia espantosamente exata se perderia por mais de dois mil anos.

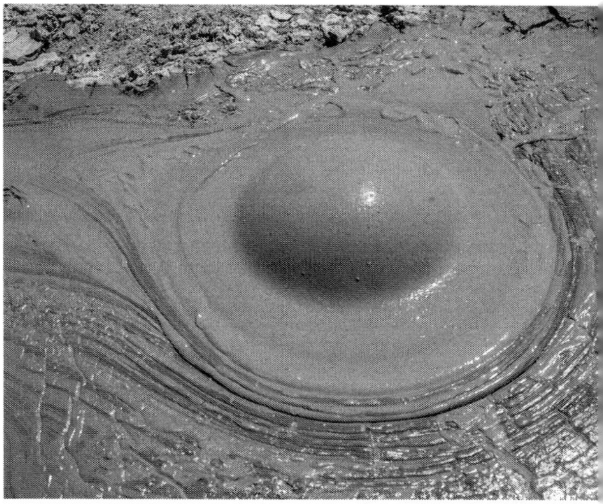

Os vulcões de lama borbulhante podem ter sido um dos locais do início da vida.

De acordo com Xenófanes, esse peixe fóssil teria sido criado quando um peixe morto foi pressionado na lama, que depois endureceu. Ele quase acertou.

Empédocles (c. 490-430 a.C.) sugeriu um roteiro estranhíssimo mas que tinha um cheirinho de seleção natural. Ele vislumbrava um mundo onde, a princípio, perambulavam pedacinhos sem corpo: "rostos sem pescoço, braços esvoaçando sem ombros, soltos, e olhos perdidos e sozinhos". Em seguida, todos os tipos possíveis de criatura se formaram com pedaços sortidos, e só os que tinham um plano corporal funcional sobreviveram: "Criaturas desajeitadas com incontáveis mãos. Muitas criaturas com rosto e peito virados em direções diferentes nasceram; alguns, filhotes de bois com rosto de gente [...] e criaturas nas quais a natureza de mulheres e homens se misturava, equipadas com partes estéreis."

Por acaso, algumas combinações eram organismos viáveis. Essas sobreviveram, mas outras pereceram "e ainda perecem". É fácil ver que essa é uma formulação bem antiga da mutação aleatória e da doutrina da "sobrevivência do mais apto".

Sufocado o pensamento evolutivo

Embora pareça que os gregos avançavam para um modelo que sugeria a evolução, isso não aconteceu. Dois intelectos colossais da Grécia clássica, Platão e seu pupilo Aristóteles, descarrilaram a linha de pensamento evolutivo.

Para Platão, tudo o que observamos no mundo real é simplesmente um eco imperfeito de uma "forma" essencial – a ideia perfeita da árvore, da baleia, de um ato de caridade, de uma música e assim por diante. Essas formas não nos são diretamente acessíveis, mas são imutáveis e perfeitas. A variação que vemos no mundo à nossa volta é, simplesmente, uma coletânea de cópias imperfeitas das formas. Isso não deixa espaço para a mudança evolutiva (tudo é fixo) nem para a variação produtiva (já que variedade é fracasso).

Aristóteles via tudo como movido por propósitos, e o desenvolvimento biológico se direcionava para determinados fins. Ele considerava que, se um animal tinha patas compridas, era porque precisava ser alto. Também considerava a natureza de todos os organismos fixa por todo o sempre; as espécies não apareciam, não se desenvolviam nem desapareciam.

Os tamanduás existem para comer formigas ou as formigas existem para alimentar os tamanduás? A visão teleológica do mundo natural tem de resolver algumas questões complicadas.

UMA VISÃO DA CHINA

Enquanto Aristóteles ensinava em Atenas que o mundo natural é imutável, o filósofo chinês Zhuangzi (c.370-301 a.C.) defendia que os organismos podem mudar e realmente mudam. Ele afirmava que todos os organismos, inclusive os seres humanos, tinham a capacidade de se adaptar ao ambiente e que, com o tempo, eles se desenvolvem das formas mais simples às mais complexas.

O que veio primeiro, o relógio ou o relojoeiro?

O ponto de vista de Aristóteles era teleológico: os organismos têm as características de que precisam para cumprir suas funções. Isso leva à questão do quê ou quem determinou esse propósito. Do mesmo modo, o argumento do "projeto inteligente" propõe que a variedade e a complexidade do mundo natural só pode ter vindo por projeto, não por acaso. O clérigo e filósofo inglês William Paley (1741-1805) explicou isso sucintamente quando disse que, ao vermos um mecanismo complexo como o de um relógio, deduzimos a existência de um relojoeiro, e o mesmo acontece na Criação. O escritor romano Cícero fez a mesma comparação com um relógio de sol em 45 d.C. O projetista inteligente não precisa ser sobrenatural; pode ser extraterrestre ou até uma inteligência extrauniversal criando uma experiência científica na Terra.

O projeto inteligente é um argumento capcioso. Ele aceita o mundo como é e se assombra ao ver que tudo funciona bem e está adaptado a seu propósito, quando, na verdade, o sistema é simplesmente o resultado do processo. Os organismos poderiam todos ter evoluído de maneira completamente diferente e parecer igualmente bem "projetados", já que o sistema também funcionaria, só que de outra maneira. O próprio fato de estarmos presentes para observar o resultado do processo significa que ele deu certo e, assim, inevitavelmente, parecerá bem projetado. Num planeta em que o processo não funcione, não haverá observadores para comentar a falta de qualidade do projeto.

"Por que as águas dão origem também a pássaros? Porque há um vínculo familiar entre as criaturas que voam e as que nadam. Da mesma maneira que o peixe corta as águas usando as nadadeiras [...] vemos aves flutuarem no ar com a ajuda de suas assas [...] sua derivação comum das águas fez deles uma única família."

Basílio de Cesareia (329-379 d.C.)

A aurora da Criação

Como vimos, o modelo dominante da ordem no mundo natural herdado da antiguidade clássica foi o da escada ou cadeia do ser, com cada organismo ocupando seu nicho correto numa hierarquia abrangente da vida. Isso não deixava espaço para mudanças ou evoluções, embora ocasionalmente houvesse vozes solitárias de dissensão (ver o quadro à esquerda).

No mundo ocidental, a chegada do cristianismo sufocou a investigação da origem do mundo natural. A Bíblia dizia que Deus criou todos os organismos num período de poucos dias; eles não mudaram. O teólogo e filósofo Tomás de Aquino (1225-1274) fez a defesa da razão, destacando que não é essencial entender literalmente cada palavra da Bíblia — ou pelo menos do Antigo Testamento: "A maneira e a ordem pelas quais a Criação ocorreu só incidentalmente dizem respeito à fé". Ainda assim, a noção de que o mundo é imutável ou, pelo menos, decai lentamente de uma Idade do Ouro perdida, não deixava espaço para o pensamento evolutivo. Todas as mudanças eram retrocessos e não envolviam organismos que se adaptassem melhor ao ambiente.

Muda a visão da mudança

Finalmente a Europa começou a questionar a autoridade clássica e até a examinar algumas consequências da leitura literal da Bíblia. Um dos primeiros proponentes de uma abordagem diferente do mundo natural foi o filósofo francês Pierre de Maupertuis (1698-1759).

Homens vindos do barro?

Como não era um cientista prático, Maupertuis só trabalhava teoricamente e desenvolvia suas ideias ponderando informações já disponíveis. Mesmo assim, parece que previu as teorias posteriores de variação por mutações. No livro *Vénus physique* (1745), ele começou pedindo desculpas pela possível ofensa que os leitores talvez sentissem: "Não vos zangueis se eu disser que sois um verme, um ovo ou mesmo um tipo de barro", escreveu ele.

Maupertuis era contra as opiniões ovulista e espermista da geração e propunha que, como os filhotes podem se parecer tanto com o pai quanto com a mãe e, com frequência, misturam características dos dois. não é sensato que apenas um dos genitores forneça a receita dos descendentes.

São Tomás de Aquino foi um grande defensor das obras e ideias de Aristóteles e primordial ao reapresentar Aristóteles à Europa ocidental.

Pierre de Maupertuis foi um antigo defensor da mudança nos organismos no decorrer de longos períodos.

Maupertuis acreditava que novas variedades poderiam surgir por acaso, mas não excluía o impacto de condições externas, como o clima ou a disponibilidade de alimento. Ele sugeriu a experiência, mais tarde realizada por August Weismann (ver as páginas 137 e 138), de mutilar um organismo durante gerações para descobrir se a prole acabaria produzindo a mutilação desde o nascimento. Mais importante do que todas as suas ideias é o fato de Maupertuis achar que o mundo natural pode mudar e realmente muda.

No entanto, a tendência geral da época continuou fiel à ideia de uma Criação fixa até que o século XVIII estivesse bem avançado. Lineu (ver as páginas 31 a 33), que escreveu na década de 1740, sabia que havia variações entre indivíduos e que alguns tipos de plantas pareciam se "degenerar" em outras, mas ainda defendia com firmeza que, em essência, as espécies eram fixas e que "nenhuma espécie nova se produz hoje em dia".

Parecidos, mas diferentes

Mas a bola que Maupertuis pôs para rolar foi pegando velocidade aos poucos. No século XVIII, o naturalista francês Georges-Louis Leclerc foi influenciado pelo pensamento de Maupertuis. Em 1750, ele publicou a Histoire Naturelle, um levantamento colossal de toda a história natural em que observava que a grande fauna tropical das Américas, da Ásia e da África era substancialmente diferente, mesmo quando o clima era semelhante. Portanto, o clima não podia ser o único determinante da forma. Enquanto os grandes animais do norte (alce, cervo, rena) eram semelhantes na Europa e na América do Norte, os dos países tropicais eram muito diferentes. Ele observou que a girafa, a zebra e os leões da África tinham semelhança apenas passageira com as lhamas e onças da América do Sul.

Para explicar isso, Leclerc propôs que os animais teriam sido criados no Polo Norte, numa época em que essa região era quente, e se espalharam, adaptando-se enquanto se deslocavam para o sul. Leclerc identificou 38 quadrúpedes dos quais afirmava que todos os outros tinham se desenvolvido, e chegou a sugerir que os seres humanos e os grandes macacos tinham um ancestral comum. Ele provocou desconfiança na Igreja, que achava que algumas ideias suas eram quase heresias, e ele teve de ser discreto e até ambíguo na forma de apresentá-las.

Leclerc também mudou de opinião no decorrer da vida. Em certo momento, ele ridicularizou a ideia das espécies apresentada por Lineu, dizendo que só há indivíduos. Só com distinções cada vez menores entre as "espécies" nos aproximaríamos da

"O NOSSO É MELHOR QUE O SEU"

Leclerc achincalhou a vida selvagem e até os povos do Novo Mundo. Isso irritou o presidente americano Thomas Jefferson, que, em seu Notes from Virginia, incluiu tabelas que comparavam o número e o tamanho dos quadrúpedes da América do Norte e da Europa, com a América do Norte se saindo melhor. Ele chegou a mandar esqueletos de grandes mamíferos americanos — alce, caribu, veado — a Paris para reforçar seu ponto de vista.

verdade, pois isso nos leva mais perto de olhar apenas os indivíduos. Ele mudou de ideia depois de pensar sobre o problema da mula estéril e acabou aceitando que a capacidade de reprodução dos membros de uma espécie era a verdadeira característica que definia essa espécie.

A princípio, Leclerc pensou que as espécies eram fixas para todo o sempre, mas sua descoberta de órgãos imperfeitos, desnecessários ou rudimentares em animais o fez indagar por que um Criador perfeito faria tais coisas. Ele disfarçou a questão afirmando que, a princípio, cada espécie era uma criação perfeita que, com o tempo, degenerou.

Rumo à teoria da evolução.
Mesmo a mudança sob a forma de degeneração gradual era um passo significativo que se afastava da posição dominante de que a Criação de Deus era fixa para todo o sempre. Não demorou para a ideia de mudança no outro sentido — aprimoramento — ser levantada.

Erasmus Darwin, avô do naturalista Charles Darwin (ver a página 147), era médico por ofício, mas também um polímata com conhecimento formidável de história natural. Ele propôs um tipo de teoria evolucionária em *Zoönomia, or The Laws of Organic Life* (Zoonomia ou as leis da vida orgânica, 1794-1796). Nessa obra, ele descrevia a evolução da vida desde um único ancestral comum, formando "um filamento vivo" — uma ideia claramente relacionada com a obra do neto de sessenta anos depois. Erasmus Darwin abordou a questão do desenvolvimento das espécies umas a partir das outras e imaginou que a competição e a seleção sexual poderiam direcionar esse desenvolvimento: "O curso final dessa disputa entre machos parece ser que o animal mais forte e ativo propagaria a espécie que, assim, se aprimoraria."

Apesar das investidas de Erasmus Darwin nesse território, foi o naturalista fran-

"Seria ousado demais imaginar que, na grande extensão de tempo desde que a Terra começou a existir, talvez milhões de eras antes do começo da história da humanidade [...] que todos os animais de sangue quente tenham surgido de um único filamento vivo, que a Grande Causa Primeira dotou de animalidade, com o poder de adquirir novas partes, ocupados com novas propensões, dirigidos por irritações, sensações, volições e associações; e, portanto, possuidores da faculdade de continuar a se aprimorar por sua própria atividade inerente e de transmitir esses aprimoramentos por geração à posteridade, mundo sem fim!"

Erasmus Darwin, Zoönomia (1794-1796)

cês Jean-Baptiste Lamarck que propôs a primeira teoria evolucionista verdadeira; dos dois, sua influência foi mais substancial. Ele propôs que as espécies evoluíam com o tempo numa linha contínua e constante que seguia leis naturais. E afirmou que todas as espécies, até os seres humanos, tinham evoluído de espécies anteriores. Para ele, as forças motrizes da evolução, com nomes bastante românticos, eram "*le pouvoir de la vie*" (a força ou poder da vida) e "*l'influence de circonstances*" (a influência das circunstâncias). O primeiro impelia os organismos a ficarem cada vez mais complexos (os seres humanos, claramente, tinham obtido isso da forma mais drástica), enquanto a segunda respondia pela adaptabilidade ao ambiente predominante. Isso dá à evolução uma estrutura hierárquica semelhante à da Grande Cadeia do Ser (ver as páginas 24 a 26), com os organismos mais complexos como o piná-

CATASTROFISMO

Enquanto Lamarck propunha um processo de evolução suave num período extenso, o anatomista francês Georges Cuvier (1769-1832) preferia o catastrofismo e propunha que a mudança acontecia em consequência de catástrofes intermitentes, hoje chamadas de "eventos de extinção". Ele chegou a essa conclusão com base em seu trabalho com geologia, ao notar que os fósseis de animais pré-históricos como o mastodonte (um parente dos elefantes) e o megatério (uma preguiça gigante) são muito diferentes de seus parentes modernos.

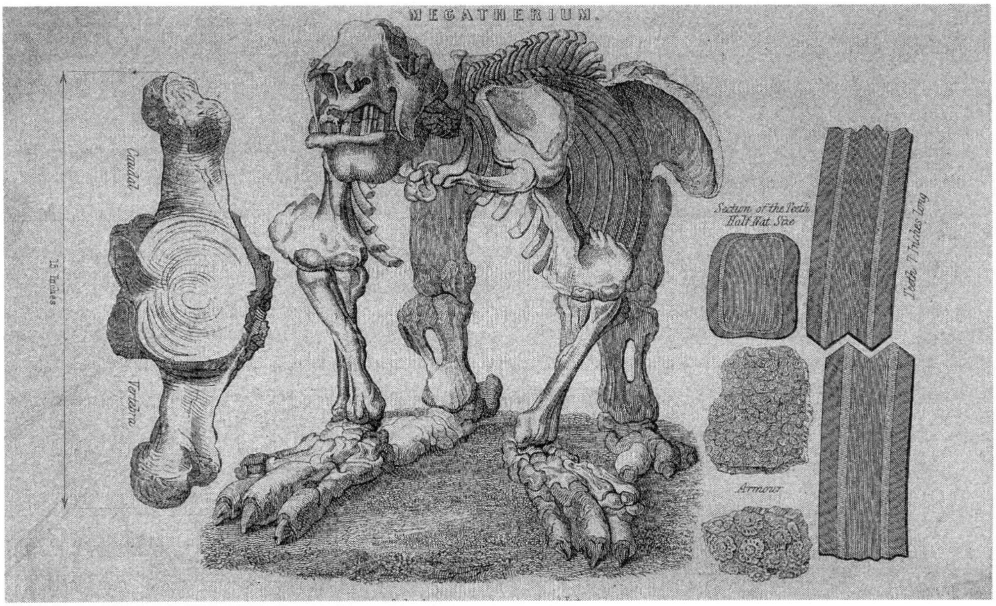

JEAN BAPTISTE PIERRE ANTOINE DE MONET, CHEVALIER DE LAMARCK (1744-1829)

Apesar do nome comprido, nobre e impressionante, Lamarck passou a vida na pobreza. Era o mais novo de onze filhos, mas, como todos os irmãos morreram antes do pai, foi ele que herdou o título da família — e dinheiro suficiente para comprar apenas um cavalo. Depois de forçado pelo pai a estudar para tomar o hábito, ele abandonou o estudo imediatamente com a morte do pai, comprou o cavalo e partiu para se alistar no exército alemão. Um relato provavelmente exagerado conta que todos os oficiais de sua companhia foram mortos em combate e ele assumiu o comando. Com sua bravura, recebeu promoção imediata, mas aos 22 anos foi forçado a sair do exército devido a problemas de saúde.

Ele passou o resto de seus anos em Paris, mal conseguindo sobreviver como escriturário de um banco enquanto também estudava botânica, medicina e música. Com o auxílio de Leclerc, impressionado com seu trabalho sobre plantas francesas, *Flore française* (1778), Lamarck foi nomeado assistente do jardim botânico do Museu Real de História Natural e viajou pela Europa recolhendo espécimes.

Com a remoção de tantos cientistas na Revolução Francesa, Lamarck foi nomeado para uma cátedra de Zoologia (que pouco conhecia) e se reinstruiu como especialista em invertebrados. Apesar do progresso, continuou pobre, e sofreu perdas pessoais consideráveis; enviuvou quatro vezes, a maioria dos filhos morreu antes dele, ficou cego na velhice e, ao morrer, recebeu um túmulo de mendigo, os ossos jogados numa vala comum com outros.

culo da evolução e superiores aos que têm sistemas e corpos mais simples, mesmo que os organismos mais simples estejam mais adaptados a seu ambiente.

Pescoço comprido e falta de cauda

Lamarck costuma ser ridicularizado pela ideia de que as mudanças ou adaptações adquiridas durante a vida do organismo possam ser transmitidas a gerações subsequentes e, portanto, direcionar o caminho da evolução. Um exemplo típico de explicação lamarckiana é que as girafas se esforçavam para cima e esticavam o pescoço para atingir folhas mais altas. Com o tempo, o pescoço da girafa se alongou, e as girafas posteriores nasceram com o pescoço cada vez mais comprido. A explicação evolucionista padrão (aceita) seria que, na variedade de girafas nascidas, as que têm pescoço mais comprido conseguem alcançar a vegetação fora do alcance de outros animais (inclusive das girafas mais baixas), de modo que têm mais probabilidade de sobreviver, reproduzir-se e passar adiante seus genes de pescoço comprido. O surgimento do pescoço comprido é uma dentre muitas variações numa população de organismos, mas, como ajuda o sucesso do animal, a seleção natural a favorece. Não é a mesma coisa que as girafas esticarem o pescoço e, em consequência, darem à luz descendentes com pescoço comprido.

Na verdade, houve cientistas que experimentaram alterar animais e testar a hereditariedade da mudança, mas isso tinha pouca semelhança com o pensamento de Lamarck, que nunca sugeriu que a mutilação deliberada ou o resultado de acidentes ou doenças provocassem a adaptação de gerações futuras.

O biólogo alemão August Weismann (1834-1914) cortou a cauda de gerações de camundongos e descobriu que a prole sempre nascia com caudas intactas. É claro que suas experiências nunca produziram camundongos naturalmente sem cauda, que era o que ele pretendia demonstrar. A experiência de Weisman confirmou a teo-

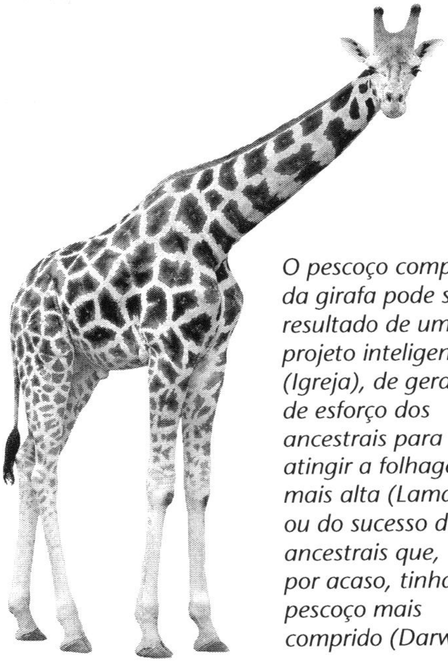

O pescoço comprido da girafa pode ser resultado de um projeto inteligente (Igreja), de gerações de esforço dos ancestrais para atingir a folhagem mais alta (Lamarck) ou do sucesso dos ancestrais que, por acaso, tinham pescoço mais comprido (Darwin).

LAMARCK RIU POR ÚLTIMO?

A ideia de Lamarck de que o comportamento e as experiências de uma geração de organismos podem afetar o desenvolvimento das gerações futuras voltou a ser favorecida, no final do século XX e início do XXI, pela ciência da epigenética (o controle da expressão dos genes) e a descoberta de alguns genuínos efeitos epigenéticos. Parece que, quando pessoas (e, presumivelmente, outros organismos) são sujeitas a estresse ambiental, a expressão de seus genes muda, e isso pode ser transmitido às gerações posteriores. Alguns estresses ambientais têm o efeito de ligar ou desligar a expressão de determinados genes em pelo menos uma ou duas gerações seguintes.

Uma prova disso foi encontrada nos descendentes de vítimas do "Inverno da Fome" de 1944, ocorrido na Holanda durante a Segunda Guerra Mundial. As crianças concebidas perto do fim da fome, que foram mal nutridas no útero durante os três primeiros meses de gestação, nasceram com peso normal mas depois tiveram problemas duradouros, como tendência maior do que o normal à obesidade e aos problemas cardiovasculares. Esses problemas persistiram na geração seguinte: os filhos daqueles bebês com desnutrição gestacional também apresentaram maior propensão à obesidade e a alguns outros problemas de saúde. A explicação epigenética é que o estresse da fome *in utero* alterou o modo como os genes se exprimem, o que permaneceu durante toda a vida do indivíduo e, aparentemente, afetou a expressão genética dos filhos.

ria do "plasma germinativo" e da barreira de Weisman — a noção de que a hereditariedade só ocorre por meio das células germinativas (óvulos e espermatozoides) e que mudanças nas células do corpo não são transmitidas à geração seguinte.

Embora a explicação de Lamarck para a mudança evolutiva não seja mais aceita, ele foi inovador ao propor um mecanismo. Sua ideia de que a mudança do ambiente provocava a adaptação dos organismos também faz parte da teoria evolucionista posterior, embora não mais efetuada pelas necessidades e esforços do organismo.

A prova está sob seus pés

O século XIX foi uma época de avanços extraordinários da geologia que também tiveram imenso impacto sobre a história da biologia. Os melhores indícios que temos de organismos extintos e da antiga existência de formas de vida completamente diferentes são o registro fóssil.

Pedras ou corpos?

As pessoas encontravam fósseis havia milênios e os explicavam de várias maneiras.

> *"E, esforçando-se para ser homem, o verme sobe por Todas as torres da forma."*
> Ralph Waldo Emerson, 1836

Na China, os fósseis de dinossauros eram considerados ossos de dragão, por exemplo. Havia duas explicações para os fósseis: são os restos mortais de criaturas que já viveram ou se formaram como fósseis sem nunca ter vivido.

Uma teoria grega antiga, datada pelo menos da época de Aristóteles, era que os fósseis se formavam dentro da Terra e viravam pedras em consequência de alguma força formadora. Essa "virtude plástica extraordinária" fazia pedras que nunca tinham vivido se parecerem com coisas vivas.

A opinião alternativa era que algum processo transformava organismos que tinham vivido em pedra depois de sua morte. Isso era explicado pela ação do "fluido petrifican-

Um fóssil de Tyrannosaurus rex antes de ser desenterrado: prova quase inegável de que criaturas hoje extintas nos precederam na Terra.

te" descrito pelo cientista árabe Ibn Senna (c. 980-1037), hoje mais conhecido como Avicena. O filósofo Alberto da Saxônia (1320-1390) popularizou a ideia na Europa.

Os locais onde os fósseis eram encontrados também constituíam um enigma. O antigo filósofo grego Xenófanes (570-480 a.C.) concluiu que algumas áreas de terra firme em sua época já deviam ter estado embaixo d'água, porque nelas foram encontradas conchas marinhas fósseis. O naturalista chinês Shen Kuo, do século XI, notou que havia bambu fóssil em áreas secas demais para o bambu crescer. Como explicação, ele propôs que o clima mudara desde o passado distante. A descoberta, tanto na Idade Média quanto mais tarde, de criaturas marinhas fósseis em rochas sob Paris pôs em questão a crença num mundo imutável. Uma explicação era que seriam restos de refeições descartados por viajantes, que teriam se petrificado em época relativamente recente.

Dos dragões aos dinossauros

Enquanto se descobriam fósseis suficientemente parecidos com organismos ainda existentes, era possível acreditar numa "solução petrificante" sem se preocupar com mudança de forma, evolução ou extinção. Mas quando se encontraram fósseis que não combinavam com formas de vida atuais, surgiram problemas.

Só uma explicação se encaixaria na evidência: alguns tipos de organismo que já tinham vivido não se encontravam mais sobre a Terra. Empédocles (490-430 a.C.) propôs essa possibilidade: que os animais talvez não fossem imutáveis, que podiam mudar, alguns sobrevivendo e outros perecendo com o tempo.

Mas não era uma opinião popular, principalmente à luz da tradição das religiões abraâmicas de que Deus criou todos os animais e plantas em formas separadas e acabadas. Se Deus criou um mundo perfeito, como alguns animais poderiam se extinguir com o tempo? Isso não se encaixava no paradigma e assim, por muito tempo, não foi considerado uma explicação possível. Só quando se desenterrou um número substancial de fósseis no século XIX a questão se tornou um problema grave.

Com os avanços da microscopia, as provas de que os fósseis já tinham sido criaturas vivas aumentaram a ponto de não poderem mais ser ignoradas nem explicadas de outro modo. Na *Micrografia*, Robert Hooke (ver as páginas 88 a 90) comparou a estrutura microscópica da madeira fóssil com a madeira comum. Ele concluiu que a madeira petrificada e as conchas fósseis, como os abundantes amonites, eram restos mortais de organismos vivos que tinham se transformado por se embeberem de "água petrificante" que continha sais minerais dissolvidos.

Como os organismos fósseis encontrados em rochas costumavam ser muito diferentes de tudo o que vivia no século XVII, Hooke

> *"As conchas de nossa pedreira inglesa não foram feitas com nenhum molde animal cuja espécie ou raça ainda esteja por ser encontrada viva hoje em dia [...]. Tendo a pensar que não existe nenhuma petrificação de conchas nesse setor [...] mas que essas conchas parecidas com amêijoas foram, como são atualmente, lápides sui generis ["pedras de seu próprio tipo"] e nunca alguma parte de um animal."*
>
> Martin Lister, naturalista inglês, 1678

chegou à conclusão impopular de que algumas espécies vivas no passado tinham se extinguido, talvez em consequência de uma catástrofe geológica. Isso ainda não indicava que algum organismo tivesse mudado de forma, mas era um passo herético mais para perto da evolução.

O naturalista inglês John Ray rejeitou a ideia das extinções de Hooke, considerando-a teologicamente inaceitável. No entanto, quando leu os textos de Hooke quase duzentos anos depois, o advogado e geólogo inglês Charles Lyell (1797-1875) chamou-os de "produção mais filosófica daquela época em relação às causas de antigas mudanças nos reinos orgânico e inorgânico da Natureza" (1832).

A ARCA DE NOÉ

Para os que acreditavam na verdade literal da Bíblia, a história da arca de Noé era mais um indício da estabilidade e da natureza duradoura das espécies.

"Buteo e Kircher provaram geometricamente que, tomando o cúbito de um pé e meio, a arca era mais do que suficiente para todos os animais que deveriam nela se abrigar [...]Encontrar-se-á um número de espécies de animais muito menor do que se costuma imaginar, não chegando a cem espécies de quadrúpedes."

Encyclopaedia Britannica (1771)

A Terra se move

Em 1666, a tinta mal secara nas páginas da Micrografia quando dois pescadores italianos pegaram um tubarão gigante, mandado para ser dissecado pelo anatomista dinamarquês Nicolas Steno (1677-1686). Steno notou a semelhança entre os dentes do tubarão e as chamadas "línguas de pedra" achadas com frequência em rochas. Ele concluiu que, na verdade, as línguas de pedra eram dentes de tubarão que se transformaram em pedra no decorrer de um longo período. Para explicar, ele propôs que originalmente a rocha estava derretida e foi disposta em camadas, às vezes prendendo um animal que, então, se transformava em pedra quando seus "corpúsculos" orgânicos eram trocados por corpúsculos de rocha. E afirmou que as camadas de rocha mais antigas eram as mais baixas e as mais novas, as superiores, estabelecendo pela primeira vez o princípio cronológico da geologia conhecido como "Lei da Superposição" de Steno.

Cem anos depois, o geólogo escocês James Hutton (1726-1797) estudou as for-

"Por mais que uma concha apodrecida possa parecer trivial a alguns, esses monumentos da Natureza são, com mais certeza, insígnias da Antiguidade do que moedas e medalhas, já que as melhores destas podem ser falsificadas ou feitas com arte e propósito, como também o podem livros, manuscritos e inscrições, já que todos os cultos hoje aceitam bastante bem que tenham sido realmente praticados [...] embora se deva admitir que seja muito difícil lê-los e tirar deles uma cronologia e afirmar em que intervalos esta ou aquela catástrofe ou mutação aconteceram, isso não é impossível."

Robert Hooke, *A Discourse on Earthquakes*, 1705, publicação póstuma

O fato de a Muralha de Adriano, entre a Inglaterra e a Escócia, não cair em consequência do movimento geológico demonstra que esse movimento é muito lento.

mações rochosas de sua terra natal e publicou seus achados em *Teoria da Terra* (1788). O livro foi pioneiro. Hutton considerava que a Terra tinha milhões de anos — bem mais do que os seis mil anos calculados pelo bispo Berkeley com base nas genealogias bíblicas — e descreveu o gradualismo, pelo qual os processos de elevação e erosão configuram o mundo lenta e continuamente, como têm feito há muitíssimo tempo. Ele citou como prova a falta de mudanças da Muralha de Adriano, estrutura construída pelos romanos mil e quinhentos anos antes, e demonstrou que as mudanças geológicas têm de ser muito graduais, de modo que a história da Terra precisa se estender bastante pelo passado longínquo.

Nos *Princípios de geologia* (1830-1833), Charles Lyell elaborou ainda mais o gradualismo, na época chamado de uniformitarianismo, e insistiu na constância dos processos de mudança. Pode parecer contraditório, mas essa é uma resposta hábil ao enigma teológico de um mundo que apresentava cada vez mais indícios de mudanças a longo prazo enquanto a Igreja ainda queria acreditar que Deus fixara a Criação para todo o sempre. A solução paliativa era que as leis da Natureza eram fixas e ditavam o padrão da mudança estável e contínua. Darwin leu um exemplar da obra de Lyell em sua famosa viagem de descoberta a bordo do HMS *Beagle* e mandou várias descrições de acidentes geográficos que viu e achou que davam apoio à teoria.

Fósseis grandes demais para ignorar

Uma coisa era descobrir conchinhas e debater se um tipo de marisco degenerara em outro, mas quando fósseis grandes começaram a surgir ficou cada vez mais difícil sustentar a opinião de que Deus criara um mundo basicamente estável e imutável.

Em 1676, um grande osso foi retirado de uma pedreira calcária de Oxfordshire e mandado para o reverendo Robert Plot (1640-1696), naturalista inglês e primeiro curador do Museu Ashmoleano, em Oxford. Provavelmente, o fragmento era um fêmur de megalossauro. A posição religiosa de Plot não lhe permitia pensar em animais imensos que não existiam mais, e ele concluiu que deveria vir de um ser humano gigante morto durante a enchente de Noé. (A Bíblia admite a existência de antigos gigantes.)

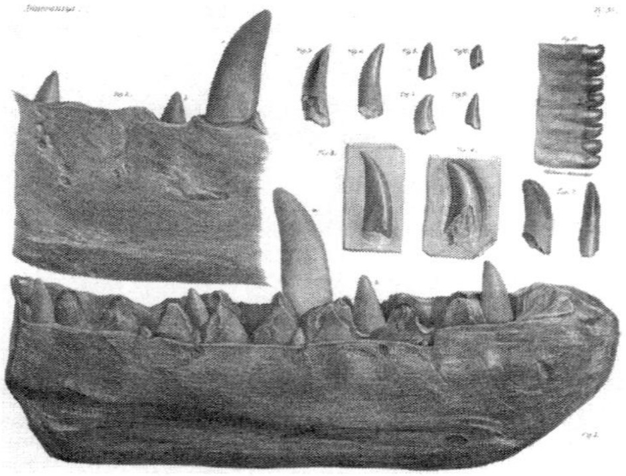

Mas os indícios se acumulavam. Mais e mais fósseis foram descobertos no final do século XVIII. Em 1815, ossos que seriam de um tetrápode gigante foram entregues a William Buckland (1784-1856), professor de Geologia da Universidade de Oxford. Cuvier, o anatomista francês, visitou Buckland em 1818 e percebeu que os ossos eram de uma criatura muito grande e parecida com um lagarto. Em 1821, Buckland e o paleontólogo inglês William Conybeare estudaram os ossos com detalhes e os chamaram de "Lagarto Gigante". Os dentes parecidos com facas tinham claramente pertencido a um grande predador. Não havia grandes predadores como aquele na Inglaterra, e assim Buckland teve de admitir que vinham de algo que não existia mais. Em 1824, ele o chamou de megalossauro e fez a primeira descrição de um dinossauro (embora não usasse a palavra).

Os dinossauros decolam

Os dinossauros vieram à luz com tudo no século XIX. As pedreiras calcárias de Oxfordshire continuaram a ser produtivas, e os penhascos em torno de Lyme Regis revelaram mais fósseis de plessiossauros e ictiossauros. William Buckland também encontrou coprólitos (fezes fossilizadas) e restos mortais de mamutes e antigos seres humanos, hoje datados de 31.000 a.C. Logo ficou claro que os megalossauros estavam longe de ser os únicos gigantes antigos.

Acima à esquerda: a mandíbula e os dentes do megalossauro indicam com clareza uma criatura grande, carnívora e parecida com um lagarto. Abaixo à esquerda: O iguanodonte e o megalossauro imaginados no século XIX a partir de indícios fósseis.

O DINOSSAURO DA BOLSA ESCROTAL

Robert Plot publicou uma descrição de seu pedaço de fêmur ao lado de uma ilustração. A ilustração foi reutilizada em 1763 pelo naturalista inglês Richard Brookes (1721-1763). Ele achou que se parecia com um par de testículos humanos e a chamou de "Scrotum humanum". Se Brookes realmente pretendia que fosse um nome e não um rótulo descritivo, o megalossauro deveria, na verdade, se chamar Scrotum humanum, já que este nome tinha precedência. Os biólogos encontraram muitas razões para não rebatizar o dinossauro, e a mais convincente delas é que, como o fragmento se perdeu, não se pode provar conclusivamente que fosse de megalossauro. Mas é tentador pensar que eles simplesmente não queriam que o primeiro dinossauro recebesse o nome de bolsa escrotal.

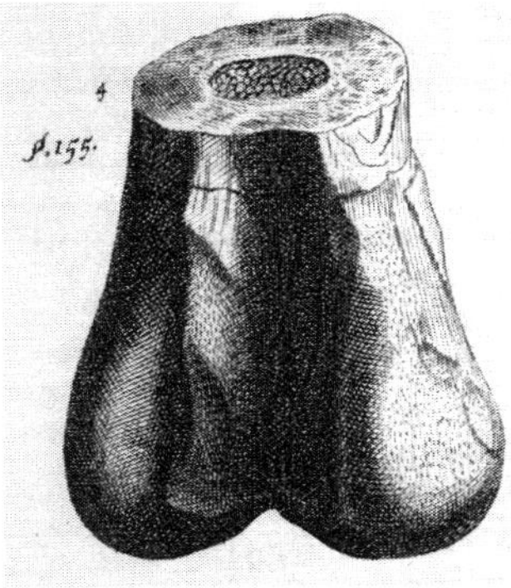

A extremidade do fêmur de megalossauro se parece bastante com uma bolsa escrotal humana.

MARY ANNING (1799-1847)

A paleontóloga inglesa Mary Anning começou a caçar fósseis quando criança, com o pai e o irmão. Eles tinham uma barraquinha lucrativa que vendia fósseis, fáceis de encontrar nos penhascos caídos de Lyme Regis. Os fósseis tinham nomes locais, como "pedras-cobra" (amonites), "dedos do diabo" (belemnites) e "verteberries" (frutas-vértebras). Em 1811, quando Mary Anning tinha 12 anos, o pai encontrou um crânio que depois se descobriu ser de ictiossauro. Mary achou o restante do esqueleto alguns meses depois, o primeiro ictiossauro a ser descoberto. Mais tarde, ela encontrou os primeiros fósseis de plessiossauro e o primeiro pterossauro descoberto fora da Alemanha.

Mary se tornou a melhor caçadora de fósseis da família e acabou administrando a empresa familiar e abrindo uma loja, Anning's Fossil Depot, que atraiu fregueses ricos e poderosos de toda a Europa e dos Estados Unidos, como o rei Frederico Augusto II da Saxônia e compradores de museus importantes. Anning estudou meticulosamente os fósseis e a anatomia dos animais existentes, dissecando peixes e sibas para entender melhor a estrutura dos fósseis que achava. Mas foi maltratada pela comunidade científica. Sabia mais do que os geólogos instruídos que a consultavam, compravam dela e, com frequência, publicavam informações que tinham recebido dela sem lhe dar os créditos.

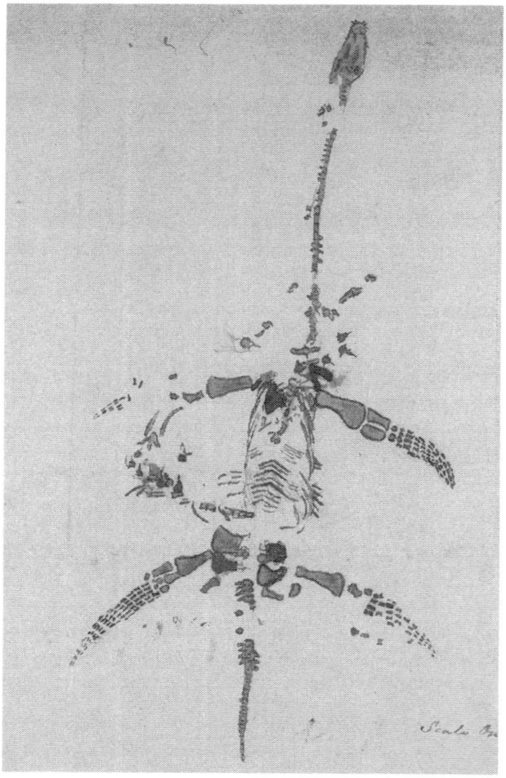

Um plessiossauro desenhado por Mary Anning na carta em que descreve a descoberta.

O nome dinossauro, que significa "lagarto terrível", foi cunhado em 1842 pelo naturalista inglês Richard Owen (1804-1892). Ele fundou o Museu Britânico de História Natural, que abriu em 1881. Era uma pessoa difícil, muitas vezes chamado de rabugento, e tinha rixas frequentes com outros geólogos e paleontólogos. Criacionista empedernido, brigava com todas as ideias evolucionistas ("transformacionismo") e, mais tarde, com o ataque, segundo ele, de Darwin à narrativa da Bíblia. Seus métodos desleais (como escrever ataques anônimos à obra dos rivais) o tornaram impopular. Para ele, os dinossauros não eram grandes répteis e tinham características de mamíferos que lhes foram dadas por Deus, sendo mais parecidos com elefantes ou rinocerontes. Ele tinha certeza de que não poderiam ter-se transformado a partir de répteis, e não havia necessidade de nenhum grande questionamento da narrativa tradicional da Criação.

Depois do megalossauro, o próximo grande dinossauro a vir à luz foi o iguanodonte, descoberto pelo médico e paleontólogo inglês Gideon Mantell (1790-1852). Ele encontrou dentes de um grande herbívoro e partes de "um animal da tribo dos lagartos de enorme magnitude" no início da década de 1820. Os dentes foram desprezados por Buckland como pertencentes a um peixe ou rinoceronte, e por Cuvier, em Paris, como dentes de rinoceronte. Mas Cuvier logo mudou de ideia e achou que eram realmente reptilianos; ele propôs algum réptil herbívoro gigantesco.

Mantell tentou encontrar um réptil moderno com dentes comparáveis. Samuel Stutchbury, curador-assistente do Real Colégio de Cirurgiões, ressaltou que se pareciam com dentes de iguana, só que vinte vezes maiores — e assim o animal recebeu o nome de iguanodonte, ou "dentes de iguana". Embora Owen tentasse convencer Mantell de que o iguanodonte tinha de ser uma criatura pesada, lenta e parecida com um mamífero, este percebeu, pouco antes de morrer, que seus membros dianteiros eram finos. Mas Mantell morreu, e a interpretação de Owen venceu e foi aceita durante um período considerável.

Aonde eles foram?

Talvez a contribuição mais importante de Cuvier tenha sido a teoria chamada

> *"Costumava me envergonhar de odiá-lo tanto, mas hoje alimentarei cuidadosamente meu ódio e desprezo até os últimos dias de minha vida."*
>
> Charles Darwin, sobre Richard Owen

na época de "catastrofismo", hoje considerada a primeira indicação de extinção em massa. Em 1813, ele propôs que, em vez das mudanças muito lentas e constantes descritas pelo gradualismo, ocasionalmente a Terra era submetida a mudanças catastróficas sob a forma de imensas inundações. Depois delas, surgiam novos organismos — mas por um processo de criação e não de evolução. Ele era um crítico feroz das ideias de Lamarck sobre a mudança dos animais com o tempo.

Em geral, Cuvier é considerado o pai da paleontologia e ajudou a criar a anatomia comparada. Foi o primeiro a tentar incluir os animais extintos fossilizados na taxonomia de Lineu. Ao estabelecer a extinção como um fato, ele facilitou o grande passo rumo à teoria evolucionista.

Evolução — agora com dinossauros

É impossível imaginar o impacto que o reconhecimento dos fósseis de dinossauro deve ter causado no século XIX. Foi uma mudança de paradigma. Agora parecia que a Terra tinha muito mais do que 6.000 anos, e monstros inimagináveis, hoje claramente extintos, já tinham caminhado por sua superfície. Os caçadores de fósseis notaram que não havia restos humanos nos mesmos estratos dos dinossauros. Ficava impossível resistir à verdade: a Bíblia não estava certa — e nem chegara perto. Para criacionistas como Owen, contornar a questão era uma opção atraente, mas não sustentável, e finalmente se tornou indefensável em 1859.

Um homem, um Beagle e alguns tentilhões

É claro que a história da evolução chega ao clímax com o trabalho de Charles Darwin. Mas esse clímax vinha chegando havia muito tempo. Darwin tinha apenas 22 anos quando lhe ofereceram o cargo de naturalista no navio de pesquisas HMS Beagle. Ele não era a primeira opção, e só foi chamado porque os outros tinham responsabilidades profissionais e domésticas. Quase foi recusado pelo capitão Robert FitzRoy, em parte porque este achou que o formato de seu nariz indicava fraqueza. Mas, com todos os problemas resolvidos (a não ser o formato do nariz), Darwin zarpou no final de dezembro de 1831 numa viagem que o faria dar a volta ao

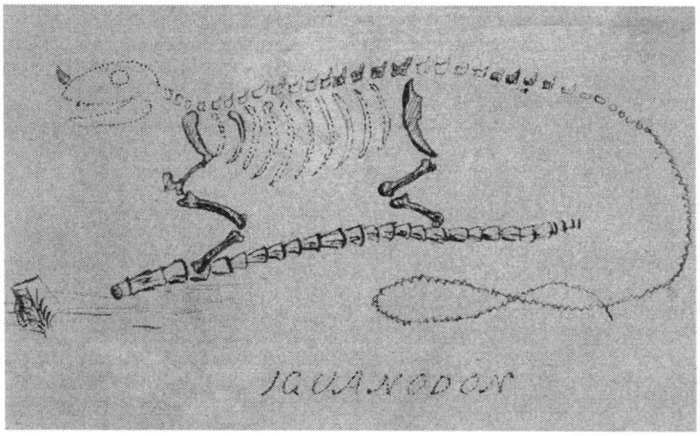

A reconstrução do iguanodonte por Gideon Mantell pôs o esporão do polegar no nariz, como um chifre.

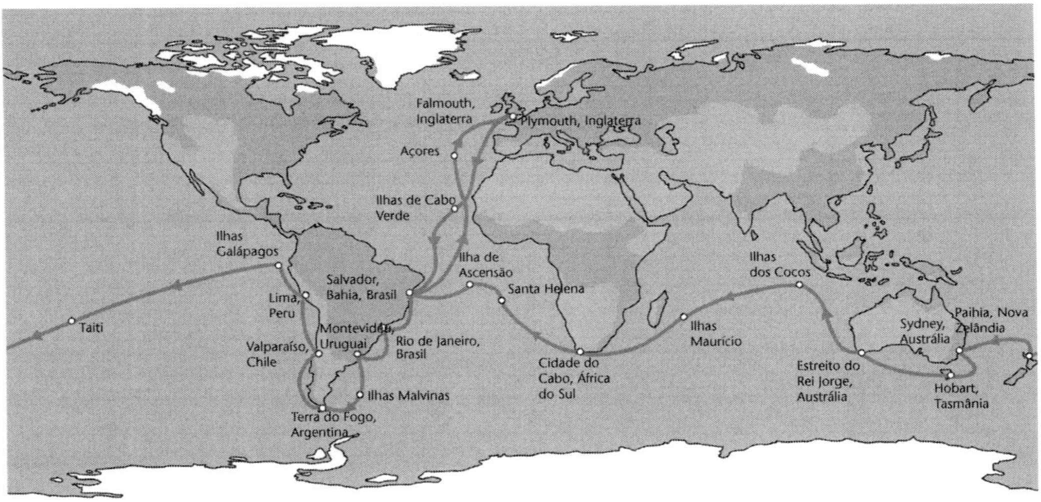

A rota do Beagle (em vermelho) levou Darwin à América do Sul e às ilhas Galápagos, mas também à Australásia e à África do Sul.

mundo e o manteria longe de casa durante quase cinco anos.

Darwin viu vulcões, terremotos, florestas tropicais, montanhas, o oceano, as paisagens mais bonitas do planeta e todas as variedades de pessoas e animais. O mais importante foi que coletou milhares de espécimes biológicos e geológicos.

Darwin leu o texto de geologia de Lyell e procurou por toda parte indícios da história geológica do mundo que endossassem sua teoria — e os achou. Ele estudou a localização de fósseis marinhos em terra firme e nas montanhas; ponderou sobre os fósseis de grandes mamíferos extintos; observou a ascensão dos atóis de coral; e o mais importante: ele notou a distribuição de diversos tipos de animais, principalmente as espécies estranhas e isoladas encontradas em algumas ilhas, e raciocinou sobre isso. Tomou notas copiosas, mas nenhuma delas insinua a teoria que desenvolveria mais tarde com base em suas observações.

Ao voltar, Darwin foi festejado. Fez amizade com as mentes mais brilhantes de sua geração. Sua fama foi garantida pelas amostras coletadas e pela longa descrição da viagem do *Beagle*, publicada em 1839. Em particular, ele continuou a pensar e escrever em seus cadernos, elaborando lentamente as consequências de tudo o que observara em seu longo período afastado.

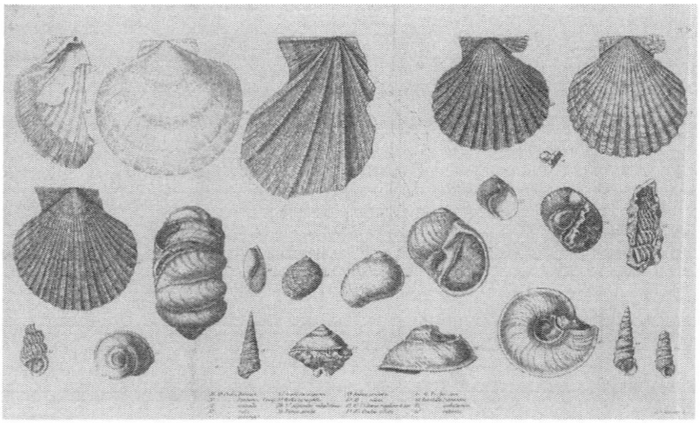

Conchas recolhidas por Darwin em sua viagem no HMS Beagle.

"O MAIOR INGLÊS DESDE NEWTON" — CHARLES DARWIN (1809-1882)

Como muita gente que mais tarde realizou grandes coisas, Darwin não foi promissor na escola. Gostava de travessuras e evitava o trabalho, atividade que fez seu professor em Shrewsbury chamá-lo de vadio e o pai a prever que "você será uma desgraça para si e para toda a sua família".

Depois da escola, Darwin começou a estudar Medicina na Universidade de Edimburgo, mas achou chato e nojento. Mudou-se para Cambridge para estudar teologia. Não teve mais sucesso: matava aula e passava o tempo caçando e bebendo. Mas sempre teve interesse pelo mundo natural, alimentado em Cambridge pela amizade com um professor muito respeitado, o clérigo e botânico inglês John Stevens Henslow (1796-1861). Darwin passava tanto tempo com o professor que era conhecido pelos outros professores como "o homem que anda com Henslow".

Em Edimburgo, ele aprendeu a empalhar aves com John Edmonstone, escravo liberto da Guiana. Em Cambridge, desenvolveu um fascínio por besouros e também começou a estudar com o famoso geólogo inglês Adam Sedgwick (1785-1873); passou duas semanas com ele estudando formações rochosas no País de Gales. Darwin planejava uma viagem para estudar a flora e a fauna de Tenerife quando recebeu uma carta de Henslow indicando-o como naturalista do HMS *Beagle*, selando seu futuro e a história da biologia. Quase cinco anos depois, Darwin retornou à Inglaterra com reputação estabelecida como naturalista. Foi convidado a se filiar a todas as principais instituições científicas da época e trabalhou com as mentes mais cultas, enquanto ao mesmo tempo desenvolvia, a princípio de forma desordenada, sua teoria da evolução.

Em 1839, depois de debater consigo se o matrimônio seria benéfico, casou-se finalmente com a prima Emma Wedgwood depois de chegar à conclusão de que uma esposa seria "melhor do que um cão, afinal de contas". Na verdade, Emma se mostrou uma companheira dedicada e ficou com ele até sua morte 48 anos depois — bem mais tempo do que um cão duraria.

Darwin ficou praticamente afastado do rebuliço que se seguiu à publicação de *A origem das espécies* (1859), seu livro inovador. Ele permaneceu intelectualmente ativo e publicou até a morte. Numa estranha coincidência, seu último trabalho sobre minhocas foi feito em colaboração com o avô de Francis Crick, um dos descobridores da estrutura do DNA (ver as páginas 164-9).

A evolução evolui

Sobre a questão da evolução, a princípio Darwin concordava com Lyell, que propunha que as espécies tinham se diversificado a partir de vários "centros da Criação". E era essa sua opinião no Beagle. Mas aí Darwin começou a pensar em termos da "árvore da vida", expressão que surge com frequência crescente em suas anotações; e ele achou que Lamarck estava errado ao pensar que a mudança surgia em consequência do esforço do organismo e que, na verdade, ela vinha da adaptação. Ele não rejeitou inteiramente a intervenção divina e escreveu: "Que se criem os animais; depois, pela lei fixa da geração, que assim sejam seus sucessores."

No final da década de 1830, ele se referia com frequência à "minha teoria"; parece que ela lançava raízes, mas ele ainda não estava pronto para publicar algo que, sem dúvida, causaria um supremo reboliço. Darwin começou a trabalhar na formulação da teoria em 1837, mas só terminou

AQUELES TENTILHÕES

Darwin costuma ser mais associado às ilhas Galápagos e aos tentilhões com bicos de formato diferente que encontrou lá. Ele ficou poucas semanas nas Galápagos, e suas anotações da época não dão muita importância aos tentilhões. Na época, ele estava mais interessado nas tartarugas gigantes e no modo como os répteis tinham ocupado os nichos que, na maioria dos ecossistemas, são dos mamíferos. Darwin doou os pássaros que recolheu à Real Sociedade Geológica, e eles foram passados ao ornitólogo inglês John Gould (1804-1881) para serem estudados. Foi Gould que reconheceu que os "pássaros pretos", "bicos-grossos", "chilreadores" e "tentilhões" que Darwin recolheu descendiam todos da mesma espécie de tentilhão-da-terra da América do Sul. O modo como o bico dos tentilhões se adaptou aos alimentos disponíveis nas diversas ilhas se mostrou uma demonstração perfeita de adaptação e especiação. Provavelmente as aves partiram do Equador, mas, depois de separadas entre as ilhas, desenvolveram colônias independentes, cada uma evoluindo separadamente para ocupar os vários nichos ecológicos que encontraram. Algumas passaram a ter bicos pequenos adequados para comer sementes, por exemplo, enquanto outras ficaram com bicos robustos, capazes de quebrar nozes.

Bicos dos tentilhões das Galápagos, cada um deles adequado à alimentação disponível.

> *"Mencionar perseguição dos primeiros astrônomos.— depois acrescentar que o principal bem de indivíduos científicos é empurrar sua ciência a apenas alguns anos à frente de sua época (diversamente dos literatos.—) devem lembrar que, se acreditam e não declaram publicamente sua crença, fazem tanto para retardar quanto aqueles cuja opinião, acreditam eles, empenharam-se em promover a causa da verdade."*
>
> Charles Darwin, Caderno C, 1838

A origem das espécies em 1858. O livro foi publicado no ano seguinte. É tradicional supor que Darwin retardou a publicação por medo. Embora sem dúvida ele previsse problemas, não há indícios de que tenha retardado a publicação, apenas de que somente trabalhou muito tempo no livro — algo apropriadíssimo, dada a natureza revolucionária de sua tese e o fato de que ele também tinha outros trabalhos a fazer. Realmente, ele passou oito anos estudando cracas enquanto o escrevia (mais tarde, afirmaria: "Odeio cracas, mais do que qualquer homem que já existiu").

Darwin reconheceu as consequências de sua linha de pensamento bem no começo, e disse dos animais que "eles podem compartilhar de nossa origem num único ancestral comum; podemos estar todos interligados".

A teoria de Darwin toma forma

Darwin disse que começou a pensar com clareza sobre a evolução em 1838, ano em que leu *Ensaio sobre o princípio da população*

> *"O homem, com sua arrogância, considera-se uma grande obra merecedora da intervenção de uma divindade. Mais humilde e, creio eu, mais verdadeiro é considerá-lo criado a partir de animais."*
>
> Charles Darwin, Caderno C, 1838

do acadêmico inglês Thomas Malthus. O ensaio faz um prognóstico sombrio do futuro da humanidade e afirma que a população sempre aumentará até o ponto em que a produção de alimentos não poderá mais alimentá-la; então, a fome, inevitavelmente, a reduzirá. Darwin adotou a ideia malthusiana de competição e sobrevivência e a estendeu a todo o mundo natural. Ele imaginou "uma força como cem mil cunhas tentando forçar cada tipo de estrutura adaptada nas lacunas da economia da Natureza, ou então formando lacunas ao expulsar os mais fracos".

Um choque horroroso

Depois de estudar as cracas de 1846 a 1854, Darwin voltou a formular suas ideias sobre a evolução. Ele realizou experiências para verificar se sementes podiam atravessar o mar e ainda ser viáveis (e concluiu que podiam) e começou a tomar notas para o livro que agora percebia que seria grande. Em 1856, Lyell observou que desejava que Darwin publicasse algo antes que outros tivessem a mesma ideia. Em 1857, foi exatamente o que aconteceu. O naturalista e explorador inglês Alfred Russell Wallace enviou a Darwin um artigo curto sobre seu próprio trabalho com espécies do arquipélago Malaio. Wallace notou que esse arquipélago tinha duas partes distintas: uma parte ocidental com espécies de origem principalmente asiática e uma parte oriental com fauna principalmente australásia (ver as páginas 185 e 186). Nesse artigo, ele propunha um mecanismo que, em essência, era igual à proposta de Darwin de evolução por seleção natural. Incomodado, Darwin pediu conselhos a Lyell. Eles chegaram a um acordo, segundo o qual Darwin e Wallace publicaram no mesmo dia suas contribuições à Linnaean Society, Provocaram pouco interesse, mas foi o empurrão de que Darwin precisava, e ele se dedicou seriamente a escrever *A origem das espécies*.

Thomas Malthus sugeriu que a população humana se autolimita.

Wallace foi sempre generoso ao reconhecer a prioridade de Darwin e lhe deu todo o seu apoio. Suas opiniões eram um pouco diferentes, porque ele tinha tendência espiritual e rejeitava a ideia de que a mente humana resultava da evolução. Seu ponto de vista sobre a evolução era teleológico; ele achava que ela funcionava na direção do humano, com a intervenção de algum "mundo invisível do espírito" para produzir o milagre que ele achava ser a mente humana.

"Um tropeço na direção certa"?

A origem das espécies foi finalmente publicado em 1859. Sua tese central, hoje conhecida por todos, é que:

- Os organismos estão em competição constante por recursos (alimento, espaço vital, parceiros sexuais).
- Toda variação genética de um organismo que seja vantajosa nessa competição tem probabilidade de aumentar o sucesso do organismo.
- Os organismos bem sucedidos conseguem se reproduzir e, assim, passam adiante as adaptações benéficas.
- A adaptação benéfica fica cada vez mais comum na população até finalmente se tornar uma característica daquela espécie.

Darwin chamou de "descendência com modificações" e "seleção natural" os processos em ação. A descendência com modificações explica a mudança lenta dos organismos no decorrer do tempo; a seleção natural, a razão de variações específicas sobreviverem. Sempre há indivíduos demais para que todos sobrevivam; assim, a competição entre eles é feroz. O processo de modificação é lento, e tem de haver muitos estágios intermediários.

De acordo com Darwin, não surpreende que haja poucos intermediários à vista, já que o registro fóssil é muito incompleto. Ele também ressaltou o grande número de espécies extintas, das quais temos algumas relíquias sob a forma de fósseis — indícios claros de organismos que não conseguiram mais se adaptar ao meio ambiente e, assim, pereceram.

A reação ao livro de Darwin variou do grande entusiasmo ao respeito prudente, mas a obra despertou curiosidade e foi um sucesso comercial. Em 1860, o debate público ficou mais acalorado, principalmente depois de um famoso colóquio em Oxford no qual o biólogo Thomas Huxley defen-

"Numa gota de água do mar, vemos a antiga criação recapitulada. Deus não trabalha de um modo hoje e de outro amanhã. Não duvido que minha gotícula de água, com suas transformações, me contará a história do universo. Vamos aguardar e observar. Quem pode prever a história da gotícula? Animal-planta ou planta-animal, qual será o primeiro a surgir dela? Não pode esta gotícula ser o infusorium, a mônada primordial que, por suas próprias vibrações, logo se torna um vibrião, que, subindo fileira a fileira, se torna um pólipo, um coral, uma pérola que, talvez em dez mil anos, atinge a estatura de um inseto? Esta gotícula, ou o que sairá dela, será uma fibra vegetal, um pedacinho leve e sedoso de pluma que dificilmente se tomaria por criatura viva, mas, ainda assim, nada menos que o primeiro fio de cabelo de uma deusa recém-nascida, um cabelo sensível e adorável, o cabelo de Vênus? Isso não é fábula, isso é história natural. Esse cabelo com duas naturezas (vegetal e animal), descendente de nossa gotícula, é o ancestral da própria vida."

Filósofo Jules Michelet (1861)

deu a teoria de Darwin contra o argumento criacionista defendido por Samuel Wilberforce, bispo de Oxford (auxiliado por Richard Owen, o flagelo de Darwin).

Na *Origem*, Darwin evitou falar das origens da vida e da evolução humana. Mais tarde, ele publicou *A origem do homem*, no qual fez o vínculo entre seres humanos e grandes macacos e propôs que os seres humanos evoluíram a partir de outros animais. Darwin se manteve distante da balbúrdia, mas alguns de seus partidários formaram um clube para cavalheiros, o X Club, e defenderam a evolução. Dois integrantes, Thomas Huxley e o botânico Joseph Hooker, fundaram a revista *Nature* em 1869.

A crença na evolução foi rapidamente adotada pelos círculos científicos, embora a explicação que Darwin deu para a mudança por seleção natural não tenha sido aceita tão amplamente. Alguns cientistas preferiam uma explicação mais lamarckiana, e alguns apoiavam a ideia da ortogênese — a teoria de que a evolução progrediu de forma linear rumo à perfeição. Essa era uma explicação teleológica que envolvia algum tipo de força motriz potencialmente divina.

A ideia de que os seres humanos evoluíram de outros macacos por meio dos primeiros hominídeos era abominável para muitos cristãos do século XIX.

Seleção natural e artificial

Darwin cunhou a expressão "seleção natural" para traçar um paralelo com a "seleção artificial" usada no cruzamento de plantas e animais. Ele começou A origem examinando a imensa variedade dos animais e plantas domésticos. E ressaltou que essas variações surgiram porque os seres humanos cruzaram plantas e animais deliberadamente para reforçar características específicas. Os pombos-comuns e os pombos extravagantes especialmente cria-

A evolução ainda era vista como o progresso rumo a organismos "melhores" ou "mais elevados", como indica a ilustração de Haeckel.

Um pombo extravagante (à esquerda) e o pombo-comum (à direita).

dos pertencem à mesma espécie Columbia livia, mas são tão diferentes que, para os não iniciados, parecem espécies separadas. Se os seres humanos conseguem selecionar artificialmente traços desejados, é um pequeno passo ver a mesma coisa acontecendo por processos naturais; assim, a seleção natural reforça características vantajosas e provoca modificações em organismos.

Dinossauros — agora com evolução

Enquanto Darwin trabalhava em seu livro, veio à luz na América do Norte o primeiro dos muitos fósseis de dinossauro. Começou com dentes em 1855; depois, em 1858, o paleontólogo americano Joseph Leidy descreveu um hadrossauro achado em Nova Jersey. Em 1861, a descoberta na Baviera do arqueoptérix, uma antiga ave em transição com muitas características-padrão dos dinossauros, deu sustentação à teoria de Darwin. Com a expansão das ferrovias e o aumento da exploração do oeste americano depois da Guerra de Secessão, surgiram mais fósseis de dinossauros. No estado do Kansas, foi descoberto o Mar Interior Ocidental, um mar pré-histórico que, cem milhões de anos atrás, dividia a América do Norte de cima abaixo. Mais tarde fósseis soberbos seriam encontrados ali.

Em 1872, o paleontólogo americano Othniel Marsh encontrou no Kansas mais aves com dentes e os primeiros cavalos fósseis. Tanto as primeiras aves quanto os cavalos se tornaram importantes para demonstrar a evolução. Na verdade, 1872 marca o início de um período conhecido como a "Guerra dos Ossos", em que Marsh e seu adversário e compatriota Edward Drinker Cope competiram pela supremacia na caça aos dinossauros.

Este fóssil de arqueoptérix mostra claramente asas com garras, penas e um bico com dentes.

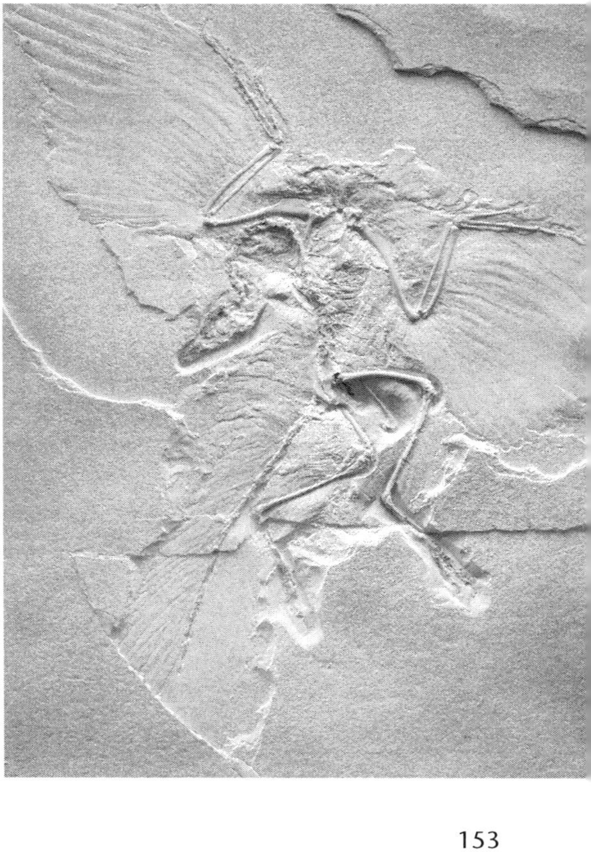

A Guerra dos Ossos

Nas últimas décadas do século XIX, Cope e Marsh embarcaram numa corrida extremamente competitiva para encontrar e batizar dinossauros. Às vezes chamada de "Grande Corrida dos Dinossauros", ela foi quase tão desprovida de regras e princípios quanto a outra grande corrida do Velho Oeste, a Corrida do Ouro. Cope trabalhava para Academia de Ciências Naturais da Filadélfia; Marsh representava o Museu Peabody de História Natural da Universidade de Yale. Ambos deviam saber que não é assim que se faz, mas eles recorreram a furto, suborno, roubo de funcionários, críticas negativas à pesquisa do outro e chegaram até a destruir ossos na tentativa de prejudicar o trabalho do rival e ficar em primeiro lugar.

Entre 1877 e 1892, ambos gastaram toda a sua fortuna pessoal na caça a fósseis nas grandes jazidas de ossos dos estados de Colorado, Nebraska e Wyoming. Embora financeiramente arruinados, no final eles tinham desenterrado um número imenso de ossos, muitos ainda em caixotes sem serem processados quando morreram. No total, deram nome a mais de 140 espécies de dinossauro (embora apenas uma fração desses nomes ainda seja usada).

Uma das jazidas de ossos mais explorada pelos dois paleontólogos foi Como Bluff, no Colorado. Lá, os homens de Marsh desenterraram estegossauros, apatossauros e alossauros, todos batizados por Marsh no número de dezembro de 1877 da revista *American Journal of Science*.

Eles cometeram erros. Cope publicou sua reconstrução do plessiossauro elasmossauro com a cabeça na ponta errada, e depois ficou tão envergonhado que tentou comprar todos os exemplares da revista. Marsh demorava tanto para pagar seus operários que alguns foram trabalhar para Cope. Durante décadas, a rixa entre os dois levou o descrédito e talvez até ridículo à paleontologia americana, mas seus achados continuam monumentais. Também foi a Guerra dos Ossos que levou os dinossauros à atenção do público e os fixou em nosso afeto.

Em 1878, o primeiro de trinta esqueletos fósseis de iguanodonte foi descoberto numa mina na Bélgica. O artista Gustav Lavalette foi encarregado de desenhá-los na posição original antes que começasse o trabalho de prepará-lo.

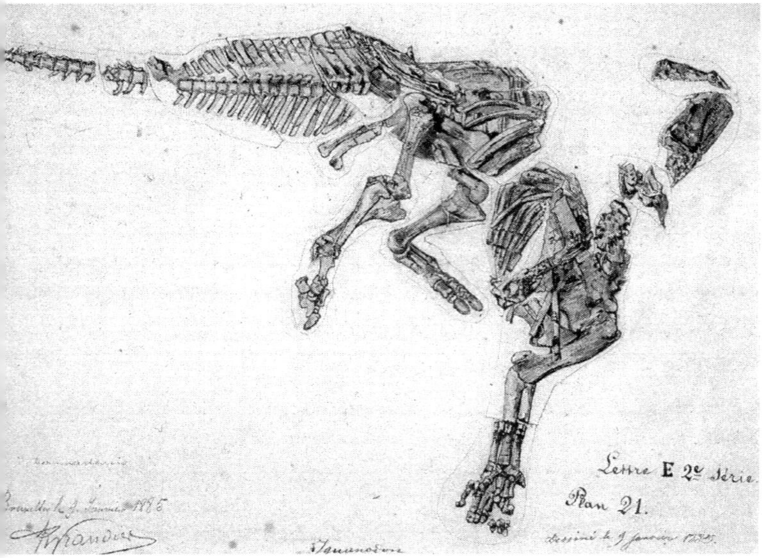

O elo perdido

A explicação de Darwin das mudanças graduais provocadas nos organismos que competem entre si e se adaptam às alterações do ambiente ficou cada vez mais cativante. Um conjunto crescente de indícios da história natural mostrava que os organismos realmente mudam sob vários tipos de pressão. Entretanto, o que faltava no quadro era exatamente como essas mudanças se propagavam e eram transmitidas às futuras gerações. O mecanismo da herança continuava fugidio. O século seguinte veria as peças se encaixarem quando a evolução e a genética se uniram na chamada "síntese evolutiva moderna".

BARNUM BROWN E O T. REX

Marsh e Cope não foram os únicos personagens excêntricos envolvidos na caça aos dinossauros. Barnum Brown, outro americano, batizado em homenagem a um homem forte de circo, costumava frequentar escavações de cartola e um casaco de pele de castor que ia até o chão. Sua descoberta mais famosa foi o Tyrannosaurus rex, em 1902. Como Cope e Marsh, ele usava dinamite para explodir encostas na busca de fósseis, e coletou tantos que caixotes de seus achados ainda estavam sem exame muitas décadas depois de sua morte.

Barnum Brown na escavação de um dinossauro no Canadá, em 1912.

CAPÍTULO 7

Pais e PROLE

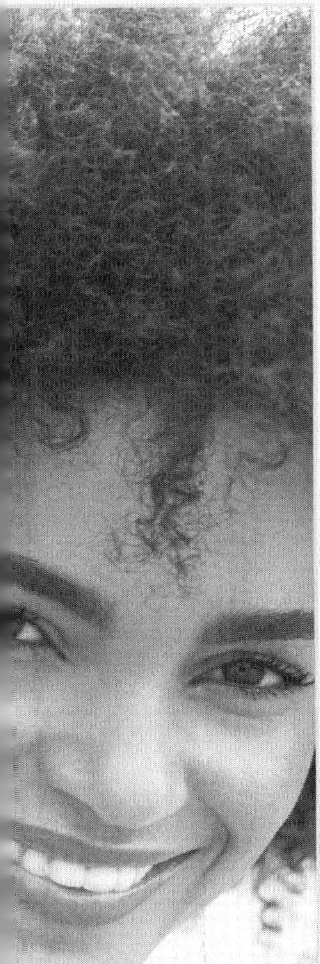

A hereditariedade é produzida pela transferência, de uma geração a outra, de uma substância com uma constituição química e, acima de tudo, molecular definida.

August Weismann, 1885

Depois que a ideia da evolução foi aceita, novos quebra-cabeças surgiram. Teria de haver um modo de passar características dos pais à prole e também de efetuar mudanças na repetição desse processo. A descoberta de como exatamente acontecia a evolução se baseou no entendimento da genética. No comecinho do século XX, evolução e genética começaram a se reunir na mais frutífera das sínteses.

A semelhança entre membros de uma família é um sinal da herança genética que sempre foi visível.

O monge e as ervilhas

Enquanto Darwin aguentava as tempestades de protesto pela publicação de A origem das espécies, um monge franciscano cultivava ervilhas num mosteiro da Morávia (hoje na República Tcheca). Gregor Mendel (1822-84) realizou experiências sobre a herança de características dos pés de ervilha. Num período de oito anos, de 1856 a 1863, ele cultivou 29.000 pés de ervilha na horta experimental do mosteiro de São Tomás, em Brno, e observou os padrões de herança de sete características: altura, cor e posição das flores, cor e formato da semente, cor e formato (redondo ou enrugado) da vagem.

Fatores e formas

Mendel descobriu que determinadas características surgem em cerca de um quarto dos descendentes, mesmo quando não estão presentes nos pais. A partir da estatística, foi possível deduzir o processo. Ele começou propondo que "fatores" invisíveis transmitem informações de uma geração a outra. (Hoje, esses fatores se chamam genes.) Ele propôs que, para cada característica, existiriam duas "formas" (hoje chamadas alelos) que seriam transmitidas em pares. Assim, um fator (gene) de cor poderia ter duas formas (alelos), uma que faz a flor ser branca, outra que faz a flor ser roxa. Ele explicou que há uma forma dominante e outra recessiva.

O organismo exibirá a forma dominante se tiver pelo menos uma cópia daquele alelo. A forma recessiva só será exibida se houver duas cópias de seu alelo e nenhuma do alelo dominante. Se dissermos que a forma roxa dominante é representada pelo alelo A e a forma recessiva branca, pelo alelo a, os pares de alelos AA, Aa e aA produzirão flores roxas, já que A domina a. Só a planta com o par aa produzirá flores brancas.

As leis de Mendel

Mendel formulou esses achados em suas "leis da herança". A Lei da Segregação dos Fatores afirma que, quando se produzem os gametas (células sexuais, espermatozoides e óvulos), os pares de alelos se dividem, de modo que cada célula sexual tem apenas um de cada gene. Assim, um pé de ervilha pode transmitir um alelo de flores brancas ou um alelo de flores roxas; outro pé de ervilha fornecerá o segundo alelo necessário para formar o par.

A Lei da Segregação Independente afirma que todos os pares de alelos se separam isoladamente, de modo que qualquer mistura de alelos do genitor é possível no gameta.

A Lei da Dominância afirma que, quando o organismo tem um alelo de uma

O mosteiro de Brno, onde Gregor Mendel realizou suas experiências sobre características herdadas em plantas, abriga hoje um museu com seu nome.

característica dominante, esta é que será expressa.

As leis mendelianas da herança não explicam totalmente como as características são herdadas; nem todos os alelos são estritamente e/ou, com uma forma dominante e outra recessiva. Algumas características têm mais de dois alelos, e outras resultam da atuação conjunta dos alelos. Mas a descrição de Mendel foi boa o suficiente para a genética começar bem.

Infelizmente, isso não aconteceu. Mendel apresentou sua pesquisa em 1856 e a publicou em 1866, mas ela foi recebida principalmente como um estudo de hibridação, que não atraiu o público científico que merecia. Em consequência disso, não houve impacto sobre o desenvolvimento do pensamento evolucionista até o século XX. O próprio Mendel abandonou quase todas as atividades de pesquisa em 1868, quando foi nomeado abade do mosteiro.

Olhem as células

Mendel não podia propor um mecanismo em nível celular para o que observou em suas gerações de pés de ervilha. Na verdade, na época de seu trabalho ninguém sabia direito como as células se dividiam num organismo em crescimento nem de como eram produzidas as células sexuais. Esses dois tipos diferentes de divisão celular, respectivamente mitose e meiose, foram revelados no fim do século XIX.

O material da hereditariedade já fora visto, embora não identificado, antes que Mendel começasse a fazer experiências na horta e no laboratório do mosteiro. Em 1842, o botânico suíço Karl von Nägeli viu uma rede emaranhada de estruturas filamentosas dentro do núcleo da célula, mas não as reconheceu como cromossomos isolados. Ele supôs que a teia que vira formava uma estrutura que se espalhava por todo o organismo.

Quarenta anos depois, o comportamento dos cromossomos durante a divisão celular ficou visível. Em 1883, o zoólogo belga Edouard van Beneden observou a meiose funcionando nos óvulos de *Ascaris*, uma lombriga de cavalos. Ele viu que o núme-

As leis da herança de Mendel mostram a transmissão de características de uma geração de ervilha a outra.

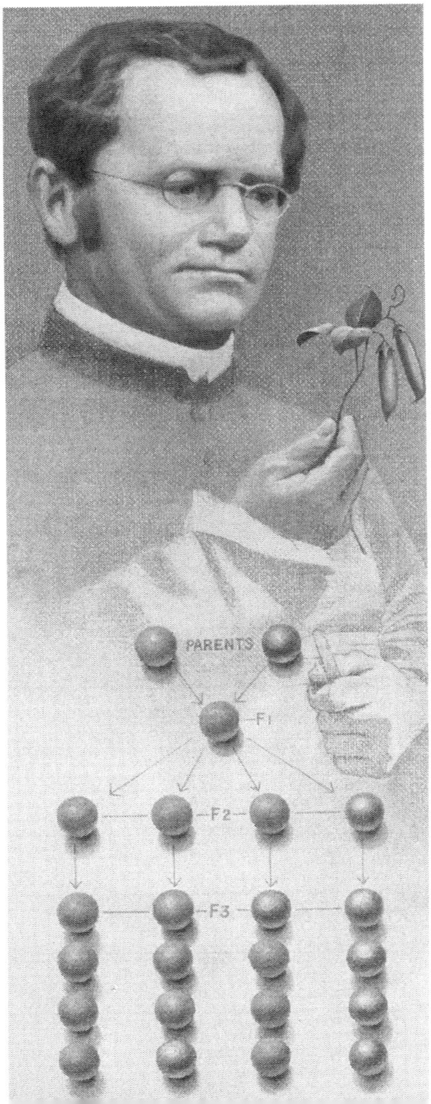

Heinrich von Waldeyer-Hartz deu nome aos cromossomos.

ro de cromossomos (embora não usasse o nome) nas células sexuais é metade do número das células somáticas normais (as do corpo).

A mitose foi estudada e batizada pelo biólogo alemão Walther Flemming em 1882. Ele observou a separação e depois a duplicação dos cromossomos antes da divisão celular, e cada nova célula ficava com o número completo.

Cromossomos desembaralhados

Os cromossomos finalmente receberam seu nome em 1888, dado pelo anatomista alemão Heinrich von Waldeyer-Hartz. O nome se refere à "cromatina", a mistura de DNA e proteínas que forma os cromossomos; por sua vez, o nome cromatina reflete o fato de que a substância absorve corantes e, portanto, fica colorida nas preparações para a microscopia. Na verdade, o material dos cromossomos já tinha sido descoberto em 1869 e recebido o nome de "nucleína", mas Flemming não tinha certeza de que cromatina e nucleína fossem a mesma coisa e, por isso, usou outro nome.

Suspeitas do papel da nucleína

Em 1875, o zoólogo alemão Oscar Hertwig descobriu que a nova vida começa com a fecundação de um óvulo por um espermatozoide; ele concluiu que a fecundação é um processo físico e químico e rejeitou ideias anteriores sobre algum tipo de essência, espírito ou fermento. Em 1885, ele declarou que a nucleína era responsável tanto pela fecundação quanto pela herança de características.

A montagem das peças

Foi preciso que o cientista teórico alemão August Weismann (ver a página 137) elaborasse o que acontecia dentro da célula em termos de hereditariedade. No início da carreira, Weismann teve um problema ocular que o impediu de trabalhar com microscópios. Uma consequência afortunada disso para a história da ciência foi que ele passou os anos seguintes pensando meticulosamente nos enigmas da hereditariedade e da evolução.

Weismann era darwinista (foi chamado até de mais darwinista do que o próprio Darwin), mas logo reconheceu que as mudanças provocadas pela evolução são exceção e não regra em termos de hereditariedade. Em primeiro lugar, é necessário estabelecer uma linha estável de descendência entre gerações; só então o mecanismo de mudança nessa linha de descendência poderá ser examinado.

DIVIDIR E DIVIDIR DE NOVO

A meiose é a divisão das células diploides (as que têm um conjunto completo de cromossomos) para produzir células haploides (que têm metade do total de cromossomos). Ela produz as células sexuais ou gametas: óvulos e espermatozoides.

A mitose é a divisão das células diploides para produzir novas células diploides. É o processo pelo qual novas células corporais (somáticas) são produzidas para crescer e reparar tecidos.

Weismann publicou suas ideias em 1885. Ele fez uma distinção bem clara entre as células sexuais, que (combinadas) podem dar origem a um novo organismo, e as células somáticas que formam a maior parte do corpo e afirmou que as informações genéticas se transferem apenas num sentido: as células sexuais se combinam para produzir células somáticas e lhes transmitem informações genéticas, mas a produção de novas células sexuais é isolada da maior parte do corpo e não pode incorporar novas informações vindas dele. Em consequência, não é possível nenhum tipo de herança lamarckiana de características adquiridas (ver a página 137).

Além disso, Weismann previu que, na meiose, a criação das células sexuais exige a divisão do número de cromossomos pela metade, de modo que a fecundação envolve reunir dois meios conjuntos para produzir o conjunto inteiro de cromossomos que define o novo organismo. Em 1888, as observações experimentais de dois biólogos alemães, Theodor Boveri e Eduard Strasburger, provaram que ele estava certo. A explicação de Weismann de como duas células sexuais haploides produzem um ovo diploide, fecundado com o conjunto completo de informações genéticas necessárias para produzir um novo organismo, é considerada uma das descobertas mais importantes da biologia.

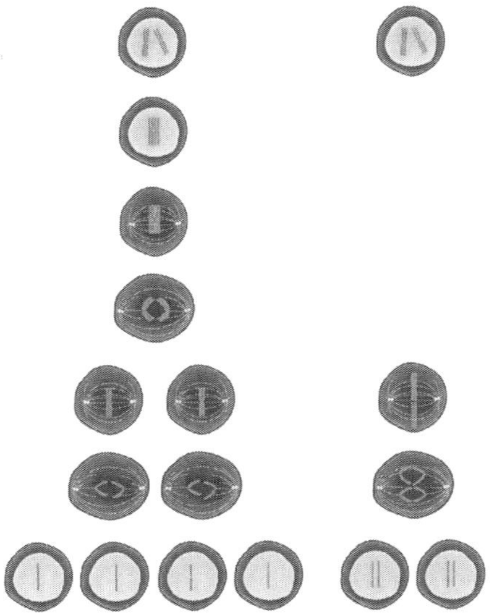

Duas formas de divisão celular: meiose (à esquerda) e mitose (à direita)

August Weismann propôs que as células sexuais podem determinar as células somáticas de um novo organismo; as células somáticas não podem mudar nem determinar as células sexuais.

Mendel redescoberto

Mendel deduziu suas leis sem saber da existência de genes e cromossomos, por isso não pôde explicar inteiramente o processo físico pelo qual as características se transmitiam de uma geração a outra. Quando seu trabalho foi redescoberto, essa conexão pôde ser feita.

Em 1900, três botânicos europeus, que trabalhavam com plantas híbridas de forma independente entre si, redescobriram a obra de Mendel. O holandês Hugo DeVries, o alemão Carl Correns e o austríaco Erich von Tschermak encontraram o artigo de Mendel ao revisar a literatura, e cada um deles publicou no mesmo ano seus achados fazendo referência à obra de Mendel mais de quarenta anos depois da descoberta do monge. DeVries ligou a hereditariedade à teoria da evolução de Darwin, indicando que a mutação era o meio pelo qual surgiam as variações de características. As mutações benéficas são favorecidas e mantidas pela seleção natural e proliferam, permitindo a evolução da espécie. Finalmente, o vínculo entre hereditariedade e evolução podia ser explicado.

> *"A associação de cromossomos paternos e maternos em pares e sua separação subsequente durante a divisão redutora [...] pode constituir a base física da lei mendeliana da hereditariedade."*
>
> Walter Sutton, 1903

Dos cromossomos aos genes

Em 1903, Theodor Boveri e o geneticista americano Walter Sutton sugeriram, de forma independente, que os pares de cromossomos são as unidades de herança descritas por Mendel. Essa é a chamada teoria cromossômica de Boveri-Sutton.

Até então, a maioria dos cientistas acreditava que todos os cromossomos se equivaliam. Mas a hipótese de Boveri-Sutton propunha que os cromossomos são diferentes e que a divisão e o pareamento de cromossomos dos genitores masculino e feminino eram a razão da variação entre indivíduos e o modo de ocorrência da herança mendeliana.

Mas a ideia de que cada cromossomo é diferente e transmite características herdadas específicas provocou um novo problema. É claro que há mais características do que cromossomos, portanto o mecanismo tinha de ser mais complexo do que um cromossomo por característica. Sutton reconheceu isso, mas supôs que "todas as características associadas a um dado cromossomo têm de ser herdadas juntas".

Em 1905, demonstrou-se que algumas características da ervilha são sempre herdadas juntas. Essa vinculação entre características parecia sustentar a ideia de que cada cromossomo era herdado (ou não) em sua inteireza. Mas o geneticista americano Thomas Morgan encontraria outra explicação que o levou a produzir o primeiro mapa genético.

Moscas-das-frutas, um passo à frente

Por volta de 1908, Morgan e um aluno que trabalhava com ele, o americano Alfred Sturtevant, criaram um laboratório de pesquisa na Universidade de Colúmbia que passou a ser chamado de "sala

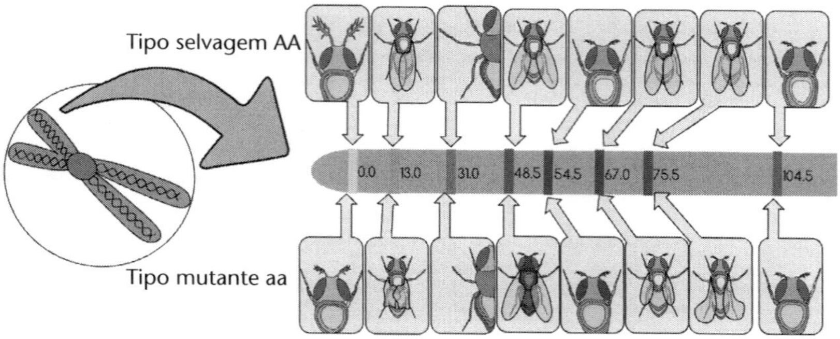

Parte do mapa genético da mosca-das-frutas comum (Drosophila melanogaster) mostrando a função e a localização relativa dos genes.

das moscas", onde trabalharam intensamente com a mosca-das-frutas comum (Drosophila melanogaster). As drosófilas têm vida curta e, embora minúsculas, são fáceis de criar e cruzar, o que faz delas organismos-modelo ideais para a pesquisa genética. A sala das moscas ficou mundialmente famosa, e surgiu um mercado internacional de trocas de drosófilas mutantes cujo eixo era a sala das moscas.

GENES E GENÉTICA

Em 1909, o botânico dinamarquês Wilhelm Johannsen usou pela primeira vez a palavra "gene" para denominar a unidade funcional da hereditariedade. A palavra "genética" já fora cunhada em 1905 pelo biólogo inglês William Bateson.

Olhos e XY

Em 1910 Morgan descobriu uma mutação em seus vidros de moscas: um macho com olhos brancos e não vermelhos. Ao cruzar esse único macho, ele descobriu que toda a primeira geração tinha olhos vermelhos, mas, no cruzamento dessa prole, alguns indivíduos da geração seguinte tinham olhos brancos. Ele concluiu que, de acordo com a previsão de Mendel, o olho vermelho era a característica dominante e o olho branco, a recessiva.

Mas havia mais. O equilíbrio entre olhos vermelhos e brancos não era igual entre os sexos: quando a mãe tinha olhos brancos, os filhotes fêmeas teriam olhos vermelhos ou brancos, mas os machos sempre tinham olhos brancos, qualquer que fosse a cor dos olhos do pai. Ao examinar os cromossomos no microscópio, Morgan descobriu que as fêmeas tinham quatro pares de cromossomos em formato de "X". Os machos tinham três desses pares, mas o quarto par dos machos tinha um dos cromossomos em forma de "X", o outro em forma de "Y". Morgan descobrira os cromossomos XX e XY que determinam o sexo. Além disso, ele supôs que o gene de cor dos olhos tinha de estar no cromossomo sexual X; sempre que a mãe fornecesse um gene para olhos brancos, esse seria o único gene para cor de olho do filhote macho, e por isso ele sempre se expressava. O macho passava adiante um cromossomo Y que não tinha gene para a cor de olho.

Genes juntos e separados

A continuação do trabalho na sala das moscas revelou que algumas características costumam ser herdadas juntas. Morgan supôs que deveriam estar no mesmo cromossomo. No entanto, não eram sempre herdadas juntas, portanto era claro que genes separados estavam envolvidos. Morgan propôs a ideia do crossing over, no qual parte de um cromossomo é trocada pela parte correspondente do outro cromossomo do mesmo par. Ele demonstrou que a probabilidade de os genes ficarem juntos quando um cromossomo é separado na meiose depende da proximidade física dos genes no cromossomo.

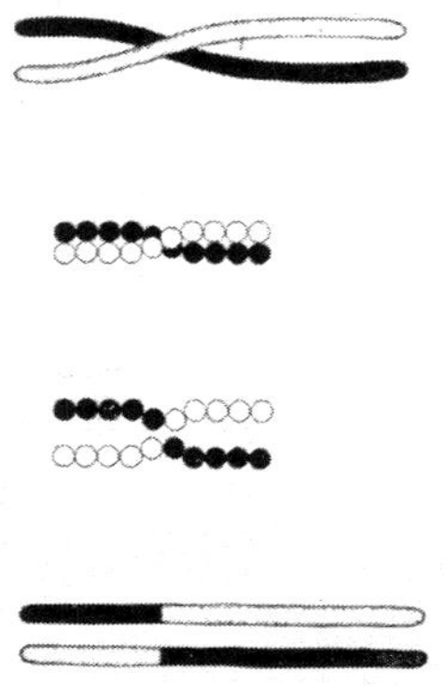

Como o crossing over pode produzir um cromossomo formado de genes de dois cromossomos.

Isso faz sentido: se os cromossomos se separam e se recombinam de maneira bastante aleatória, é mais provável que genes adjacentes se mantenham juntos do que se estiverem distantes. Assim, os genes que estão no mesmo "pedaço" de cromossomo são herdados como um grupo.

Ao analisar com que frequência determinadas características são herdadas juntas, Morgan calculou a distância entre genes nos cromossomos. O resultado foi o primeiro mapa genético do mundo, desenhado por Arthur Sturtevant em 1911.

A capacidade dos genes de se mover nos cromossomos foi demonstrada de forma conclusiva em 1931 pela geneticista americana Barbara McClintock, que trabalhava com milho. Seu trabalho foi recebido com críticas na época e passou muitos anos sem ser reconhecido. Mas em 1983 ela ganhou o Prêmio Nobel pelo trabalho sobre elementos genéticos móveis ("genes saltadores").

Resolvido: DNA e hereditariedade são inseparáveis

Morgan recebeu o Prêmio Nobel por seu trabalho com genética, mas ainda não estava claro se as características que ele examinava estavam codificadas no DNA. A descoberta decisiva de que o DNA transmite informações genéticas veio em 1928. A química propriamente dita, contudo, estava no radar dos biólogos havia algum tempo.

Da nucleína à cromatina e ao DNA

Em 1869, pouco depois de Mendel publicar seus achados, o biólogo suíço Friedrich Miescher isolou a substância que chamou de "nucleína" porque a encontrou no núcleo de leucócitos (células brancas do sangue). Ele obteve suas amostras lavando o pus de ataduras usadas, processo que provavelmente já tão desagradável que impediu outras pessoas de invadir sua área de pesquisa.

A nucleína era uma combinação de ácidos nucleicos (RNA e DNA). Nove anos depois, em 1878, o bioquímico alemão Albrecht Kossel mostrou que a nucleína continha um componente proteico e outro não proteico. Ele identificou este último como um ácido nucleico e, no período de 1885 a 1901, descobriu as bases dos nucleotídios que formam o DNA e o RNA. No DNA, elas são adenina, citosina, guanina e timina. No RNA, a timina é substituída pelo uracil.

Em 1919, o bioquímico americano Phoebus Levene identificou a unidade de base, glicídio (açúcar) e fosfato do nucleotídio e sugeriu que o DNA seria uma cadeia de nucleotídios unidos por grupos fosfato. Mas ele concluiu que a estrutura simplesmente repetia os nucleotídios numa sequência fixa. Isso não

O trabalho de Barbara McClintock com o milho mostrou que os genes podem se mover pelos cromossomos.

As cores e a padronagem extraordinárias da mariposa-atlas-gigante estão codificadas no DNA.

teria nenhum potencial de codificação, e seu trabalho tornou ainda menos provável que o DNA fosse o material da herança.

O progresso com o DNA praticamente parou até a década de 1940. Talvez não surpreenda que fosse difícil entender a ideia de que toda a complexidade de definir um organismo vivo estivesse incorporada no arranjo dos átomos. Ela se opunha à visão grandiosa dos seres humanos como criaturas especiais de Deus, que predominava havia apenas cem anos. Para muitos, isso parecia impossível.

Rápido e barato

No fim da década de 1940, o bioquímico austríaco Erwin Chargaff descobriu que as bases sempre ocorrem em pares no DNA — uma característica fundamental da estrutura molecular que permite sua duplicação. Mais tarde, ele afirmou que só escolheu estudar química no doutorado devido a restrições financeiras. Numa época em que os alunos tinham de pagar pelo equipamento científico, a química — sobre a qual ele nada sabia — era a opção mais barata. Ele recordou que não exigia "nem tempo nem dinheiro demais".

Camundongos mortos revelam tudo

O físico Oswald Avery, de origem canadense, trabalhava na descoberta, feita em 1928, de que, se injetasse em camundongos uma forma fatal de pneumonia, depois de morta por aquecimento, juntamente com uma forma viva mas não mortal, os animais adoeciam e morriam.

> *"A suposição de que partículas de cromatina, indistintas umas das outras e realmente quase homogêneas em qualquer teste conhecido, possam, por sua natureza material, conferir todas as propriedades da vida ultrapassa o alcance até do materialismo mais convencido."*
>
> William Bateson, biólogo, 1916

A investigação pós-morte mostrou que a forma mortal estava viva nos cadáveres. Era óbvio que o material genético se transferia da forma destruída pelo calor para a forma menos perigosa, efetivamente reencarnando a forma mortal.

Em 1944, Avery demonstrou que o DNA é o agente "transformador" que permite a uma forma de bactéria adotar propriedades da outra forma. Ele fez isso desativando o DNA, o RNA e as proteínas, um de cada vez, na forma destruída pelo calor e descobriu que, se destruísse o DNA, a transferência não ocorria. Em seguida, ele demonstrou que bastava fornecer o DNA em vez das células inteiras para facilitar a transferência de material. O trabalho de Avery foi o primeiro a mostrar que as bactérias têm DNA. A princípio, houve resistência a seus achados, porque muita gente queria que o agente transformador fosse a proteína.

Em 1952, dois pesquisadores americanos, o bacteriologista Alfred Hershey e a geneticista Martha Chase, demonstraram com mais clareza ainda que o DNA é o meio de transferência genética. Eles usaram bacteriófagos marcados com enxofre ou fósforo radiativos para infectar a bactéria *Escherichia coli (E. coli)*. O enxofre é incorporado pela proteína, o fósforo pelo DNA. O fago infecta a bactéria injetando na célula seu próprio material genético, que então sequestra a célula, usando-a para produzir mais partículas virais. Depois de cultivar os fagos e depois separar fagos e bactérias, eles descobriram que o fósforo, mas não o enxofre, tinha se transferido para a bactéria, demonstrando que o revestimento proteico do fago não tinha importância no mecanismo de transferência. Embora Hershey e Chase não afir-

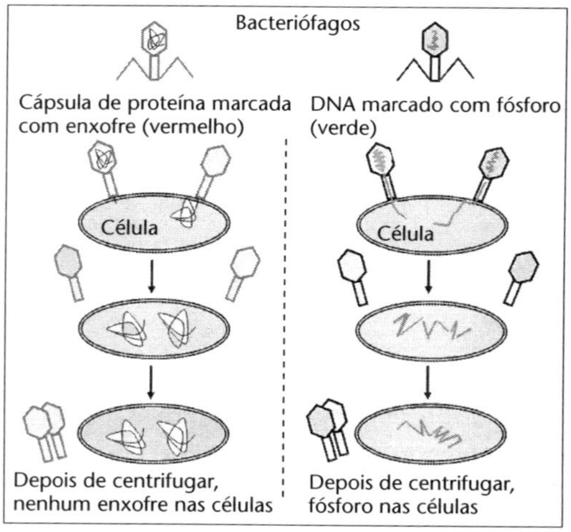

O fósforo marcado é incorporado ao DNA da bactéria, mas não o enxofre marcado.

VER COM RAIOS X

Os raios X foram descobertos por acaso em 1895 pelo físico Wilhem Röntgen. Em 1912, Max von Laue, um colega físico alemão, desenvolveu a técnica da cristalografia de raios X. Ao examinar os padrões produzidos quando os raios X se espalham (difratam) depois de passar por substâncias como moléculas biológicas e cristais, ele constatou que conseguia descobrir sua estrutura interna. O físico britânico William Astbury, pioneiro do uso de cristalografia de raios X para examinar moléculas biológicas complexas, aplicou o processo ao DNA pela primeira vez em 1937. Rosalind Franklin foi competentíssima na técnica de difração de raios X. Foram suas fotografias radiográficas do DNA que permitiram a Francis Crick e James Watson elaborar sua estrutura exata em 1953.

massem ter demonstrado que o DNA é o meio de transferência genética, a estrutura do DNA foi revelada no ano seguinte e resolveu a questão de forma conclusiva.

Revelado o DNA

Tinha começado a corrida para descobrir a estrutura molecular do DNA. Os cientistas de universidades do mundo inteiro se voltaram para o problema, inclusive o bioquímico americano e ganhador do Prêmio Nobel Linus Pauling, na Califórnia, e dois jovens biólogos moleculares em Cambridge, na Inglaterra: o inglês Francis Crick (1916-2004) e o americano James Watson (n. 1928). Quando Pauling publicou sua solução, os biólogos mais jovens temeram que ele os tivesse vencido — mas ele propunha uma espiral tripla que não funcionaria do modo que o DNA funciona. Sabedores de que, assim que seu modelo fosse criticado, Pauling correria para corrigi-lo, Crick e Watson perceberam que teriam de redobrar seus esforços se quisessem vencê-lo. Os dois conseguiram, tornando-se talvez os nomes mais famosos da biologia do século XX. Ao revelar a estrutura da molécula de DNA, eles abriram caminho para todo o trabalho futuro sobre genética e hereditariedade.

Mas Crick e Watson eram apenas metade da equipe que fez o trabalho pioneiro. Os outros dois integrantes eram o biólogo neozelandês Maurice Wilkins e a química inglesa especializada em cristalografia de raios X Rosalind Franklin; ao contrário de Crick e Watson, eles não se entendiam muito bem. Wilkins pensou em usar a cristalografia de raios X (ver o quadro ao lado) para descobrir a estrutura molecular do ácido nucleico. (Watson ouvira Wilkins falar em Nápoles, na Itália, e foi conquistado pela ideia de entrar na corrida para entender o DNA.) Ao mesmo tempo, outras esquipes de pesquisa usavam a cristalografia de raios X para investigar a estrutura de outras moléculas biológicas importantes: a hemoglobina (que transporta oxigênio no sangue) e a mioglobina (que armazena oxigênio nos músculos).

Por sugestão de Wilkins e sem a permissão nem o conhecimento de Franklin, Crick e Watson estudaram uma radiografia de altíssima qualidade do DNA preparada por ela. Era muito melhor do que as imagens à disposição de Pauling. A imagem por difração de raios X, hoje conhecida como "Fotografia 51", mostrava claramente que o DNA tem uma estrutura helicoidal em dupla espiral. Isso, juntamente com o conhecimento prévio sobre as bases que formavam pares, deu a Wat-

Watson (à esquerda) e Crick com seu modelo da estrutura molecular do DNA.

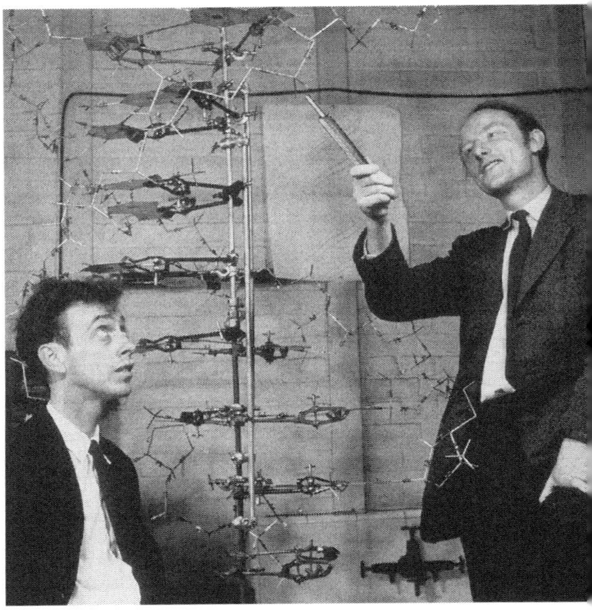

son e Crick as últimas peças do quebra-cabeça. Em 1953, eles descreveram a estrutura da molécula de DNA: uma espiral dupla, com os dois filamentos externos ligados por degraus formados por nucleotídios com pares de bases. As bases são unidas por ligações de hidrogênio — uma atração eletrostática entre um átomo de hidrogênio de uma molécula e um átomo de carga elevada, como oxigênio ou nitrogênio, da outra. Dizem que Crick e Watson saíram correndo até o *pub* Eagle, na frente do laboratório, para anunciar a descoberta. Os quatro cientistas também seguiram a rota mais regular de publicar naquele ano artigos no mesmo número da revista *Nature*.

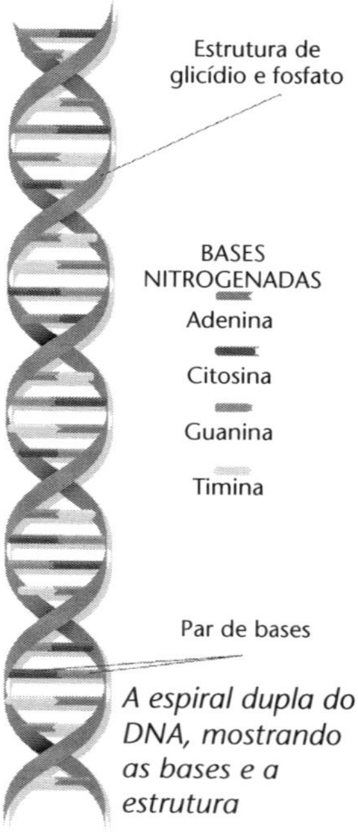

A espiral dupla do DNA, mostrando as bases e a estrutura

Com a estrutura do DNA revelada, o método de duplicação se encaixou. Crick e Watson não o descreveram no artigo original, optando pela cautela: "Não escapou à nossa percepção que os pareamentos específicos que postulamos indicam imediatamente um possível mecanismo de cópia do material genético." Isso bastava para estabelecer a prioridade, mas não o suficiente para serem acusados de erro.

Eles descreveram como funciona a duplicação em outro artigo publicado no mesmo ano. Como as bases sempre ocorrem nos mesmos pares, a molécula do DNA pode facilmente se "abrir" no meio e formar dois filamentos isolados com as bases projetadas para um lado. Cada filamento separado tem a receita do parceiro na estrutura dupla do DNA; para reconstruir o DNA inteiro, a célula só precisa acrescentar a base apropriada a cada base solitária e dar acabamento com o suporte de outro filamento de glicídio e fosfato. A molécula de DNA pode se reproduzir e duplicar toda a informação genética que contém por um processo simples de síntese química. O número de permutações de bases numa molécula comprida é suficiente para transmitir um código genético único: "Portanto, parece provável que a sequência precisa de bases seja o código que transmite as informações genéticas", concluíram Crick e Watson.

O dogma central

Watson colou uma anotação acima de sua mesa:

DNA → RNA → proteína

Isso servia para lembrá-lo não de alguma transformação química, mas do fluxo de informações que acreditava ocorrer. Esse se tornaria o "dogma central", como ele dizia, da biologia molecular, divulgado pela primeira vez em 1956. A ideia é de que o RNA faz o papel de mensageiro:

A LIGAÇÃO DE HIDROGÊNIO SALVA O DIA

A razão para os pares de bases serem sempre guanina-citosina e adenina-timina é que há duas ligações de hidrogênio entre a adenina e a timina, mas três entre a guanina e a citosina; é impossível construir a molécula de outra maneira.

lê as informações do DNA e organiza a construção de uma proteína. O mecanismo exato, que veio à tona nas décadas seguintes, é complexo demais para ser descrito aqui. O mais importante é que Crick e Watson demonstraram como funcionaria o modelo de "um gene, uma enzima" da ação do DNA.

A ideia de que cada gene codifica uma única proteína, como uma enzima, foi proposta em 1941 pelos geneticistas americanos George Beadle e Edward Tatum bem antes que o mecanismo bioquímico pudesse ser compreendido. Seu trabalho sobre o *Neurospora*, o mofo vermelho do pão, os levou à descoberta de que produzir um mutante com um único gene diferente do pai bastava para impedir a produção de uma enzima de que o mofo precisava para seu metabolismo. A prova final de que um gene realmente codifica uma proteína veio em 1964.

Como fazer proteínas

Uma coisa é saber que o DNA guarda a receita das proteínas, outra bem diferente é ler e seguir a receita.

Todas as proteínas são feitas de aminoácidos. Ficou claro que a sequência de bases tem de identificar os aminoácidos necessários para formar a proteína. Como há vinte aminoácidos e quatro bases, uma sequência de duas não seria suficiente, pois daria um máximo de 4 × 4 = 16 códigos possíveis. Portanto, deve haver pelo menos três bases num código, com 4 × 4 × 4 = 64 combinações possíveis. Em 1961, o biólogo americano Marshall Nirenberg encontrou o primeiro código de uma proteína. Numa experiência que usava RNA artificial para construir proteínas, ele descobriu que uma cadeia da base uracil (encontrada no RNA) levava à síntese de uma proteína feita de unidades repetidas de fenilalanina. Essa era a prova do conceito de que sequências de bases codificam proteínas: o código existia e podia ser decifrado. A unidade de três bases que mapeia um aminoácido se chama códon. Encontrar os códons de cada um dos vinte aminoácidos revelaria a receita para fazer vida.

Marshall Nirenberg descobriu exatamente como o RNA e o DNA codificam proteínas.

O lado sombrio da genética: a eugenia

Entender a genética traz imensos benefícios à humanidade — mas também abre a porta para algumas possibilidades muito perturbadoras. Uma delas é a eugenia: a manipulação deliberada da reprodução de uma população para determinar a formação genética das gerações futuras. Um dos primeiros defensores da eugenia foi Francis Galton, que escreveu em 1904 que "a meta da eugenia é representar cada classe ou grupo por seus melhores espécimes". Ele disse que não queria erradicar as diferenças, mas produzir os melhores "espécimes" de raças e tipos diversos. Soa relativamente benigno até chegar a hora de definir "melhor":

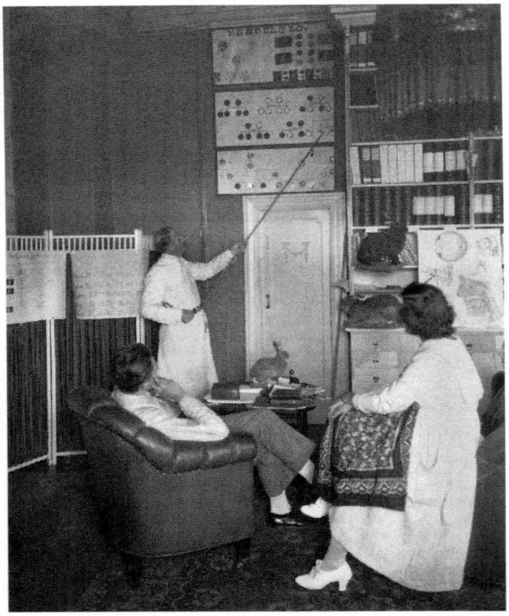

Uma aula do eugenista norueguês Jon Alfred Mjoen no começo do século XX.

ficaríamos "menos tolos, menos frívolos, menos excitáveis e politicamente mais previdentes do que hoje" e, de modo ainda mais alarmante, "deveríamos ser mais aptos a concretizar nossas vastas oportunidades coloniais". Seu plano era restringir o casamento (e portanto a reprodução) para levar a humanidade, ou pelo menos os britânicos, a ter pessoas de melhor calibre.

Galton não foi, de modo algum, o último a alimentar tais ideias. Sabidamente, Adolf Hitler era favorável à eugenia e adotou uma abordagem mais violenta para remover as pessoas que considerava "indesejáveis" ou "inferiores", como judeus, ciganos, homossexuais, deficientes físicos e doentes mentais. Mas a eugenia ditou políticas nos Estados Unidos muito antes do surgimento dos nazistas. Em 1907, Indiana se tornou o primeiro estado a impor a esterilização de pacientes internados em hospícios. De 1907 a 1963, 64.000 americanos (mulheres, em sua maioria) foram esterilizados à força em programas de eugenia para "proteger" a "saúde racial" dos brancos. Ao mesmo tempo, mulheres brancas instruídas de classe média eram incentivadas a ter mais filhos para reforçar as "boas" qualidades do reservatório gênico americano. Mulheres americanas negras e índias com muitos filhos, que viviam às custas de programas do governo, eram ameaçadas com a retirada da ajuda se não concordassem em ser esterilizadas, e assim foi até a década de 1970.

Uma proposta de 1911 para usar eutanásia (em câmaras de gás) para limpar a população americana de características genéticas indesejáveis foi considerada controvertida demais. Em vez disso, usaram-se outros métodos. No estado de Illinois, pessoas internadas num hospital de saúde mental em Lincoln receberam leite contaminado com o bacilo da tuberculose, com mortalidade resultante de 30% a 40%. O raciocínio era que indivíduos geneticamente adequados venceriam a infecção.

Até James Watson falou a favor de usar o conhecimento trazido pelo DNA para dar uma mãozinha à evolução e acelerar o avanço da raça humana com a descoberta de defeitos genéticos congênitos e o aborto dos fetos afetados, desestimulando portadores de doenças genéticas a terem filhos, num impulso para obter "bebês melhores".

> *"As decisões concernentes à aplicação desse conhecimento devem, em última análise, ser tomadas pela sociedade, e só uma sociedade bem informada pode tomar tais decisões com sabedoria."*
>
> Marshall Nirenberg, 1967

Mapeamento do genoma

Quando se soube que cada gene compreende uma série de códons e que cada um destes especifica um único aminoácido, também ficou claro que seria possível, pelo menos em teoria, fazer uma lista bem comprida de todos os códons e descobrir o que cada gene faz. Não se conclui, necessariamente, que saber qual é a proteína signifique que saibamos o que a proteína faz no organismo. Mas o primeiro passo tem de ser identificar a sequência. A tarefa de listar todos os genes de um organismo — seu genoma — é chamado de mapeamento. O primeiro genoma a ser mapeado foi o do bacteriófago MS2, um vírus de RNA, em 1975. O primeiro genoma de DNA sequenciado foi o do fago ϕX174. O bioquímico britânico e geneticista pioneiro Fred Sanger sequenciou seus 5.386 pares de bases em 1976. Em 1977, ele criou um método novo e muito mais rápido de sequenciar o DNA e ganhou seu segundo Prêmio Nobel por esse trabalho.

Outros genomas se seguiram rapidamente, e o primeiro esboço do genoma humano foi completado em 2003. Hoje, genomas individuais podem ser sequenciados de maneira relativamente rápida e barata: o de James Watson foi totalmente mapeado em 2007, em dois meses e a um custo de menos de um milhão de dólares. Em 2016, o preço caiu para cerca de mil dólares.

O genoma oferece imenso potencial, não só para a medicina genética, mas para a compreensão da evolução dos seres humanos em relação a outros organismos.

A evolução e a genética se unem

Weismann deixou claro que precisamos entender o funcionamento normal da hereditariedade antes de entendermos a evolução. A verdadeira questão era como as mudanças surgem e o que as perpetua.

Especiação

O exemplo dos tentilhões das Galápagos mostrou que populações da mesma espécie que ficam isoladas podem evoluir por caminhos diversos enquanto se adaptam a condições diferentes. Darwin via a evolução como um processo constante e gradual. Uma consequência lógica era que, em certo momento, haveria uma zona cinzenta onde seríamos incapazes de dizer se ambas as populações ainda eram da mesma espécie ou se tinham se tornado duas.

Fred Sanger desenvolveu métodos rápidos de sequenciamento genético.

> *"[O esboço de genoma] é um livro de história, uma narrativa da jornada de nossa espécie pelo tempo. É o manual de uma oficina, com a receita incrivelmente detalhada da construção de cada célula humana. E é um livro de Medicina transformador, com noções que darão aos profissionais de saúde novos poderes imensos para tratar, prevenir e curar doenças."*
>
> Francis Collins, diretor do National Human Genome Research Institute (2001)

Theodosius Dobzhansky, geneticista russo.

O problema da especiação (o surgimento de novas espécies) e da definição do que é uma espécie resultou diretamente do trabalho de Darwin e provocou uma crise de confiança nos biólogos. A questão de as espécies serem algo além de uma categoria da mente do observador penetra pelo território filosófico. Sem dúvida, a antiga ideia de que as espécies eram praticamente fixas tinha agora de ser abandonada, e o ponto de transição ou surgimento provocou novas questões sobre o conceito de "espécie".

Rumo à síntese

Em meados do século XX, dois cientistas produziriam, a partir desse dilema, o casamento da teoria evolucionista e da genética que ainda é o principal paradigma da biologia evolutiva. Um deles foi Theodosius Dobzhansky, nascido na Ucrânia (então parte do Império Russo). O outro foi o alemão Ernst Mayr.

Em 1927, com 27 anos, Dobzhansky mudou-se para os EUA e trabalhou primeiro com Thomas Morgan na sala das moscas da Universidade de Colúmbia. Em 1926, o geneticista americano Herman Muller (1890-1967) descobriu que a radiação podia ser usada para aumentar a taxa de mutações das drosófilas, facilitando o estudo das mutações e da hereditariedade. Em 1937, Dobzhansky publicou *Genética e a origem das espécies*, um dos textos mais importantes da genética evolutiva, onde definiu a evolução como "uma mudança da frequência de um alelo dentro de um reservatório gênico" e promoveu a ideia de que a seleção natural ocorre por meio de mutações num reservatório gênico, com a seleção favorecendo as mutações benéficas.

Como Muller explicaria mais tarde, as mutações são aleatórias; não são direcionadas a nenhum fim. Muitas são prejudiciais e até letais, mas algumas serão benéficas para o organismo. As mutações benéficas serão perpetuadas porque os or-

DERIVA GENÉTICA

A deriva genética ocorre quando, por acaso, a predominância de alguns alelos sobre os outros se estabelece na população. O conceito nasce do trabalho do geneticista americano Sewall Wright publicado em 1929, embora Wright o visse como um processo direcionado de mudança. A deriva é mais comum quando uma pequena população se separa de outra maior. Com o tempo, alguns alelos desaparecem completamente e outros se tornam universais, mudando as características da população. Isso tende a acontecer com alelos que não apresentam vantagens nem desvantagens específicas. Assim, por exemplo, os animais que vivem numa área sem predadores podem perder as cores da camuflagem defensiva, que não é reforçada pela seleção natural.

ganismos com elas serão bem sucedidos e se reproduzirão, passando-as adiante. Na verdade, a maioria das mutações não têm impacto positivo nem negativo sobre o funcionamento do organismo e pode contribuir com a evolução por "deriva gênica" (ver o quadro ao lado). Esses dois impulsos estão por trás do modo como os organismos mudam com o tempo.

O trabalho de Dobzhansky influenciou Ernst Mayr, que, a princípio, era ornitólogo. Ele se interessava pela especiação e o ponto em que as espécies divergem, mas também pelo problema como um todo da definição de espécie. Em *Sistemática e Origem das espécies* (1942), ele discutiu vários "conceitos de espécie" — os modos de defini-las. Ele era a favor do conceito de espécie biológica, que define a espécie como um grupo que pode acasalar e não se acasala com outros. (Essa não pode ser a única definição de espécie porque não leva em conta os organismos com reprodução assexuada.) Outros conceitos de espécie foram desenvolvidos desde a época de Mayr, e um dos mais influentes (e recentes) é o conceito filogenético, que define a espécie como o menor grupo que se pode distinguir por um conjunto próprio de características geneticamente definidas. Envolve o exame do DNA de possíveis espécies e sua comparação com espécies aparentadas.

Derivas e anéis

Quando isolada, uma população de um grupo-espécie pode mudar tanto pela deriva genética quanto pela seleção natural até se tornar uma espécie distinta, não mais capaz de acasalar com o restante do grupo original. Isso se chama especiação alopátrica. Mayr também identificou um subconjunto da especiação alopátrica, a especiação peripátrica, que ocorre quando uma pequena população no limite da área ocupada por uma população grande se desenvolve separadamente. Um exemplo é a evolução do urso polar. No limite extremo do alcance do urso-pardo, esses animais foram submetidos a pressões evolutivas diferentes da maioria da população e evoluíram de outra maneira. (Ursos-pardos e ursos-polares ainda podem acasalar.)

Os ursos-polares e os ursos-pardos podem estar no processo de se desenvolver como espécies separadas, mas a mudança climática pode reuni-los outra vez.

Mayr também reconheceu que espécies e subespécies não representam, na verdade, um problema para os biólogos; elas só mostram a evolução em ação. Variações dentro de uma espécie (subespécies), como pássaros com cauda longa ou curta, podem surgir em áreas diferentes do espaço ocupado pelos pássaros, embora a população ainda possa acasalar. A variação pode levar finalmente a espécies diferentes — ou não.

Em *Sistemática*, Mayr também descreveu as espécies em anel. Elas ocorrem quando pequenas variações de uma espécie ocorrem em setores adjacentes do espaço total ocupado, formando geograficamente um anel. Um exemplo seria uma população em torno de uma montanha. Em quase toda a volta do anel, os grupos adjacentes conseguem acasalar, mas em certo ponto as diferenças entre a população inicial e a subespécie final ficam tão grandes que as variantes adjacentes não se acasalam mais.

Aos pulos

Darwin foi inflexível ao afirmar que a evolução é um processo lento que ocorre por meio de muitas mudanças pequenas que se acumulam com o tempo. Esse ponto de vista predominou até a década de 1970. Então, em 1972, dois biólogos americanos, Stephen Jay Gould e Niles Eldredge, propuseram um modelo de "equilíbrio pontuado". Ou seja, pode haver longos períodos de pouca ou nenhuma mudança e depois um surto de atividade evolutiva. A ideia se baseava no trabalho de Mayr e nas observações dos dois como paleontólogos. Eles tinham constatado que o registro fóssil é dominado por períodos de estase, e quando existem as mudanças geralmente são rápidas. E propuseram que

Stephen Jay Gould propôs que a evolução avança aos saltos, com longos períodos ociosos.

a mudança rápida costuma ocorrer num grupo isolado ou no limite do espaço ocupado pela população, já que as mudanças acumuladas têm mais probabilidade de se manter numa população pequena com reprodução fechada. Como pouquíssimos organismos chegam a se fossilizar, o estágio de mudança rápida raramente é representado no registro fóssil.

Encontraram-se indícios de evolução no padrão do equilíbrio pontuado em algumas espécies, como alguns tipos de briozoários (uma criatura marinha parecida com o coral). A importância relativa da mudança evolutiva gradual e rápida ainda é debatida e pesquisada.

Coma seu ancestral

O padrão em que geralmente pensamos quando contemplamos a evolução é a mudança de um tipo de organismo a outro — do dinossauro às aves modernas, talvez, ou do peixe ao anfíbio. Mas um tipo de passo completamente diferente foi proposto em 1910 pelo botânico russo Konstantin Mereschowsky.

Mereschkowsky sugeriu que um organismo poderia incorporar outro completamente.

Os cloroplastos são organelas das células vegetais que permitem às plantas verdes fazer fotossíntese. Em 1883, o botânico francês Andreas Schimper observou uma semelhança entre cloroplastos e cianobactérias. Mereschowsky levou isso adiante e sugeriu que os cloroplastos são descendentes evolutivos de algo parecido com as cianobactérias que foi absorvido e incorporado às plantas verdes. Ele propôs que, em determinado momento da história evolutiva, alguns organismos unicelulares que existiam simbioticamente dentro de outros se integraram totalmente a eles, transformando o conjunto num organismo único. Nesse modelo, as plantas continham organismos unicelulares como as cianobactérias para realizar a fotossíntese, beneficiando a planta. O microrganismo incorporado se tornou uma organela das células do hospedeiro.

Na década de 1920, o biólogo americano Ivan Wallin ampliou a ideia para as mitocôndrias, organelas que costumam ser chamadas de "usina" da célula, pois geram energia a partir dos carboidratos. Mais uma vez, ele sugeriu que elas tinham sido organismos independentes cooptados para dentro da célula. Embora a teoria fosse praticamente ignorada no início do século XX, ela voltou a ter destaque em 1967 com o trabalho da bióloga evolutiva americana Lynn Margulis. Se a teoria estiver correta, as mitocôndrias teriam começado como organismos procariontes vivendo em simbiose com as células hospedeiras. Durante o processo de evolução, passaram a fazer parte delas num único organismo eucarionte. Esse seria um exemplo do grande salto previsto por Gould e Eldredge, em vez da mudança gradual por meio de pequenos ajustes. O DNA das mitocôndrias é separado do DNA dos cromossomos no núcleo da célula. A existência desse genoma separado dá sustentação à teoria de que as mitocôndrias, originalmente, eram organismos separados.

> *"A evolução é um fato. Pois as provas a seu favor são tão volumosas, diversificadas e convincentes quanto no caso de qualquer outro fato científico estabelecido relacionado à existência de coisas que não podem ser vistas diretamente, como átomos, nêutrons ou a gravitação solar."*
>
> Hermann Muller, geneticista americano ganhador do Nobel, 1959

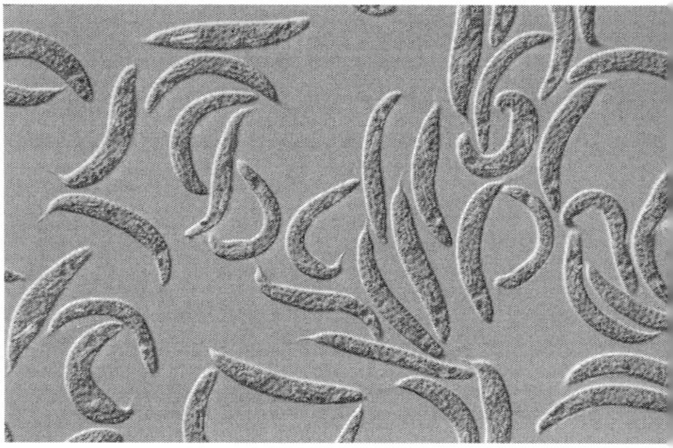

A alga verde espirogira contém cloroplastos espiralados que já foram organismos independentes.

CAPÍTULO 8

Estamos nisso JUNTOS

Tudo o que é contrário à natureza é perigoso.

Teofrasto,
século IV a.C.

Os organismos não existem isolados. Todos fazemos parte de uma comunidade de coisas vivas em interação num ambiente local (ecossistema), que faz parte de um habitat muito maior de plantas e animais (bioma) e, em última análise, de todas as coisas vivas do planeta (a biosfera). O modo como plantas e animais interagem nessa teia complexa é uma das descobertas mais importantes do século XX, mas também a mais antiga das noções e instintos.

As borboletas-monarcas migram todo ano do Canadá para o México, mas a mudança climática está danificando as florestas mexicanas onde elas passam o inverno e ameaçando sua sobrevivência.

Tudo é um

A ideia de que o mundo natural é um todo único é, ao mesmo tempo, antiquíssima e novíssima. Os antigos sistemas de crenças chinês e indiano se baseiam na noção de que tudo faz parte de um grande ciclo e que todas as coisas vivas estão interligadas. Embora construída originalmente como arcabouço espiritual, essa consciência precoce da miríade de conexões entre as coisas vivas se reflete nas noções modernas de teia alimentar, ciclos químicos, relações simbióticas e ecossistemas frágeis. Mas entre as antigas noções de unidade espiritual e as modernas teorias de conexões frágeis delicadamente equilibradas há dois mil anos de perplexidade, cegueira e, afinal, descoberta.

Dos deuses às causas naturais

Muitas civilizações antigas viam o mundo natural como o palco dos deuses. Para os antigos gregos, os cavalos trovejantes de Posseidon estavam por trás dos terremotos, e Zeus, irado, podia provocar inundações. Ver os eventos como divinamente orquestrados pouco fez para ajudar a humanidade a entender o impacto ambiental de sua atividade. Os deuses obscureciam as causas e os efeitos naturais. Quando abrir um canal provocava inundação ou seca, por exemplo, isso era um sinal da fúria divina contra o canal e não um indício de que a área não sustentava aquele tipo de construção. Tentar adivinhar o que os deuses queriam não era a melhor maneira de abordar o manejo sustentável dos recursos naturais.

Essa escultura da "Roda da Vida" em Dazu, na China, mostra os reinos onde uma alma pode renascer e liga todas as formas de vida.

A partir do século IV a.C., uma abordagem mais racional da interação dos seres humanos com o ambiente surgiu na Grécia.

Hipócrates escreveu uma descrição do determinismo ambiental e afirmou que o tipo de doença que afetava as pessoas dependia de onde viviam Quem morasse num lugar frio e úmido, por exemplo, provavelmente seria presa de doenças de caráter frio e úmido. Isso indica uma via de mão única, com o ambiente afetando o organismo (a humanidade, no caso); não há indicação de que o organismo, por sua vez, possa afetar o ambiente. Na peça *Antígona* de Sófocles, o coro descreve o impacto da humanidade sobre a natureza, apresentado como harmonioso e não como invasivo.

A descrição de Sófocles é uma exposição do domínio da humanidade sobre a natureza, especialmente sobre indivíduos animais. Esse é o legado da revolução neolítica que produziu a agricultura, o início da influência desproporcional da humanidade sobre o resto do mundo natural.

> *"O que agora resta comparado ao que então existia é como o esqueleto de um homem doente, toda a terra gorda e macia desgastada, e apenas o arcabouço nu da terra tendo ficado."*
>
> Platão, Crítias, século IV a.C.

Na antiga mitologia grega, o mundo natural era um palco onde os deuses encenavam seus dramas.

> *A raça volátil dos pássaros captura, muita vez, em pleno voo. Caça as bestas selvagens e atrai para suas redes habilmente tecidas e astuciosamente estendidas a fauna múltipla do mar, tudo isso ele faz, o homem, esse supremo engenho.*
> *Doma a fera agressiva acostumada à luta, coloca a sela no cavalo bravo, e mete a canga no pescoço do furioso touro da montanha.*
>
> Sófocles, *Antígona*, 441 a.C.

Há um relato mais nuançado de como os seres humanos afetaram o ambiente inteiro em *Crítias*, de Platão. Embora formulado como descrição de Atlântida, na verdade ele descreve a região em torno de Atenas alterada pelos atenienses. Platão observa o desmatamento, a erosão do solo e a extinção de rios — uma história conhecida.

Tráfego de mão dupla

Teofrasto, famoso por seu trabalho com botânica, foi o primeiro a escrever de um ponto de vista verdadeiramente ecológico. Suas descrições de plantas as põem em relação com o meio ambiente — o clima e o aspecto da terra onde se encontram — e mostram como elas se adaptam às condições predominantes. Assim, um tipo específico de planta pode preferir áreas sombreadas a sol direto, solo arenoso a solo argiloso, encostas a banhados e não vicejará se plantada em outro lugar. Ele costuma falar de um exemplo específico — uma determinada árvore que localiza para que os leitores contemporâneos fossem capazes de identificá-la ou um dos espécimes botânicos que pertenceram a Alexandre, o Grande.

Teofrasto também conhecia a relação entre os diversos tipos de planta. Alguns crescem bem juntos, mas outros afetam os vizinhos, como o repolho, que prejudica a parreira. Ele mencionou exemplos de parasitismo e simbiose e também notou que pode haver interação benéfica entre animais e plantas, como no caso do gaio que enterra as bolotas e ajuda a propagar os carvalhos. Ele sabia que as leguminosas enriquecem o solo e beneficiam outras plantas e que folhas apodrecidas ajudam a alimentar mudas jovens.

A oliveira precisa de um lugar quente e ensolarado e sobrevive à seca.

Como Aristóteles logo depois, Teofrasto acreditava que, no mundo natural, tudo acontecia com um propósito e seguia leis que, pelo menos em teoria, poderiam ser descobertas e compreendidas. Mas, ao contrário de Aristóteles, ele não acreditava que o propósito ou função dos outros organismos fosse voltado para a humanidade. Para Aristóteles, a natureza de uma árvore estaria relacionada com o que ele considerava seu propósito principal de, digamos, fornecer madeira para construir barcos ou produzir frutos. Para Teofrasto, a natureza da árvore seria mais adequada aos propósitos da própria árvore: sobreviver em seu ambiente e dar frutos e sementes para produzir a geração seguinte. Seu comportamento e seus hábitos estavam voltados para esse fim, não para servir à humanidade. Infelizmente, não foi a sua opinião que predominou. Mais de dois mil anos se passariam até a ecologia sair das sombras da posição utilitária de Aristóteles sobre a função da natureza.

Ver conexões

Embora algumas observações registradas por Teofrasto pudessem ser de conhecimento comum entre agricultores e jardineiros, parece ter havido pouca consciência intelectual no Ocidente da interação entre organismos. No Extremo Oriente, predominava uma abordagem bem diferente. O cientista chinês Shen Kuo (1031-1095) via o uso de insetos predadores como um meio de proteger as plantações. Ele também temia que o uso de pinheiros como combustível pela indústria do ferro e o uso de fuligem de pinheiro para fazer tinta provocasse desmatamento e recomendava o uso de petróleo, que, para ele, era produzido de forma inexaurível dentro da Terra. A tinta de impressão que fez com o carvão depositado com a queima de petróleo era mais durável do que a tinta de fuligem de pinheiro que substituiu.

O relato bíblico da Criação dá à humanidade o domínio sobre o mundo natural.

Todos por um — e somos esse um

A postura de Aristóteles de que o mundo natural seria útil primariamente na medida em que servisse à humanidade combinava bem com a posição cristã esboçada no Gênesis de que todas as plantas e animais estão submetidos ao domínio do homem. Depois que suas obras foram traduzidas para o latim nos séculos XII e XIII, as opiniões de Aristóteles e da Igreja se reforçaram mutuamente, criando uma barreira formidável de autoridade que não seria fácil questionar.

Fisicoteologia

Foi contra esse pano de fundo de doutrina religiosa intransigente e tradição clássica que o pensamento protoecológico surgiu no Ocidente nos séculos XVII e XVIII. Mais adequadamente chamada de fisicoteologia, essa nova abordagem da natureza acabou levando à ecologia, mas por uma rota tortuosa.

A fisicoteologia via os detalhes intrincados e engenhosos inerentes à natureza como manifestação do gênio divino. Ela inspirou o estudo atento dos organismos e dos sistemas naturais em nome do conhecimento e da apreciação da Criação divina e levou ao acúmulo de conhecimentos bioló-

Shen Kuo foi pioneiro do estudo do impacto ambiental dos processos industriais.

gicos, facilitados pelo desenvolvimento do microscópio e do método científico e pela expansão das viagens e explorações.

Ao mesmo tempo, a percepção da natureza inteira como realização do grande e glorioso plano de Deus promovia ideias de unidade e multiplicidade, harmonia e equilíbrio e até de um grande sistema semimecânico de funcionamento suave. Pode não parecer que isso produziria o pensamento ecológico, mas o mundo criado surgia como um sistema completo em que cada parte tinha sua função e tudo trabalhava em conjunto (embora para demonstrar a glória de Deus). O próximo passo também seria dado à sombra da herança criacionista, mas dessa vez as crenças predominantes atrapalhariam em vez de ajudar o progresso.

O início da biogeografia

Quando zarpou da Espanha em 1522 na primeira circunavegação do mundo, Fernão de Magalhães levava a bordo o estudioso italiano Antonio Pigafetta. Durante os três anos da viagem, ele documentou a fauna e a flora dos lugares visitados pelos navios de Magalhães. (Pigafetta foi um dos 18 homens apenas, dos 240 originais, que sobreviveram à viagem.) Uma das coisas que ele notou foi o contraste entre as plantas e os animais que viviam nas Filipinas e os que viviam nas Ilhas das Especiarias (hoje, Molucas). Ele não tinha explicação para as diferenças. Era um fenômeno que seria reconhecido várias vezes conforme os aventureiros europeus exploravam o mundo.

Areias e terras movediças

Em 1610, Sir Francis Bacon observou que o litoral da África ocidental se encaixava bastante bem no litoral das Américas do Norte e do Sul. Os dois continentes pareciam peças de um quebra-cabeça separadas pelo Oceano Atlântico. Mas, num mundo que se acreditava criado em seu estado atual por um Deus que não mudava de ideia sobre o posicionamento dos oceanos, isso permaneceu como observação curiosa e nada mais.

Muito mais gente notaria essa semelhança com o passar dos anos, mas até o século XX ninguém tinha explicações plausíveis para ela.

Aqui e ali

Lineu e outros colecionadores de plantas e animais do século XVIII notaram que os organismos não se espalham homogeneamente pelo mundo e que os diversos tipos de terra e clima produzem tipos diferentes de plantas e animais. Além disso, há semelhanças entre os que habitam ambientes

Milhões de anos atrás, as massas terrestres continentais estavam unidas num único supercontinente.

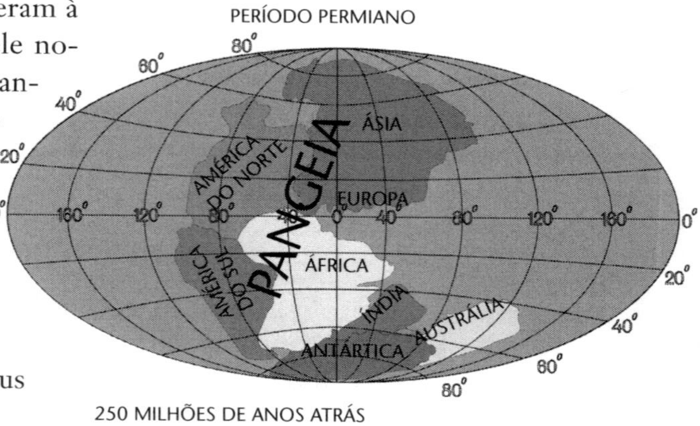

parecidos, mesmo que estejam separados por milhares de quilômetros.

Lineu, cristão devoto, explicou isso em termos da distribuição dos animais que saíram da arca de Noé depois do Dilúvio. Sua hipótese da "montanha paradisíaca" afirma que, no fim do Dilúvio, a arca descansou sobre uma grande montanha perto do equador. Todos os animais da arca se espalharam até seus nichos apropriados na montanha, determinados pela elevação. Quando a inundação cedeu, os continentes se expandiram, e os animais migraram para novos lugares. Era uma solução elegante, embora incorreta, que não punha em dúvida a narrativa bíblica.

Outros discutiram a distribuição de animais. O polímata inglês Thomas Browne (1605-1682) observou que "a América abundar em animais predadores e nocivos mas não conter aquela criatura necessária, o cavalo, é muito estranho".

> *"A Natureza é a lei de Deus, posta em todas as coisas durante a criação, segundo a qual elas se multiplicam, se sustentam e se destroem."*
>
> Carl Lineu, Politiae naturae, 1760

A teoria protoevolucionista de Georges-Louis Leclerc, conde de Buffon, seguiu uma linha semelhante (ver a página 133). Ele afirmava que os organismos emanavam de um único ponto central no Polo Norte e se desenvolviam de acordo com o ambiente onde se encontravam, com aqueles que viviam em ambientes parecidos adquirindo adaptações semelhantes, mesmo estando muito separados em termos geográficos. Essa se tornou a lei de Buffon e foi o princípio da biogeografia.

Alexander Humboldt.

Leclerc criticou dois pontos da teoria de Lineu: regiões diferentes com o mesmo clima tinham espécies semelhantes, e, se não fossem capazes de adaptação como afirmava Lineu, os animais não teriam sido capazes de atravessar alguns ambientes mais hostis para chegar aos lugares onde se encontram hoje (ou se encontravam na época).

Tanto na versão de Lineu quanto na descrição de Leclerc, o ônus do movimento era dos animais e não da terra que habitavam.

Espécimes em contexto

Os biogeógrafos do século XIX trabalhavam com a distribuição geográfica das plantas e animais e relacionavam os organismos ao ambiente onde se encontravam. Talvez o mais importante deles tenha sido o naturalista e explorador alemão Alexander Humboldt (1769-1859). Numa longa expedição à América do Sul, ele coletou e descreveu muitas espécies novas. Mas, ao contrário dos coletores e catalogadores dos séculos anteriores, Humboldt não estudou

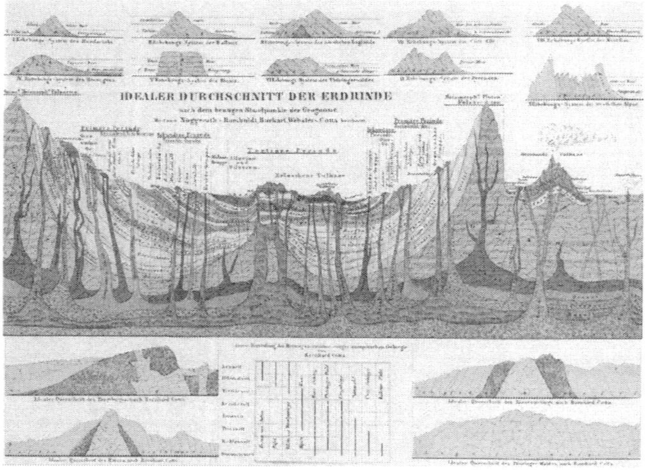

Mapa do atlas que acompanhava Kosmos, de Humboldt.

seus espécimes isoladamente. Especialista em plantas, ele adotou uma nova abordagem e tentou descobrir e registrar a relação entre as espécies vegetais e o ambiente onde viviam. Ele relacionou as plantas ao clima de onde eram encontradas e definiu zonas vegetais com base na latitude e na altitude. Sua obra mais famosa, *Ensaio sobre a geografia das plantas* (1805), lançou as bases da biogeografia. Ele foi o primeiro a descrever a crescente biodiversidade dos trópicos.

O trabalho de Humboldt não se restringiu às descobertas botânicas; além delas, ele estudou geografia física, vulcões, geologia e mineralogia. Sua grande variedade de interesses estava por trás da ambição de sua vida: unificar as ciências numa descrição abrangente da Natureza como um todo. O resultado foram os cinco volumes de *Kosmos*, publicado no período de 1845 a 1862 (o último volume depois de sua morte, inacabado). Ele pretendia que a obra fosse um compêndio de todo o ambiente global — uma primeira obra atordoante da nova disciplina da ecologia.

Em sua visita à América do Sul, Humboldt aprendeu com um papagaio algumas palavras de uma tribo recentemente extinta, os aturés.

A Terra em movimento

Inevitavelmente, a biogeografia revelou, mais uma vez, os padrões de distribuição de plantas e animais que já tinham intrigado exploradores e colecionadores. Mas dessa vez os padrões foram acompanhados e investigados com mais atenção. As novas teorias geológicas de Lyell e outros (ver as páginas 141 e 142) lançaram dúvidas sobre a interpretação literal da história da Criação, e a imutabilidade da Terra deixou de ser inquestionável.

Em 1858, o advogado e ornitólogo inglês Philip Sclater estabeleceu as seis regiões zoológicas (ou ecozonas) da Terra e

MUSEUS BIOLÓGICOS

A percepção de que o meio ambiente é fundamental para o organismo começou a afetar a apresentação da ciência natural ao público. Em 1893, Gustaf Kolthoff, zoólogo e taxidermista autodidata, fundou um "museu biológico" público em Uppsala, na Suécia, com o artista Bruno Liljefors. Pela primeira vez, os animais empalhados eram apresentados diante de cenários pintados que davam uma ideia realista de seu ambiente natural. Foi um sucesso de público, e outros museus suecos seguiram o exemplo e exibiram suas coleções de taxidermia de maneira naturalista.

chamou-as de Paleártica, Etíope, Indiana, Australiana, Neoártica e Neotropical. Essas regiões zoológicas são distintas.

Sclater propôs que um continente perdido que chamou de "Lemúria" já unira a Índia e Madagascar mas agora jazia sob o Oceano Índico. Ele achava que isso explicaria a presença de lêmures em ambos os países, mas sua ausência da África (que fica muito mais perto de Madagascar do que a Índia). Foi um passo na direção certa, pois admitia que a geografia do mundo talvez não fosse fixa por todo o sempre.

Andar sobre o mar

Em 1845, as diferenças que Pigafetta observara entre os animais das Filipinas e os das Ilhas das Especiarias foram novamente observadas pelo navegador britânico George Windsor Earl. Ele notou que as ilhas ocidentais ficavam separadas da Ásia por um mar estreito e tinham animais típicos do continente asiático, enquanto as ilhas orientais tinham marsupiais semelhantes aos da Austrália. Alfred Russell Wallace, um dos descobridores da evolução, também estudou a área. Ele definiu uma linha, hoje chamada de Linha de Wallace, que passa entre Bornéu e Celebes e entre Bali e Lombok, com as ilhas asiáticas a oeste e as australasianas a leste. Wallace propôs que, em algum momento

As ecozonas de Sclater dividiam o mundo em regiões de acordo com linhas zoológicas.

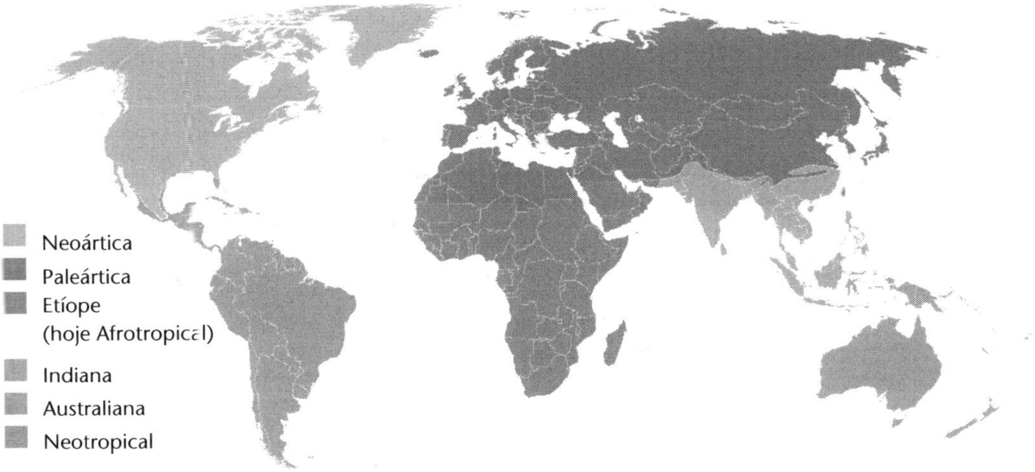

do passado, as ilhas a oeste da linha tinham pertencido à massa terrestre da Ásia e as a oeste, à da Australásia. Isso indicava que os animais poderiam ter caminhado em terra firme e depois ficado isolados.

A distância entre Bali e Lombok é de apenas 22 km. Hoje sabemos que, nos períodos glaciais das idades do gelo, o nível do mar ficava 120 m abaixo do que é hoje. Isso bastaria para as ilhas se unirem às respectivas massas terrestres, como Wallace previu. Mas a fossa entre as duas plataformas continentais era profunda demais para secar, e permaneceu intransponível para os animais. Esta última informação não estava à disposição de Wallace, mas hoje explica a existência da linha que leva seu nome.

As peças se encaixam

No fim do século XIX, o meteorologista e geólogo alemão Alfred Wegener voltou-se novamente para a congruência entre os litorais americano e africano. Ele também examinou as rochas nos dois lados do oceano e os fósseis enterrados nelas. Wegener encontrou estratos rochosos idênticos na África do Sul e no sudeste do Brasil. Ele também ressaltou a presença de fósseis de mesossauro em ambos os continentes. O mesossauro não poderia atravessar o Oceano Atlântico, mas seus fósseis não pareciam diferentes nos dois lugares, ao contrário de camelos e lhamas (que também são espécies aparentadas). Ele sugeriu que os dois continentes tinham se deslocado, embora não pudesse dar explicações de como isso teria acontecido. Essa teoria se tornou conhecida como deriva continental.

Seus indícios iam muito além do encaixe entre as Américas e a África. Ele também notou que há carvão tanto na Grã-Bretanha quanto na Antártica, mas o carvão só se forma em condições climáticas quentes e úmidas. Ou o clima desses lugares mudou radicalmente ou as massas terrestres se deslocaram. Wegener considerou impossível que a Antártica já tivesse sido quente a ponto de formar carvão, portanto as massas terrestres tinham de ter se deslocado.

A ideia de Wegener foi praticamente ignorada quando ele a apresentou em 1912. Mas finalmente foi aceita na década de 1960, quando o mecanismo daque-

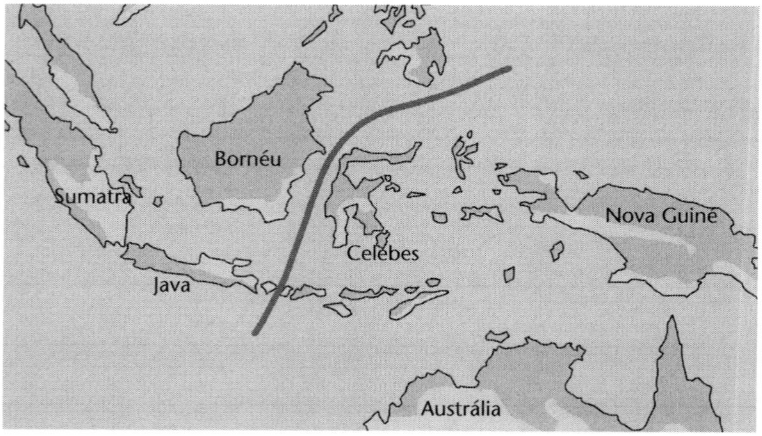

A Linha de Wallace marca o ponto em que uma ponte terrestre teria existido entre a Ásia e a Australásia.

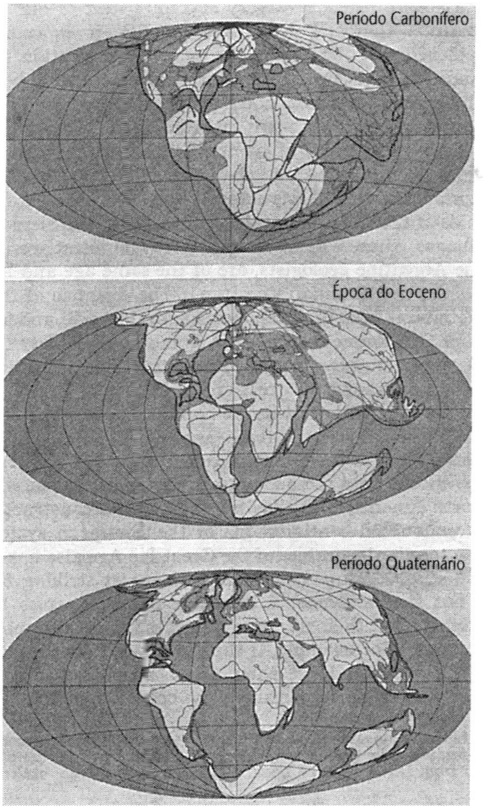

A ilustração de Wegener da deriva continental mostra como ele achava que as massas terrestres tinham se afastado com o tempo

le movimento foi descoberto: a tectônica de placas. Os estudos geomagnéticos do fundo do oceano revelaram que o leito do mar está se espalhando para os dois lados de uma elevação central, a dorsal oceânica. É esse processo — o espalhamento do leito do mar — que empurra a Europa e as Américas para longe uma da outra. Ficou claro que a fina crosta rochosa da Terra está sobre uma camada de rocha semiderretida, o magma, que se move lentamente. A crosta se divide em sete "placas" grandes e várias menores, que sustentam as massas terrestres continentais e os oceanos. Com o movimento do magma, as placas se movem. Elas são afastadas pelo magma que se infiltra pelas dorsais oceânicas e empurradas em colisões em câmera lenta que forçam as cordilheiras a subir. O Oceano Atlântico se formou entre as placas que contêm a África e as Américas, abrindo-se num período de milhões de anos e dividindo terras que já foram unidas.

No entanto, para os geólogos botânicos do século XIX a ideia de movimento da terra era inconcebível, mas a possibilidade de que terras como a Lemúria proposta pudessem submergir era totalmente sensata. Há massas terrestres submersas em muitas partes do mundo, mas nada sabemos de sua biologia anterior.

Convivência

Enquanto se interessavam em descobrir que plantas viviam onde e identificar as adaptações havidas para se adequarem ao ambiente, os geólogos botânicos examinavam as plantas principalmente como organismos separados. O passo para o exame das comunidades de organismos e sua interdependência veio no final do século XIX.

Coma-me

É bastante óbvio que alguns animais comem os outros e alguns animais comem plantas, portanto é claro que há algum nível de ligação. Isso foi notado muito tempo atrás, e a referência mais antiga que nos chegou da noção de uma teia alimentar é do escritor afro-árabe al-Jahiz (776-868). Mas a primeira tentativa de mapear a natureza exata dos vínculos entre organismos que comem outros ou são comidos aconteceu em 1880.

"Todos os animais, em resumo, não podem existir sem alimento, nem o animal caçador fugir a ser caçado por sua vez. Todo animal fraco devora os mais fracos do que ele. Os animais fortes não podem fugir a serem devorados por outros animais mais fortes do que eles."

Al-Jahiz, Kitab al-Hayawan (*Livro dos animais*)

Nesse ano, Lorenzo Camerano, de 24 anos, assistente do laboratório zoológico de Turim, na Itália, publicou um artigo revolucionário com o título "Do equilíbrio das coisas vivas por meio da destruição recíproca", no qual propunha duas ideias centrais: que, em qualquer comunidade de organismos, há um nível de equilíbrio natural para a população de cada tipo de organismo, seja ele planta, herbívoro, carnívoro ou parasita. Quando esse equilíbrio é perturbado, o efeito logo é sentido na população dos outros organismos da comunidade interligada. Ele comparou isso à maneira como qualquer perturbação da onda sonora no tubo de um órgão se propaga pelo tubo. Camerano incluiu a primeira ilustração de uma teia alimentar.

Mais estudos e ilustrações de teias alimentares se seguiram no início do século XX, com o exame de ambientes e ecossistemas específicos, como a zona temperada dos Estados Unidos (1913) e a Ilha do Urso (1923), e a teia alimentar em torno do arenque. A expressão "teia" alimentar foi criada pelo ecologista britânico Charles Elton (1900-91) em seu livro fundamental *Ecologia animal* (1927). Ele também apresentou a ideia de uma pirâmide de números, para descrever relacionamentos alimentares, com o único predador superior no topo de uma pirâmide que se expandia para um número maior de organismos no nível inferior.

Uma mãozinha

Alguns organismos vivem juntos num relacionamento íntimo e mutuamente benéfico em vez de um simplesmente se ali-

A teia alimentar mostra a interdependência das formas de vida, com predadores comendo carnívoros, herbívoros e insetos, e os herbívoros e insetos comendo plantas.

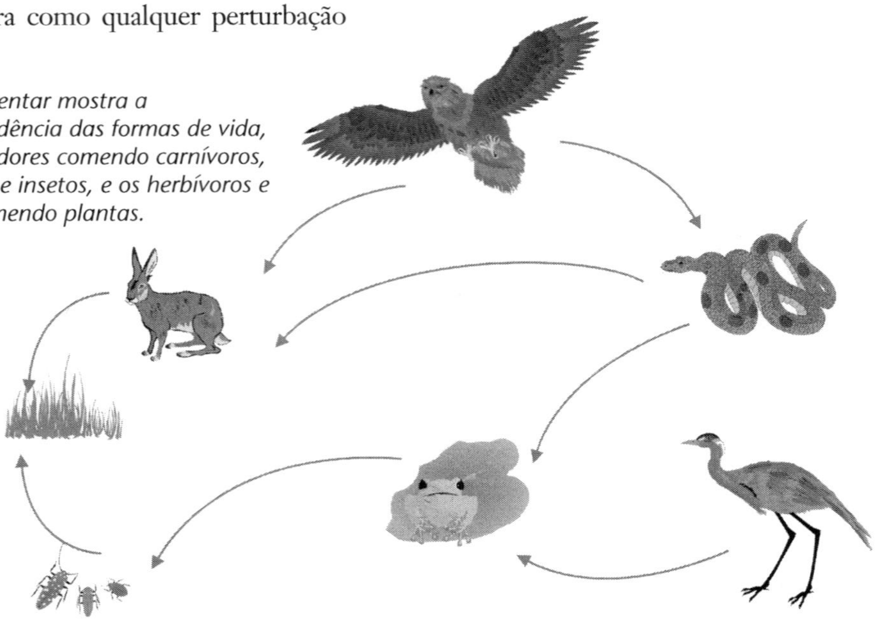

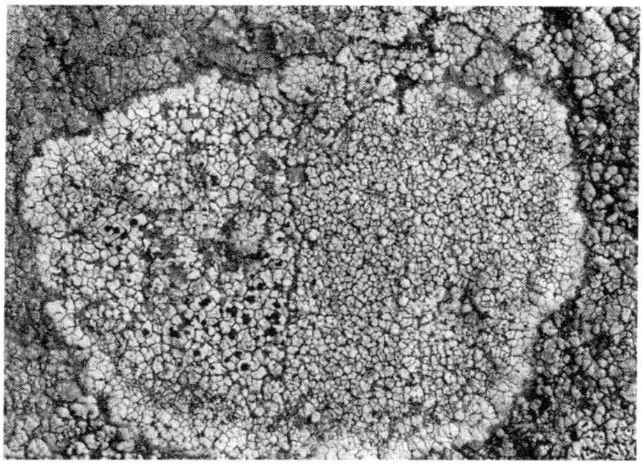

O líquen representa um arranjo de vida confortável entre fungo e algas.

mentar do outro. É a chamada simbiose, descrita pela primeira vez em 1879 pelo cirurgião e botânico alemão Heinrich de Bary. A palavra "simbiose" já fora usada para pessoas que viviam em comunidade; em 1877, o botânico alemão Albert Frank a usou para denotar um relacionamento mutuamente benéfico entre líquens. Bary definiu simbiose como "a convivência de organismos diferentes"; isso descreve exatamente a situação dos líquens, que ele também estudou. O líquen é um organismo composto, formado por algas (e/ou cianobactérias) que crescem nos filamentos de um fungo. As algas se beneficiam da proteção do fungo; elas se prendem nele e absorvem água e nutrientes dos filamentos. O fungo se beneficia porque as algas fazem fotossíntese e produzem alimento para ambos.

Foi então, durante as últimas décadas do século XIX e as primeiras do XX, que a ecologia realmente surgiu. Naquele momento, a biologia se transformou de ciência apenas de organismos individuais para tratar de populações e ecossistemas inteiros, com organismos de diversos tipos interagindo e provocando efeitos uns nos outros. Em certo sentido, essa percepção já estava latente na *Origem* de Darwin, com a competição tanto entre indivíduos quanto entre espécies determinando o caminho da evolução dentro de um ecossistema.

Rodando sem parar: ciclos químicos

Não são apenas os alimentos que passam de um organismo a outro numa cadeia ou teia. O mesmo acontece com as substâncias químicas. Em 1840, o químico alemão Justus von Liebig propôs que as plantas precisam de um número limitado de nutrientes, muitos deles tirados do solo. Quando o suprimento de nutrientes se exaure com o cultivo repetido, é preciso repô-lo, senão as culturas não crescerão mais. Até Teofrasto notou que as folhas caídas enriquecem o solo e alimentam outras plantas, e Lineu observou várias vezes a economia da natureza, que recicla tudo. Ele considerava a natureza autolimpante e renovadora; e é mesmo, quando não desequilibrada em excesso. Ele via que até eventos aparentemente discordantes, como predadores que matam e comem suas presas, têm seu propósito no controle da população, mantendo assim a harmonia e o equilíbrio do mundo natural. Liebig foi um conservacionista precoce e incentivava a reciclagem do esgoto, por exemplo.

> *"Portanto, acontece que, quando morrem, os animais se transformam em adubo, e o adubo em plantas, e essas plantas são comidas por animais, e assim se tornam parte dos animais."*
>
> Carl Lineu, Wästgöta Resa (Viagem a Västgötaland, 1747)

Justus von Liebig deu início ao uso de fertilizantes artificiais e revolucionou a produção de alimentos.

Até então, tudo bem; mas, embora todos concordassem que as plantas precisavam de certas substâncias químicas, não se sabia de onde elas vinham. Havia discordância sobre a obtenção de nitrogênio e carbono, se do solo ou do ar, por exemplo. Ao repetir com mais exatidão as experiências de Saussure (ver a página 77), Liebig demonstrou que até mesmo no solo rico em húmus há pouquíssimo carbono para atender à necessidade total de uma planta, que precisa tirar pelo menos algum carbono da atmosfera. Ele concluiu que as plantas obtêm vários nutrientes, como fósforo e potássio, do solo; carbono e nitrogênio, da atmosfera; e hidrogênio da atmosfera e da água. Só as leguminosas, como os feijões e ervilhas, conseguem tirar nitrogênio do ar e "fixá-lo" por meio de micróbios que vivem em nódulos de suas raízes. Esse mecanismo explica por que cultivar leguminosas em solo exaurido o recupera, característica já notada por Teofrasto e aproveitada por agricultores durante séculos.

O trabalho de Liebig deu início à era de uso bem informado de adubos e do desenvolvimento da agricultura. Antes, sabia-se que usar esterco como adubo aumentava a colheita, mas a explicação predominante era que o adubo ajudava a decompor o húmus (principalmente material vegetal morto), tornando-o mais disponível à absorção pelas plantas. Liebig deu uma contribuição importantíssima ao afirmar que as plantas podem obter nutrientes de fontes orgânicas e inorgânicas, levando ao uso de fertilizantes artificiais. Ele também popu-

A EXPERIÊNCIA DE PARK GRASS

A experiência de Park Grass é o estudo em andamento há mais tempo no mundo, tendo sido criado em 1856 por dois químicos agrários ingleses, John Bennet Lawes e Joseph Henry Gilbert, para investigar o efeito do adubo sobre a produção de feno. A terra usada, um campo de 28.000 m², era pasto havia pelo menos cem anos antes do início da experiência. No decorrer de mais de 150 anos, ela produziu indícios inigualáveis do impacto das mudanças ambientais sobre a ecologia de uma pequena área, inclusive sobre a biodiversidade e a evolução localizada. Também ofereceu um arquivo de amostras de solo e feno que preservam o registro da poluição ambiental. Alguns lotes da experiência exibem uma variedade de flores do campo que seriam comuns no século XIX, mas se perderam há muito tempo. São lotes que ficaram sem adubação e têm cinquenta a sessenta variedades de plantas. Os lotes adubados só têm duas ou três espécies, mostrando o impacto da alteração do pH do solo sobre a biodiversidade.

larizou a "Lei do Mínimo", proposta pelo botânico alemão Carl Sprengel (1787-1859). Segundo ela, o crescimento de uma planta será limitado pela disponibilidade do nutriente mais escasso.

Entre os estudos nascidos da obra de Liebig estava a experiência de Park Grass, na Inglaterra, para testar o impacto dos fertilizantes no crescimento do capim (ver quadro ao lado).

Com o trabalho de Liebig, a atividade química da planta como indivíduo é colocada no contexto mais amplo do lugar da planta em seu ambiente. A fonte de nitrogênio no solo, quando não vem de fertilizante adicionado, resulta da decomposição de matéria orgânica; a planta é sustentada pelos outros organismos que viveram e morreram antes na região, e está presa a um complexo sistema ecológico.

O químico francês Jean-Baptiste Boussingault descobriu que o crescimento das plantas é limitado pela quantidade de nitrogênio disponível e proporcional a ela, e que acrescentar nitrogênio e fósforo ao mesmo tempo otimiza o crescimento. Numa série de experiências relatadas de 1836 a 1876, Boussingault descobriu quase todo o ciclo do nitrogênio. A ação dos micróbios sobre o nitrogênio do solo foi descoberta no final do século XIX, depois da morte de Boussingault.

Na analogia do barril de Liebig para explicar a Lei do Mínimo, cada uma das aduelas representa um nutriente ou condição necessários a um organismo. O recurso mais escasso determina o sucesso do organismo, assim como a aduela mais curta determina quanto líquido cabe no barril.

HABER VEM PARA SALVAR

Quando os agricultores começaram a usar fertilizantes ricos em nitrogênio, aumentou a demanda de fontes. No final do século XIX, dois químicos, Sir William Crookes, na Grã-Bretanha, e Wilhelm Ostwald, na Alemanha, perceberam que as fontes de guano, esterco e minerais ricos em nitrogênio estavam se esgotando e logo acabariam. Ostwald temia que a Alemanha, com seu solo pobre, ficasse vulnerável em qualquer conflito militar sem suprimento de nitrogênio para fertilizantes e armamentos. A busca por uma fonte mais segura levou o químico alemão Fritz Haber a desenvolver em 1909 o processo Haber para manufaturar amônia. A empresa do próprio Haber não conseguia produzir na escala necessária, e em 1913 ele se uniu ao industrial Carl Bosch para abrir a primeira fábrica comercial em grande escala de amônia para fertilizantes. Hoje, o processo Haber-Bosch fornece 50% dos fertilizantes usados no mundo.

Os cactos que crescem na planície salina de Uyuni, na Bolívia, demonstram a adaptação dessas plantas ao ambiente hostil.

A ecologia chega à maioridade

Durante o século XIX, começou-se pela primeira vez a considerar como comunidade as plantas e animais que vivem juntos. Já em 1825, o naturalista francês Adolphe Dureau de la Malle usou a palavra societé (sociedade) para se referir a plantas de espécies diferentes que cresciam juntas.

O primeiro ecologista de verdade foi Eugen Warming (1841-1924). Professor de Ciências Vegetais da Universidade de Copenhague, ele se especializou em geografia botânica e fazia viagens frequentes ao exterior para estudar as plantas em ambientes naturais tão diferentes quanto o Brasil e a Groenlândia. Ele desenvolveu uma nova abordagem da botânica, concentrada na adaptação das plantas ao meio ambiente onde vivem. Foi ele o primeiro a levar em conta fatores abióticos (aspectos não biológicos, como concentração salina, seca e fogo) na distribuição e no desenvolvimento das espécies.

Warming estava interessado em como plantas muito distantes geograficamente costumavam mostrar adaptações iguais ou semelhantes a problemas idênticos, como seca, inundação e condições difíceis. Embora fosse muito influenciado pelo trabalho de Darwin sobre evolução a partir da década de 1870, havia menos ligação entre evolucionistas e ecologistas anteriores. O trabalho de Darwin insistia na competição e na seleção natural como fatores que impulsionavam a evolução, enquanto Warming e outros ecologistas se concentravam no impacto do ambiente e, principalmente, em suas características abióticas sobre a adaptação.

Warming também não discordava inteiramente da descrição da evolução feita por Darwin. Ele via tanta variação em plantas da mesma espécie crescendo em condições diferentes que desconfiava do modelo de Darwin de evolução acontecendo em passos minúsculos em períodos extensos. Hoje, essas variações são explicadas pela plasticidade fenotípica — a flexibilidade de um genótipo (tipo de organismo geneticamente distinto) de adaptar seu corpo e comportamento às condições ambientais. A plasticidade é mais importante para as plantas do que para os animais porque as plantas não podem se

DEFINIÇÃO DE ECOLOGIA

O naturalista alemão Ernst Haeckel foi a primeira pessoa a usar a palavra "ecologia" (ou melhor, Ökologie, em alemão) em 1866. Ecologia é uma palavra usada de forma bem livre pela imprensa popular, e "ecologista" costuma ser igualado a "ambientalista". A ecologia é o estudo da interação e do relacionamento entre organismos e seu meio ambiente. Um ecossistema é um meio ambiente definido e os organismos dentro dele que interagem entre si. Os ecossistemas variam de minúsculos (uma única folha com seus insetos e micróbios, por exemplo) a imensos, como uma floresta tropical que se estende por centenas de quilômetros quadrados. O meio ambiente é a localização física e as condições em que vive um organismo e pode até estar dentro de outro organismo.

UMA OPORTUNIDADE ECOLÓGICA

Em agosto de 1883, a maior parte da ilha de Cracatoa, na Indonésia, desmoronou numa série de imensas erupções vulcânicas. O efeito foi devastador na área toda; foi uma das erupções mais violentas e mortais da história humana. A temperatura global se reduziu em média 1,2°C durante cinco anos. No entanto, isso deu aos biólogos uma oportunidade sem precedentes de observar a reconstrução de um ecossistema depois da destruição total.

Os primeiros biólogos chegaram à ilha nove meses depois da erupção e encontraram uma única coisa viva: uma aranha. Eles acreditaram que nada teria sobrevivido à explosão. As aranhas são facilmente carregadas por longas distâncias pelo vento, e a aranha foi considerada o primeiro colono. Durante um ano inteiro, não se viu nada crescendo em Cracatoa, mas um século depois o que restou da ilha está novamente coberto de floresta tropical e é o lar de quatrocentas espécies de plantas vasculares, milhares de tipos de insetos e outros artrópodes, mais de trinta espécies de aves, dezoito de moluscos terrestres, dezessete de morcegos e nove de répteis. Para recolonizar a ilha, a 44 km da terra mais próxima, plantas e animais tiveram de voar, nadar ou serem levados pelo vento, pela água ou por outros animais, inclusive agarrados ou levados sobre madeira flutuante. O levantamento da flora e da fauna de Cracatoa foi realizado regularmente e continua a ser feito até hoje.

deslocar facilmente para um ambiente melhor caso as condições se deteriorem. Warming era lamarckiano e acreditava que as adaptações feitas pelas plantas para viver em determinado ambiente passavam para a geração seguinte.

A pesquisa da Universidade Ludwig-Maximilians, na Alemanha, mostrou a plasticidade fenotípica de várias dáfnias ou pulgas-d'água: elas podem mudar o formato do corpo em reação a substâncias químicas (cairomônios) emitidos por predadores. A forma à esquerda é o padrão; a da direita desenvolveu um capacete comprido (verde) e uma cauda (azul, embaixo) para dificultar que invertebrados a peguem ou comam.

Como muitos contemporâneos seus, Warming era capaz de conciliar a evolução e a descrição de Darwin da origem da vida com suas crenças cristãs. Ele achava que não havia negação do poder criativo de Deus, já que, mesmo que a diversidade de espécies vivas surgisse num surto criativo de seis dias ou em milhões de anos de evolução, as regras da natureza e da física tinham sido divinamente ordenadas.

No início do século XX, a ecologia se desenvolveu em duas linhas. De um lado, o botânico sueco Rutger Sernander (1866-1944) adotou meios puramente empíricos (baseados na observação). Do outro, o colega botânico sueco Henrik Hesselman (1874-1943) combinou a biologia botânica com a geografia botânica para realizar experiências em plantas em seu ambiente natural. Foi um passo inovador. Hesselman queria estudar não só as adaptações externas das plantas a mudanças do ambiente como a fisiologia interna dessas adaptações. Esta última só poderia ser examinada em laboratório. Os dois campos coexistiam, com pouca rivalidade entre eles.

NICHO ECOLÓGICO

Um nicho ecológico é o conjunto de condições no qual um organismo consegue viver e prosperar. Costuma dividir-se em nicho fundamental e realizado; o primeiro é o conjunto de condições em que o organismo pode viver, o outro é o conjunto em que ele realmente vive. A ideia de "nicho ecológico" foi criada em 1917 e é básica na ecologia.

Um bom ponto de partida

No início do século XX, portanto, a ecologia tinha surgido como disciplina por direito próprio. Preocupava-se com a distribuição dos organismos; com o modo como se adaptavam ao meio ambiente e o alteravam; com o modo como a adaptação se manifesta em estruturas e processos fisiológicos; e com o modo como os organismos num ambiente estão presos numa teia de relações, formando um ecossistema. A primeira pista de que as atividades humanas causavam impacto sobre os ecossistemas veio logo depois do reconhecimento de que os ecossistemas existiam.

Assim como os geógrafos botânicos estudavam a distribuição das plantas em áreas diferentes, os zoogeógrafos estudavam a distribuição de animais e sua adap-

SÓ PARA REGISTRAR

Em 1910, o biólogo e zoólogo americano Joseph Grinnell, diretor do Museu de Zoologia de Vertebrados na Califórnia, e Annie Alexander, a fundadora do museu que o contratou, perceberam que a vida selvagem e a paisagem californianas mudavam rapidamente sob o massacre do desenvolvimento e da chegada de espécies estrangeiras. Eles fizeram uma série de pesquisas entre 1904 e 1940 em mais de 700 locais do estado, recolhendo mamíferos, aves, anfíbios e répteis. A coleção final com mais de cem mil espécimes de vertebrados, 74.000 páginas de anotações e dez mil imagens representa um instantâneo valiosíssimo da fauna californiana antes do início das recentes mudanças climáticas.

O tilacino ou lobo-da-tasmânia era um marsupial parecido com um cão que se extinguiu no século XX.

tação a condições idênticas em lugares diferentes. O zoogeógrafo sueco Sven Ekman (1876-1964) identificou "relictos", que são populações de um organismo que ficaram para trás num ambiente quando a população principal se extinguiu ou evoluiu de forma independente. A população relicta pode ficar isolada por mudanças como deriva continental, mudança do nível do mar, mudança climática e até predação ou competição em parte da área original.

Ekman foi um dos primeiros biólogos marinhos; em 1935, publicou sua principal obra, *Tiergeographie des Meeres* (Zoogeografia dos mares), que teve grande influência depois de traduzida do alemão para o inglês em 1953. Ele definiu ecologia como o estudo do modo como vivem os animais, distinguindo "ecologia da existência", ou seja, a relação entre organismos e fatores ambientais, de "ecologia da distribuição", ou a capacidade dos organismos de sobreviver e colonizar ambientes diversos.

Da biosfera à noosfera

O geoquímico russo Vladimir Vernadsky (1863-1945) propôs que o desenvolvimento da vida e até da inteligência humana são características essenciais da evolução da Terra no decorrer do tempo. Ele acreditava que, assim como o surgimento da vida alterou profundamente a natureza do planeta, mudando a composição química da atmosfera, dos oceanos e da formação mineral, o desenvolvimento da inteligência humana em si deixaria sua marca no planeta. Ele popularizou a ideia da biosfera cunhada por Eduard Suess (1831-1914) e explicou o equilíbrio de carbono, oxigênio e nitrogênio na atmosfera indicando a atividade dos organismos vivos.

O trabalho de Vernadsky não foi amplamente distribuído no Ocidente nem se tornou muito popular; era considerado mais visionário do que científico. Mas seu reconhecimento na década de 1920 de que os organismos vivos ajudaram a configurar o planeta em que vivem e continuariam a fazê-lo se tornou uma das pedras fundamentais tanto da ecologia quanto do movimento ambiental. Ele foi o primeiro a olhar além da evolução individual das espécies e mesmo de pequenos grupos num ecossistema fechado e considerar todo o programa de vida na Terra e seu desenvolvimento em relação com a configuração geológica do planeta.

A Terra viva

Até certo ponto, a abordagem de Vernadsky se repetiu anos depois na obra de Aldo Leopold e James Lovelock. Leopold (1887-1948) foi um conservacionista americano providencial para incentivar a conservação da vida selvagem como um fim em si. No início da carreira em silvicultura, foi contratado para matar ursos, onças-pardas e lobos no Novo México, porque matavam animais de criação. Logo ele passou a respeitar os animais e se voltou

BIOLOGIA MARINHA

Pode-se dizer que a biologia marinha, ou o estudo dos organismos que vivem no mar, começou com Aristóteles e sua descrição de grande variedade de peixes, crustáceos (como os camarões), equinodermos (como a estrela-do-mar) e moluscos (como a lula). Houve pouco desenvolvimento antes da época das explorações europeias. O explorador inglês capitão James Cook (1728-1779) recolheu muitos espécimes em suas viagens, mas muito mais importante foi Charles Darwin, que recolheu amostras da terra e do mar e refletiu sobre a formação de recifes e atóis de coral. A primeira expedição com o propósito específico de estudar o meio ambiente marinho foi comandada pelo naturalista escocês Charles Wyville Thomson, em 1872-1876. Foram recolhidos milhares de espécimes, e a expedição lançou as bases da biologia marinha moderna. Nas décadas de 1960 e 1970, criaram-se os primeiros laboratórios marinhos. Os avanços da tecnologia finalmente possibilitaram a exploração do fundo do mar, com equipamento de mergulho, submersíveis e, finalmente, veículos robotizados para examinar até as fendas abissais mais profundas.

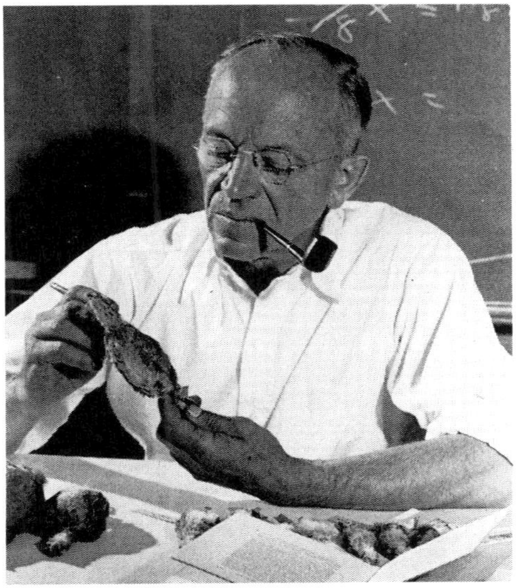

"Uma coisa está certa quando tende a preservar a integridade, a estabilidade e a beleza da comunidade biótica. Está errada quando não."

Aldo Leopold, 1949

Toda manhã, Aldo Leopold fazia anotações sobre o coro da aurora que ouvia em seu barraco no condado de Sauk, no estado americano de Wisconsin. Hoje, elas representam um registro valioso da mudança das espécies que vivem lá.

para a proteção em vez da destruição. Na época, a única motivação para a conservação era preservar um número suficiente de animais de caça para assegurar o sucesso das caçadas; não se via valor em proteger por si só a biodiversidade das regiões selvagens americanas. Em 1935, ele ajudou a fundar a Wilderness Society, entidade que promove a proteção das regiões selvagens pelo bem dos animais que as habitam e não por alguma razão utilitária humana. Para ele, a entidade era a personificação de uma nova atitude em relação ao mundo natural, marcada pela "humildade inteligente quanto ao lugar do Homem na natureza".

Leopold foi pioneiro numa abordagem que não punha a humanidade no centro do mundo natural dos Estados Unidos e a fazia ocupar um nicho dentro dele, com

A ÉTICA DA TERRA

"A ética da terra simplesmente amplia os limites da comunidade para incluir solo, água, plantas e animais, ou, coletivamente, a terra [...].

"[Já não] cantamos nosso amor e obrigação para com a terra dos livres e o lar dos bravos? Sim, mas exatamente o que e quem amamos? Com certeza não o solo, que mandamos atabalhoadamente rio abaixo. Com certeza não a água, que supomos não ter função além de girar turbinas, sustentar balsas e levar embora o esgoto. Com certeza não as plantas, das quais exterminamos comunidades inteiras num piscar de olhos. Com certeza não os animais, dos quais já extirpamos muitas das espécies maiores e mais bonitas. Uma ética da terra [...] afirma seu direito à existência contínua e, pelo menos em certos pontos, sua existência contínua em estado natural. Em resumo, uma ética da terra muda o papel do Homo sapiens *de conquistador da comunidade da terra a seu simples membro e cidadão. Significa respeito pelos membros seus colegas e também respeito pela comunidade como tal."*

Aldo Leopold, *A Sand County Almanac*, 1949

o dever de respeitar e conservar os outros organismos. Ele sinalizou uma atitude em relação à natureza que, por algum tempo, influenciou a política ambiental americana. Ele a chamou de "ética da terra", que estabelecia responsabilidades humanas que iam além de nossas comunidades privadas e chegavam à natureza como um todo. Leopold foi o primeiro a descrever a chamada "cascata trófica" (o impacto de matar um organismo ou população num ecossistema) e descreveu o resultado ecológico de matar um lobo numa montanha.

Primeiras percepções

O reconhecimento por Leopold de que a atividade humana tinha efeito prejudicial sobre o ambiente natural aconteceu mais ou menos ao mesmo tempo que o meio ambiente começou a revidar com força máxima. Os anos da grande seca do Dust Bowl, no meio-oeste americano, foram a primeira lição séria de que o manejo errado dos recursos naturais poderia sair pela culatra e provocar o caos para os habitantes humanos da paisagem. Práticas agrícolas inadequadas que arrancaram da terra árvores e gramíneas e abriram grandes campos provocaram devastação quando veio uma série de secas. Sem o capim para manter o solo no lugar, a camada superior foi literalmente soprada em imensas nuvens letais de pó, deixando a terra árida e imprestável.

As mudanças que se seguiram tiveram intenção utilitária: proteger o meio de vida dos agricultores e a segurança alimentar dos americanos. Não visavam a preservar a integridade do ecossistema, como defendia Leopold. Ainda assim, foram uma tentativa precoce de remediar o mal feito pela atividade humana e um ponto de reconhecimento importante: compartilhamos o planeta, e seus ecossistemas são delicados. Mexemos neles por nossa conta e risco.

E nenhum pássaro canta

O próximo salto adiante do que se tornaria o movimento ambiental foi o livro *Primavera silenciosa* (1962), da bióloga marinha e ativista pioneira americana Rachel Carson (1907-1964). Ela começou a se interessar pelo efeito dos pesticidas sobre o ecossistema na década de 1940 e pesquisou o tópico durante a década de 1950. Viu que as opiniões científicas se dividiam, com alguns dizendo que não havia efeitos importantes e outros mostrando indícios de danos generalizados

Rachel Carson sofreu ataques pessoais e profissionais por suas opiniões.

aos ecossistemas por uso excessivo do inseticida DDT na agricultura. Seu livro documentava a devastação causada na população de aves e o trânsito do DDT pela cadeia alimentar. Provocou fúria nos setores agrícola e agroquímico, mas acabou levando à suspensão do DDT como pesticida agrícola e à formação da Agência de Proteção Ambiental nos EUA. O DDT ainda é usado para controlar insetos que transmitem doenças, como os mosquitos, mas em muitas regiões do mundo não é mais permitido seu uso agrícola.

Carson não se concentrou apenas no DDT e também estudou outros pesticidas, o acúmulo dos resíduos em alimentos para consumo humano e a resistência rapidamente adquirida por insetos vetores de doenças a alguns inseticidas usados com grande vigor. Ela destacou a natureza carcinogênica de muitos pesticidas e defendeu o uso de meios bióticos de controle de pragas, como a introdução de predadores naturais ou tornar o ambiente inóspito para as pragas.

A hipótese de Gaia

Uma imagem popular da "Terra viva" é a hipótese de Gaia, proposta por James Lovelock em 1979. A teoria central é profundamente ecológica. Lovelock vê a Terra como um "sistema vivo" no qual todos os organismos interagem não só entre si como também com os atributos físicos do planeta — a geologia, o clima e a atmosfera. A hipótese de Gaia propõe que "o clima e a composição da Terra estão sempre próximos do ótimo para qualquer forma de vida que a habite". A bióloga evolutiva americana Lynn Margulis, que trabalhou com Lovelock no desenvolvimento da teoria, insistiu que Gaia não é um organismo, mas "uma propriedade emergente de interação entre organismos".

James Lovelock acredita que a humanidade enfrenta uma grave ameaça devido aos danos que causamos ao ecossistema.

Lovelock indicou exemplos como o Grande Evento da Oxigenação para mostrar a adaptação de todo o sistema da Terra. Cerca de 2,3 bilhões de anos atrás, as cianobactérias produziram oxigênio suficiente com a fotossíntese para mudar a química da atmosfera, permitindo assim o desenvolvimento e a diversificação da vida aeróbica. Os adversários ressaltam que, embora sustente a ideia de que os organismos configuram o ambiente abiótico, isso contradiz a ideia de Gaia de que a Terra trabalha para manter ou produzir condições ótimas para as formas de vida predominantes, já que o Grande Evento da Oxigenação provocou uma extinção

> *"A teoria de Gaia diz que a temperatura, o estado oxidativo, a acidez e determinados aspectos das rochas e águas se mantêm constantes, e que essa homeostase se mantém pelos processos ativos de feedback operados de forma automática e inconsciente pela biota."*
>
> James Lovelock, 1988

em massa dos microrganismos vivos na época.

Hoje, o dilema da hipótese de Gaia é se a Terra se autorregula e se autocura e se pode permanecer assim ou se as mudanças rápidas provocadas pela atividade humana forçam "Gaia" ao limite. A ideia de que os reinos biótico e abiótico afetam um ao outro não é mais questionada.

FUNGOS POR TODA PARTE

Os fungos envolvidos na teia da madeira estão por toda parte, e há centenas de variedades deles, que interligam as raízes das plantas com tentáculos pelo solo. O corpo frutífero dos fungos são os cogumelos e as trufas subterrâneas que podem ser comidos por animais ou lançam seus esporos ao vento.

A teia da madeira

No início do século XXI, os cientistas descobriram um nível de simbiose em comunidades que é bastante espantoso e sugere que ainda podemos ter muito a aprender sobre a complexidade dos ecossistemas. Suzanne Simard, da Universidade da Colúmbia Britânica, estudou uma área de pinheiros Pinus ponderosa com apenas 30 m² naquela região, onde ela mapeou as posições e conexões dos pinheiros-do-oregon ou abetos-de-douglas (Pseudotsuga menziesii) com dois tipos de fungo chamados micorrizas que vivem em suas raízes. Os fungos são efetivamente usados como mecanismo de transporte entre as árvores, passando "mensagens" químicas e sendo usados até para transferir nutrientes entre elas. Isso se consegue com a água e o açúcar que passam para o fungo, que usa uma parte como alimento e transporta o resto até as árvores em necessidade. As árvores moribundas descarregam seus nutrientes em prol das outras, e as árvores estabelecidas os dividem com as árvores novas nos períodos em que estas teriam dificuldades.

A cooperação vai ainda mais longe, solapando os princípios da competição darwiniana entre espécies. O pinheiro-do-oregon, uma conífera, tem um esquema de cooperação com a *Betula papyrifera*, uma caducifólia. No verão, a bétula suplementa as mudas de abeto, fornecendo açúcar numa época em que estão sob a sombra das copas. No inverno, quando as bétulas perdem as folhas, a comunidade de abetos lhes passa nutrientes. Essa alimentação ativa, mesmo entre espécies, ajuda a construir e manter uma comunidade saudável. Em termos de atividade humana, significa que derrubar apenas as árvores maiores pode ser mais prejudicial do que parece, já

SOMOS LEGIÃO

Talvez você se sinta seguro em sua identidade de organismo humano, mas você também é um ecossistema. Todos hospedamos não só parasitas microscópicos que vivem por toda parte, dos cílios ao intestino, mas também bilhões de micróbios que ajudam o corpo a funcionar. A fauna intestinal — os micróbios do intestino — ajuda a digerir os alimentos e nos mantém saudáveis. Há mais células no corpo que não são nossas, mas de outros micróbios, do que células de nossos próprios tecidos — dez vezes mais, de acordo com pesquisas publicadas em 2007. Na verdade, pesquisas recentes indicam que, às vezes, a vontade que temos de comer vários alimentos pode ser provocada por microrganismos que vivem dentro de nós e não por alguma necessidade que nós, hospedeiros, tenhamos. Somos um ecossistema, do mesmo modo que qualquer floresta.

que elas oferecem proteção e alimento às árvores mais jovens.

O papel das micorrizas em outras comunidades vegetais é semelhante. Elas podem ser usadas para passar sinais de alarme entre plantas; uma planta que esteja sendo comida ou prejudicada pode passar sinais pelos fungos, por substâncias químicas aéreas ou por ambos, o que alerta outras plantas para o perigo. Então, as que recebem a mensagem aumentam suas defesas (substâncias químicas tóxicas ou de sabor desagradável). Os cientistas ainda não sabem a motivação: as árvores compartilham carbono de forma altruísta? Elas o armazenam para guardá-lo em segurança nas raízes? Ele é tomado de forma oportunista pelos fungos e por outras árvores? Os fungos o transferem para outras árvores saudáveis para assegurar a própria sobrevivência? É difícil desvendar a questão da agência em organismos como plantas e fungos. É perigoso usar terminologia que sugira que as plantas têm intenções e uma forma de psicologia, mas é difícil evitar. A expressão neurobiologia vegetal, cunhada em 2005, recebeu críticas, pois parece sugerir que as plantas sentem e até pensam. A "inteligência" das plantas é uma nova ideia controvertida que ainda não foi totalmente explorada.

Avanço no tempo

Na segunda metade do século XX e nos primeiros anos do XXI, a biologia se tornou uma ciência de altíssima tecnologia. Ela estabeleceu alianças íntimas com muitas outras disciplinas, dificultando dizer onde a biologia começa e termina. Este livro não tem espaço para explorar a evolução rápida das aplicações da genética nem examinar os avanços da bioquímica que aumentaram nossa compreensão do que acontece dentro das células.

Os reinos vegetal e animal são tão vastos que tivemos a oportunidade de ver os biólogos trabalharem com apenas alguns organismos entre os muitos milhões que existem. A biologia é um campo imenso, naturalmente, pois engloba todas as formas de vida da Terra num período de 3,5 bilhões de anos, desde que a vida começou. Sua história é grande e complexa demais para darmos mais do que uma rápida visão geral num livro curto. Mas tivemos a oportunidade de traçar um contorno geral do estudo da vida pela humanidade. Vimos que a percepção do mundo natural mudou da fixidez e da hierarquia para o reconhecimento da complexidade mutável da teia de organismos interdependentes. Vimos a revisão do lugar da humanidade; não nos consideramos mais os senhores por direito de um mundo feito apenas para nosso uso, mas um dos muitíssimos organismos que têm de conviver. E vimos que erros e explicações sobrenaturais foram substituídos por conhecimento exato baseado no rigor científico e na pesquisa diligente.

Mas não sejamos complacentes. Ainda há muitos mistérios a desvendar, e duas das questões mais cruciais da biologia ainda intrigam as maiores mentes.

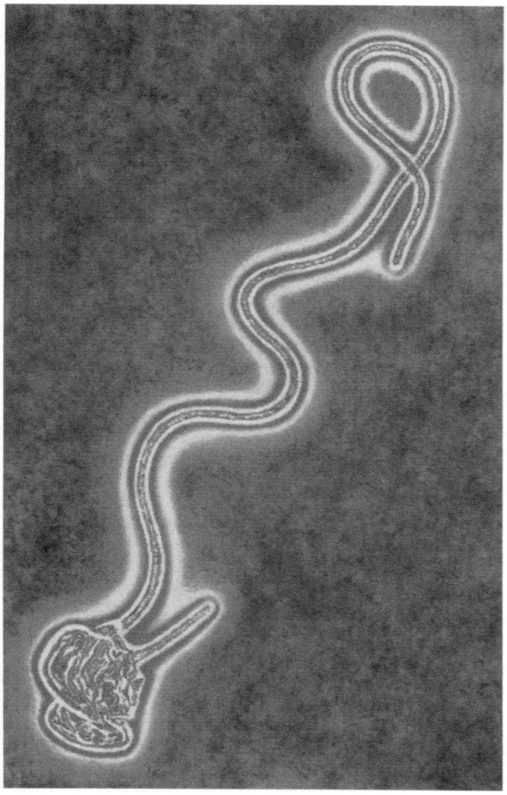

Vivos ou não?

Temos a noção inata de que coisas que crescem, se alimentam, talvez se movam e se reproduzem são diferentes das coisas que não fazem nada disso. Elas são o objeto da biologia. Mas pode ser surpreendentemente difícil traçar os limites.

Ainda não sabemos de verdade o que torna algo vivo. A opinião científica se divide: os vírus estão vivos ou não? Se dissermos que estão, os vírus serão a forma de vida mais abundante, possivelmente dez vezes mais numerosos do que todos os

Micrografia eletrônica de transmissão de um único vírus Ebola.

Só se conhecem 230.000 espécies marinhas; pode haver de um a dez milhões delas.

outros organismos. Nos oceanos, estima-se que eles representem 94% das formas de vida (mas apenas 5% da biomassa, por serem tão pequenos).

A maioria talvez pense que algo que pode se reproduzir está vivo, e algo que não pode não está. Mas substâncias químicas que se duplicam mais uma vez nublam a distinção entre coisas vivas e não vivas. Hoje é possível construir um vírus do nada, começando apenas com os componentes químicos. A biologia ainda tem de localizar o que distingue a vida.

Tudo vem do nada?

Completamos o círculo ao considerar novamente a classificação da vida com que os antigos gregos começaram. Embora Aristóteles dividisse o mundo natural em animal, vegetal e mineral, tendemos a manter o elemento mineral separado. Mas, quando investigam a origem da vida na Terra, os arqueobiólogos acham que talvez ela tenha, afinal de contas, brotado espontaneamente da matéria não viva, simples substâncias químicas se misturando exatamente nas condições certas.

Assim, as perguntas mais fundamentais que a biologia pode fazer — "O que é vida?" e "De onde ela veio?" — continuam sem resposta depois de mais de 2.500 anos de estudo. Ainda há muito mais história a ser escrita.

Índice Remissivo

Créditos das imagens

Capa, em sentido horário, a partir do alto à esquerda: Shutterstock (ehtesham); Shutterstock (Yaping); Shutterstock (LiAndStudio); Shutterstock (Syrytsyna Tetiana); Shutterstock (mariait); Shutterstock (BlueRingMedia); Shutterstock (frantisekhojdysz); Shutterstock (Leigh Prather)

akg-images: 55; 57 (Biblioteca Britânica)

Bridgeman Images: 7 (manuscrito adicional 5413: Cartier e seus seguidores no Canadá, 1536 ou 1542 (bico de pena), Descaliers, Pierre (fl.1550) / Biblioteca Britânica, Londres, Reino Unido / © British Library Board. todos os direitos reservados); 14 (pingente do rei, na forma de um barco mostrando o símbolo da ressurreição de deus, da tumba de Tutancâmon (c.1370-1352 a.C.), Novo Império (ouro e pedras semipreciosas) (detalhe de 407377), 18ª Dinastia egípcia (c.1567-1320 a.C.) / Museu Nacional Egípcio, Cairo, Egito); 23 (gansos-de-cara-branca, com base numa xilogravura de "Cosmographie Universelle", 1552, de "Le Moyen Age et La Renaissance", de Paul Lacroix (1806-1884), publicado em 1847 (litografia), escola francesa, (século XIX) / Coleção particular / Ken Welsh); 30 alto (*O rinoceronte*, 1515 (xilogravura), Dürer ou Duerer, Albrecht (1471-1528) / Allen Memorial Art Museum, Oberlin College, Ohio, EUA / Doação da Sra. F.F. Prentiss); 58b; 187

Getty Images: 10-11 (Universal History Archive); 37 pé (Florilegius); 39 (Buyenlarge); 50 (Universal Images Group); 62 alto (Science & Society Picture Library); 63 (Hulton Archive); 87 alto (Print Collector); 92 pé (Universal Images Group); 116 (Universal Images Group); 159 (Ned M. Seidler); 164 (Universal History Archive); 169 (Fritz Goro); 174 (Steve Liss); 179 (DEA/G. Nimatallah); 181 alto (De Agostini); 193 (Hulton Archive); 197 (Library of Congress/Corbis Historical); 198 (Alfred Eisenstaedt); 199 (Jacques Demarthon)

NASA: 81

Science Photo Library: 12 (Paul D. Stewart); 42 (Nemo Ramjet); 66 (Sheila Terry); 70 (Biblioteca Britânica); 99 (Eye of Science): 105 (Eye of Science); 106-7 (ISM); 113b (K.H. Kjeldsen); 122; 143 (Paul D. Stewart); 145 (Natural History Museum, Londres); 148 (Paul D. Stewart); 161; 167 (A. Barrington Brown); 170 (American Philosophical Society); 172 (American Philosophical Society); 194 (Christian LaForsch)

Shutterstock: 17 (Luca Nichetti); 20 pé (Wasan Ritthawon); 31 pé (Elena Rostunova); 431 (Ivan Kuzim); 43 direita (Prill); 44-5 (Everett-Art); 68-9 (Hein Nouwens); 72 (Alfonso de Tomas); 79 (snapgalleria); 80 (Designua); 82 (Tuzemka); 83 (JL-Pfeifer); 91 (Nicolas Primola); 93 (Seaphotoart); 96 (Manfred Ruckszio); 100 (Everett-Art); 101 (toey-toey); 102 (Alexander Raths); 103 (vitstudio); 104 (Dragon Images); 108 (Juan Gaertner); 109 (Nicolas Primola); 114 (Vectorworks Enterprise); 118 alto (Kalmatsuy); 119 (tcareob72); 124 (Greg Amptman); 126-7 (marikond); 129 (asurobson); 130 (HTU); 131 (belizar); 137 (Jaroslava V); 138 (Thanapun); 141 (Dave Head); 151 (MSSA); 153 alto 1 (Eric Isselee); 153 alto à direita (witoon214); 153 (MikhailSh); 156-7 (Monkey Business Images); 158 (vvoe); 165 (135pixels); 168 (Designua); 173 pé à esquerda (Christopher Wood); 173 pé à direita (Cuson); 175b (Lebendkulturen. de); 176-7 (JHVEPhoto); 178 (jejim); 180 (Oleg Znamenskiy); 182 (Mila Kananovych); 184 pé (apiguide); 188 (Baurz1973); 189 (Svetoslav Radkov); 192 (Mr High Sky); 195 (Valentyna Chukhlyebova); 196 (Abd. Halim Hadi); 200 (Nemeziya); 201 (Pakhnyushchy); 202 (Kateryna Kon); 203 (Rich Carey)

Wellcome Library, Londres: 28 alto; 47; 48 alto e pé; 49; 52; 54; 61; 62 pé; 64; 71; 74; 78; 87 pé; 88; 90; 92 alto; 94 alto e pé; 112; 113 alto; 118 pé; 121; 123; 128; 135; 136; 142 pé; 144; 146 pé; 147; 150; 161 pé; 184 alto; 190
Mapa: 146 alto e 186, Peter Gray